四川省 2018—2020 年度高等教育人才质量与教学改革项目重点项目（编号：scz-727）成果

创新设计思维

蒋家胜　何　琳　范华亮　陈晓通　编　著

西南交通大学出版社
·成　都·

图书在版编目（CIP）数据

创新设计思维 / 蒋家胜等编著. —成都：西南交通大学出版社，2020.10
ISBN 978-7-5643-7756-4

Ⅰ. ①创… Ⅱ. ①蒋… Ⅲ. ①创造性思维 Ⅳ. ①B804.4

中国版本图书馆 CIP 数据核字（2020）第 202703 号

Chuangxin Sheji Siwei

创新设计思维

蒋家胜 何 琳 范华亮 陈晓通 编著

责任编辑	居碧娟
封面设计	原谋书装
出版发行	西南交通大学出版社 （四川省成都市金牛区二环路北一段 111 号 西南交通大学创新大厦 21 楼）
发行部电话	028-87600564 028-87600533
邮政编码	610031
网 址	http://www.xnjdcbs.com
印 刷	成都蜀通印务有限责任公司
成品尺寸	170 mm × 230 mm
印 张	18.75
字 数	278 千
版 次	2020 年 10 月第 1 版
印 次	2020 年 10 月第 1 次
书 号	ISBN 978-7-5643-7756-4
定 价	120.00 元

前言

创新是一个民族进步的灵魂，是一个国家兴旺发达的不竭动力，也是中华民族最深沉的民族禀赋。实践证明，大到一个国家在世界舞台上站稳脚跟，小到一个地方、一个企业，创新都是引领发展的第一动力。庚子初岁，新冠肺炎肆虐，人民生命健康遭受空前威胁，我国在党的领导下，发挥党“统揽全局、协调各方”的制度优势，众志成城，打响了全民抗疫阻击战。在这场伟大战“疫”中，生物科技、5G、大数据、AI（人工智能）、机器人等扮演了不可或缺的角色，科技创新发挥了重要作用。从雷神山、火神山的神奇建设到5G技术助力远程诊疗，从人工智能问诊到大数据疫情地图的绘制，从基因检测到疫苗开发，科技与疫情赛跑，抗疫成了关乎民族未来和全民健康的技术竞争手段。

当今时代，国际局势与国际关系变化莫测，国与国之间竞争加剧。国与国之间的竞争是经济、科技和人才等的综合竞争，但归根结底是创新的竞争。抓住了创新，就抓住了牵动经济社会发展全局的“牛鼻子”。习近平总书记在中国共产党第十九次全国代表大会上强调“世界每时每刻都在发生变化，中国也每时每刻都在发生变化，我们必须在理论上跟上时代，不断认识规律，不断推进理论创新、实践创新、制度创新、文化创新以及其他各方面创新”。在激烈的国际竞争中，唯创新者进，唯创新者强，唯创新者胜。从美国阻击中兴、华为等高科技企业的种种举措，我们可以深刻地认识到创新对于企业、国家是何等重要，核心科技、关键技术是买不来的，要靠自己潜心研发。要实现国家富强、民族复兴中国梦，必须高度重视创新。

问题是创新的起点，也是创新的动力源。当今中国，无论是全面深化改革、适应经济新常态，还是贯彻新发展理念，都需要用创新思维去应对、解决前进路上的种种新情况、新问题。创新思维，是一种因时制宜、知难而进、开拓创新的科学思维。无论是各级政府出台的重大方针政策，还是企事业单位制定的优化内部治理结构的措施，抑或是促进发展壮大的规划与制度，都充满着强烈的问题意识、贯穿着鲜明的问题导向。发现问题，查找根源，制定对策，直至解决问题。为了破解国家不断发展过程中出现的问题，习近平总书记强调，“要有强烈的问题意识，以重大问题为导向，抓住关键问题进一步研究思考，着力推动解决我国发展面临的一系列突出矛盾和问题”。如何突破自身发展瓶颈、解决深层次矛盾和问题？“根本出路就在于创新”。习近平总书记的这些话语深刻阐明了坚持问题导向，发现问题、研究问题、解决问题都离不开创新思维。在我们前所未有地接近中华民族伟大复兴目标、前所未有地走近世界舞台中心的时候，我们更要将问题作为推动创新的契机，将创新作为解决问题的手段，推动各项事业取得创造性成果。

创新思维，就是因时制宜、知难而进、开拓创新的科学思维。马云在卸任阿里巴巴 CEO 现场演讲时说“今天的世界是一个变化的世界，三十年以前我们谁都没想到今天会这样，谁都没想到中国会成为制造业大国，谁都没想到电脑会深入人心，谁都没想到互联网在中国发展得那么好，谁都没有想到淘宝会起来，谁都没想到 netscap 会倒下，谁都没想到雅虎会有今天”。这是一个变化的时代，科技在进步，环境在变化，商业模式在变化，消费方式在变化，消费者的需求也在发生着变化。当历史的车轮滚滚向前时，我们不禁开始困惑：该如何面对这变化的时代？该如何把握变化的消费者？该如何把握他们新的需求？洞察消费者需求，就在于对人性的理解和关怀。创新设计思维就是开动我们思维的机器，以人的需求为出发点，创设出更加美好的用户体验，企业才能永葆活力，才能在激烈的市场竞争中立于不败之地。

人才是创新的根基，是创新的核心要素，其关键是培养具有创新思维的高素质人才。习近平总书记强调，劳动者素质对一个国家、一个民族的发展至关重要。为了国家和民族的未来，我们要培养数以亿计的高素质劳动者和数以千万计的专门人才，唯其如此，才能让“中国制造”更多走向“优质制造”“精品制造”，才能更好地塑造新优势、迈上新台阶。创新设计思维，有助于我们培养具有创新思维的人才，为学生思维插上腾飞的翅膀，帮助他们获取人生出彩的机会。我们编辑出版《创新设计思维》一书，就是有意识地训练学生的创新思维，提高学生的创新素质，一方面让人人都有人生出彩的机会，另一方面为推动经济发展、保持充分就业提供支撑。

《创新设计思维》一书是四川省2018—2020年度高等教育人才质量与教学改革项目重点项目“高职院校思政课程与课程思政协同育人的体系与路径改革研究——以成都职业技术学院为例”（项目编号：scz-727）的成果之一，由成都职业技术学院马克思主义学院、广州番禺职业技术学院马克思主义学院组织教师编著。全书共八章，具体分工如下：第一章及附录由范华亮编写，第二至四章及第八章由何琳编写，第五至七章由陈晓通编写。本书由广州番禺职业技术学院马克思主义学院蒋家胜、成都职业技术学院马克思主义学院何琳共同策划、拟定编写提纲，由蒋家胜总纂定稿。本书体现了线上线下融合的特点，扫描本页下方二维码，可获得思维训练互动游戏相关资料，以配合本书使用。我们在编写过程中，得到了西南交通大学出版社、成都职业技术学院等单位领导的大力支持，并参考了许多国内外公开出版和发表的相关文献资料，在此表示深深的谢意。

由于创新设计思维是一门比较年轻的学科，再加之编者水平有限，时间比较仓促，缺点疏漏在所难免，恳请广大读者、同行批评指正。

蒋家胜

2020年6月

思维训练互动游戏

目录

01 第一章 创新何以成为驱动利器

从梭伦、克里斯提尼和伯里克利等政治家的改革帮助雅典建立了古典的城邦民主政治，到哈格里夫斯、瓦特、史蒂芬生等发明家的卓越发现为工业革命奠定基础，再到如今5G时代的来临，人类的历史，其实就是一部伟大的创新、创业的历史。

“创新是一个民族进步的灵魂，是一个国家兴旺发达的不竭动力，也是一个政党永葆生机的源泉。”当今世界，创新是引领发展的第一动力。科技创新已经成为提高综合国力的关键支撑，成为社会生产方式和生活方式变革进步的强大引领。谁牵住了科技创新这个牛鼻子，谁就能走好科技创新这步先手棋，谁就能占领先机、赢得优势。

第一节　创新的内涵

一些陈旧的、不结合实际的东西，不管那些东西是洋框框，还是土框框，都要大力地把它们打破，大胆地创造新的方法、新的理论，来解决我们的问题。

——李四光

〖他山之石〗

多用童车的产生

有位儿童商品生产商，偶然看见一个家长一手抱孩子，一手吃力地推着一辆小三轮车。家长说："孩子骑累了要我抱，我还要推车，太累了。"这位厂商想：如果设计一种多用童车，家长们就不挨这份累了"。他首先想象出把三轮童车后面加一个推把安乐椅（可调高度），这样就可骑、可躺，也方便家长推车了。通过组合创新出更方便的产品，人们的生活变得更美好。

一、什么是创新

创新是指人们为了发展需要，运用已知的信息和条件，突破常规，发现或产生某种新颖、独特的有价值的新事物、新思想的活动。创新居"十三五"提出的五大发展理念（创新、协调、绿色、开放、共享）之首。创新包含思想理论创新、产品创新、技术创新、文化创新（含管理思维创新、管理制度创新）、行为创新等方面内容。通过理论创新推动制度创新、科技创新、文化创新以及其他各方面的创新，不断在实践中探索前进，永不自满，永不懈怠，这是我们要长期坚持的学习工作之道。

（一）创新三要素

1. 求　变

求“变”者通，善“变”者胜。创新是一个民族进步的灵魂，是一个国家兴旺发达的不竭动力，也是一个政党永葆生机的源泉。实践基础上的理论创新是社会发展和变革的先导。

“变则通”，变是社会发展大势所趋。经济大势瞬息万变，顺应潮流才是发展之道，诚可谓形势比人强。通过变革打通道路，释放经济发展潜力，才是破解新常态下各种矛盾和问题、走出发展困局的“钥匙”。我国消费结构升级在加快，由原来吃穿为主的生存型消费向住行、教育、旅游等发展型和享受型消费过渡，消费升级刚刚开始，空间刚刚打开。互联网与传统行业加快融合，优化了市场资源配置和生产流程，提高了生产效率和供给效率，更催生出新的业态，为经济增长提供了充沛动力。在这一系列变局面前，唯有变中求新、变中求进、变中突破，抓住新时代催生的各种机遇，坚实地推进改革，才能为新常态下中国经济保持中高速增长进一步打下坚实基础。

2. 求　新

推陈出新（做事情不要程式化，也不要因循守旧、墨守成规），通过创新汰旧，不断进步，各自超越。直面变化，变中求新，在变化中发现新机遇、寻求新突破，努力闯出一条新路。这才是新时代经济发展的新节奏。

创新首先是观念上的更新。事物在不断发展变化，人的观念随着新的信息、理论和新事物的出现而不断更新，引领变革的思想和理论是最高层次的创新，由此可以说创新是发展的原动力。创新对于社会国家及企业发展的重要性已经毋庸置疑，但将创新落到实处、转换为每个公民的自觉行为并非易事。

3. 价　值

创新艰难，难在哪？难在有价值的创新比例不高！这种价值分为三个层次：一是引领社会变革的思想和理论，这是最高层次的创新；二是创新出契合大众现实需求或者用户潜在需求的新事物（产品、服务或者创意方案），产生一定经济效益或者社会效益；三是一种自娱自乐型创新，虽然目前暂时无实用价值（也对社会无副作用），但能突显创新潜能（或者说目前无法判断其价值），也应该多鼓励，少讽刺，营造良好的创新氛围。

总之，创新指人以原有的知识、经验为基础，通过求变、求新等创建新思想、新事物的活动过程。创新是一个民族进步的灵魂，是一个国家兴旺发达的不竭动力，也是一个政党永葆生机的源泉。

（二）创新的新特征

1. 君子从时，顺势求变

习近平总书记在吉林调研时强调，适应和把握我国经济发展进入新常态的趋势性特征，保持战略定力，增强发展自信，坚持变中求新、变中求进、变中突破，走出一条质量更高、效益更好、结构更优、优势充分释放的发展新路，推动我国经济向形态更高级、分工更优化、结构更合理的阶段演进。[①]

21 世纪是知识经济时代。知识经济是主要依靠知识创新和知识广泛传播来发展的，以智力资源来创造财富的经济。创新的关键在于人才。培养高素质的创新型人才是教育的深刻变革，是一项关系全局的系统工程。

当代大学生要成为创新型人才，应紧跟改革创新的时代脉搏，成为有理想、有抱负、有决心、勇于前进，并能有效地进行自我激励的人。

2. 变则通，变中谋局

变中求新、变中求进、变中突破，核心在于变。

“善弈者谋势，不善弈者谋子。”变，除了有推陈出新的勇气，还要有冷静的头脑以及远见卓识。协调推进“四个全面”战略布局，体现了以习近平同志为核心的党中央治国理政的深谋远虑，也为我国经济变中求进营造了良好环境、创造了新的机遇。以全面深化改革为例，党的十八大以来，大众创业、万众创新调动亿万人民干事创业的信心和力量，形成了推进我

① 慎海雄.《保持战略定力，求新求变求突破》,《瞭望》，2015 年第 30 期。

国经济长期保持中高速稳定增长的有力保障。“一带一路”、京津冀一体化、长江经济带三大战略齐头并进，正在大大拓展和优化我国经济空间布局，形成内外统筹、相互衔接、互为支撑的良性发展格局。把握住了我国经济社会发展的大势，学会战略思维和战略定力，在纷繁复杂的表象中抓住根本，在眼花缭乱的变化中坚守自信，必定会形成创新无限、机遇无限的大格局。

总之，面对新的挑战与新的历史机遇，如果墨守成规、守株待兔、畏惧变革、抱残守缺，必然是要么踟蹰不前，要么行差踏错。相反，如果以变应变，“顺乎天而应乎人”，善于在变中求新、求进、求突破，下好创新这步先手棋，以前瞻的眼光未雨绸缪，就一定能加快形成以创新为主要引领和支撑的经济体系，使改革创新成为促使中国经济打开灿烂新空间的强大动力。

> 科学也需要创造，需要幻想，有创新才能打破传统的束缚，才能发展科学。
>
> ——郭沫若

第二节　创新的意义

〖**他山之石**〗

四川师大男生发明“灯泡”　自己创业婉谢5000万[①]

就读于四川师范大学商务英语专业的王抟豪，出生在内江威

① 节选自《四川师大二男生发明“灯泡”　自己创业婉谢 5000 万》，重庆市教育资讯，吴佳惠、黄瑶，2008 年 11 月 7 日，https://gongwuyuan.eol.cn/chongqingnews_5209/20081107/t20081107_338150.shtml.

远的一个书香家庭，妈妈是一名数学老师，爸爸则在学校教物理、化学、计算机等专业。或许是受到家庭的熏陶，王搏豪从小就特别喜欢钻研各种科普知识，尤其喜欢动手实践对各种家电进行“研究”。

回忆起发明LED节能灯的初衷，王搏豪坦言纯属偶然。他读高二时，有次家中的灯泡突然坏了，妈妈换旧灯时手被烫到了。当时王搏豪就好奇地想，灯泡为什么会发烫？如果不发烫不是可以节约很多能量吗？于是他开始着手搜集各种资料，决定设计一款LED节能灯。

由于王搏豪当时只是一名高中生，对很多电路常识并不太懂，只能在繁忙的学习中向老师和父母请教。经过不断完善和改进后，终于成功研制出了LED节能环保灯。他说，他利用LED发光特点，将电能完全转化成光能，一来避免了传统灯泡在热能方面的浪费，二来采用LED后灯管中没有添加有毒气体，同时采用防爆工程塑料制作灯泡，也避免了传统玻璃易碎的缺点。

经过申请后，王搏豪于2008年7月获得了实用新型专利证书。四川省电子产品监督检验所出具的测试报告显示，LED节能环保灯在额定电压和额定功率下工作时，其实际消耗的功率仅为2.1瓦，比普通灯泡要节能很多。

高考之后，王搏豪在家人的鼓励下创办了成都市登峰节能环保灯厂。“同样亮度的白炽灯2年商业用电价格，要比使用LED节能灯多出整整565元，而且还只是一个灯泡就可以节约那么多电费！”王搏豪介绍，目前一个能耗为2瓦的LED节能灯，其亮度相当于11瓦的普通节能灯，如果按白炽灯来比较则相当于45瓦灯泡。

从节约成本来看，一个LED节能灯按照每天12小时的使用时长使用2年，总耗电仅17.52度，电费仅9.46元。但家庭用普通白炽灯2年电费则需要512.86元，如果是商业用电高达591.3元。“北京一所研究院给我邮寄来专利转化(合作)通知，当时他们说要出

5000万购买我的专利，这确实让我犹豫了很久。”王抟豪说，对方开价5000万元购买他的专利，但他最终还是放弃了这样一个机会。王抟豪丝毫不后悔，因为他对LED节能灯“前景”十分看好，同时也觉得这是对自己一个最好的锻炼。

一、创新创造让我们日常生活更美好

创新让我们的生活更美好。一个人的创造能力主要是靠自己平时对事物的观察，创新也源于生活，生活中的任何一个小细节都可能会成为它的源头。我们一直生活在一个精彩的世界里，享用着人类发明创造的成果。有些发明让人类文明获得了突飞猛进的发展，有些创造丰富了人们的生活，还有些创新将我们从繁重的体力中解放出来。

常言说“他山之石，可以攻玉”。作为新时代公民，我们不仅要继承先辈留给我们的文化遗产，更要发扬创新精神。创新创造，需要养成多观察、多思考的习惯。创新创造，需要锻炼创造性思维。在现有的基础上加一加、减一减、变一变、换一换、搬一搬、联一联等，往往就有新发现，都有助于我们发现契机。

创新创造让我们的生活变得更美好，给我们的生活带来了方便和乐趣。

二、创新让企业适应社会发展的需要

创新是一个企业公司在激烈竞争中生存下去的不二法门。在当今这个飞速发展的社会，企业的发展进步离不开创新思维，创新是企业不断进步的前提或基础。创新思维是人类思维的高级过程，我们在生活工作中离不开创新思维，如果没有创新思维，遇到难题就无法打破常规去思考，遇到事情只会死搬硬套，在工作中只会死板地完成任务，这样不仅会导致工作效率低下，而且还会造成大量人力、时间的浪费。企业的创新主要表现在科技创新和制度文化创新。科技创新的意义具体表现在：

1. 科技创新是企业发展的内在动力

科技创新往往会增强企业的市场竞争力，给企业带来丰厚的利润。此外，大多数企业的管理者都具有企业家精神，他们内心渴望追求新事物，渴望革新。这些企业内部往往会形成一种对创新不懈追求的企业文化。

2. 科技创新是企业经济效益不断发展的要求

经济的不断发展提高了人们的生活质量，人们的生活习惯和消费习惯也会不断变化，消费者会更多地追求新产品、新功能和新服务。这就促使企业为了不断满足消费者的需求而进行科技创新、发展企业的生产力。

3. 科技创新是企业技术进步的要求

企业是国民经济中的重要主体，对社会的发展和进步有着引导作用，有责任通过科技创新来加速科学技术的进步。此外，科技进步使产品的生命周期不断缩短，对劳动密集型企业来说更是一个挑战，这些都对企业提出了更高的要求，促使管理者重视科技创新，应对挑战。

4. 科技创新是企业应对外界环境变化的要求

经济的发展对自然资源形成挑战，这也反过来促使企业进行技术及管理创新。

在现代企业中，创新思维把控着企业发展的命脉，是否具有创新思维决定企业能否在激烈的市场竞争中生存发展，因此企业应坚持把科技创新当作发展的着力点，同时紧抓制度和企业文化创新，营造积极向上的创新氛围。不断创新能增加企业的经济效益，助企业完成经济目标，让企业在众多同行中立于不败之地。可以提高企业员工个人福利，继而增强员工工作创新的动力，促使企业从上到下进入一个良性发展的态势。例如：员工在工作中不断创新，而且也善于学习新的技能，不断提高业务水平积极投入企业的各项管理工作中，技能和管理技巧就能逐渐提升，工作效率也会逐渐提高。使用鼓励科技创新、岗位技能比武、修旧利废奖励等管理方法，可以让整个企业全员岗位竞争意识。

因此，工作实践告诉了我们，创新思维对企业发展有着积极的作用。当然，创新合作也是工作中离不开的，要协调沟通，发挥团队优势，使创新思维在合作得到升华。同时，成功的创新给大家带来的成就感，也将极大地调动员工的工作积极性，让他们更加努力地投入工作中，为企业的发展创造效益。

三、创新是国家兴旺发达的不竭动力

创新是提升综合国力的决定性因素。一个民族要想走在时代前列，就一刻也不能没有创新思维，一刻也不能停止各种创新。

科学技术是第一生产力，科技进步和创新是增强综合国力的决定性因素，而科学技术的发展又离不开创新。不论是国家还是企业都在创新的推动下实现长远的发展，要树立系统的科学创新观念，将能够用于实际的、科学的创新思维及创新方法同企业等经济主体内外部所表现出的特点等有机结合起来，这就是科技从第一生产力转变为现实中第一生产力的基础条件。

当今国际竞争实质是科技、经济为中心的综合国力的竞争，核心是人才和文化软实力的竞争。所以，要把科技和教育摆在经济、社会发展的重要位置，提高全民族科技文化素质，增强国家科技实力，把经济建设转移到依靠科技进步和提高劳动者素质上来。重点加强创新型人才培养，加强技术创新、发展高新技术，提升产业技术水平，集中力量在智能设备、信息技术生物技术、光学制造技术、航空航天技术等关键领域取得突破，提高创新能力，才能加速实现国家繁荣强盛。

总之，无论是个人、企业，还是国家，都应在创新中不断进步，提升竞争力。

第三节　创新的艺术

同是不满于现状，但打破现状的手段却不同：一是革新，一是复古。

——鲁迅

〖他山之石〗

谁刻的老鼠最像

某国有两位非常杰出的木匠，技艺难分高下，国王突发奇想，要他们三天内雕刻出一只老鼠，谁的更逼真，就重奖谁，并宣布他是技术最好的木匠。

三天后，两个木匠都交活儿了，国王请大臣们帮忙一起评判。

第一位木匠雕刻的老鼠栩栩如生，第二位木匠雕刻的老鼠只有神态，但雕工不精细。谁的作品获胜呢？有人捉来一只猫，没想到猫见了，直奔第二位工匠雕得不精细的老鼠，又是啃又是咬，对旁边那只栩栩如生的老鼠却视而不见。

事实胜于雄辩，国王只好宣布第二位木匠获胜。但国王很纳闷，就问第二位木匠：你是如何让猫以为你刻的是真老鼠的呢？

第二位木匠说："其实很简单，我只不过是用混有鱼骨头的材料雕刻老鼠罢了。"原来猫在乎的不是老鼠像与不像，而是有没有腥味。

习近平总书记强调"创新是引领发展的第一动力，是建设现代经济体系的战略支撑"。那么在日常工作中要怎么做才能融汇创新精神呢？一是意识创新；二是思路创新；三是工作创新；四是方法创新。我们应该牢记，创新思维是一种习惯。要想拥有这种习惯必须认真学习，掌握各种创新思维方法。科学有序的方法才是成功的坚实基础。因此，我们每一个人都应该有紧迫感和责任感，培养创新意识，将创新这座金矿挖掘出来，不断提升自己的综合素质与技能，让我们的工作有创新。

一、创新思维

有了创新思维才能开始创新活动，有了创新活动才能产生创新成果。要想拥有创新思维，首先就要打破思维定势。只有打破思维定式，培养创新思维，才可以更高效便捷地解决问题。

（一）创新思维的含义

创新思维是指以新颖独创的方法解决问题的思维过程，通过这种思维突破常规思维的界限，以超常规甚至反常规的方法、视角去思考问题，提出与众不同的解决方案，从而产生新颖的、独到的、有社会意义的思维成果。

创新思维是实现创新的工具和过程。其本质在于将创新意识的感性愿望提升到理性的探索上，实现创新活动由感性认识到理性思考的飞跃。

（二）常见的思维障碍

法国数学家费尔马说：做出重大发明创造的年轻人，大多是敢于向千年不变的成规定律挑战的人，他们做出了大师们认为不可能的事情来，让世人大吃一惊。人一旦按既定的方向进行思考，长此以往，就会固化成一种惯性，从而阻碍新观念、新思想的形成，成为创造性解决问题的障碍。常见的思维障碍如图 1-1 所示：

1. 惯性思维障碍

惯性思维障碍又称思维定式。思维定式是随着人的知识、经验的积累所形成的一定的思考问题、解决问题的习惯方式。思维定式属心理学概念，是人们从事某项心理活动的一种心理准备状态，也是人们长期形成的一种

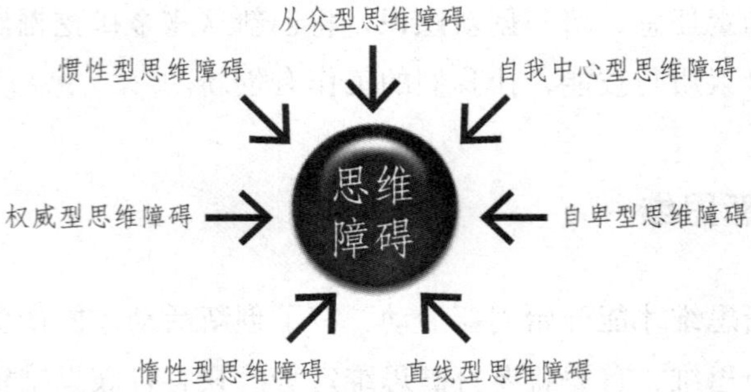

图 1-1　常见的思维障碍类型

习惯思维方向。具体来说，就是人们在长期的思维过程中所形成的一种思维条件反射（投影），或者说是一种固定的思维方式。思维定式对解决一般问题、老问题常常是迅速有效的，但对新问题，则往往成为障碍，它会束缚我们的思维，使我们只用常规方法去解决问题，而不求用其他“捷径”突破，因而也会给解决问题带来一些消极影响。

如何打破思维定式呢？一是张开想象的翅膀。想象力比知识更重要，因为知识是有限的，而想象力是无限的。想象力推动社会进步，是知识更新的源泉。二是培养发散性思维。一个问题假如存在不止一种答案，就能通过思维的向外发散，找出更多创造性答案。三是发展直觉思维。直觉思维是指不经思考分析的顿悟，是创造性思维活跃的表现之一。在学习过程中，直觉思维可能表现在许多方面，比如大胆的猜测、急中生智的回答，或者新奇的想法和方案等。在发现和解决问题的过程中，我们要及时留住这些不速之客，努力发展自己的直觉思维。四是培养强烈的求知欲。当人们对某一问题具有追根究底的探索欲望时，积极的创造性思维由此萌发。精神上的需求是产生求知欲的基础。我们要有意识地设置难题或者探索前人遗留的未解之谜，始终保持自己创造性学习的欲望。毕竟，能够把人限制住的，只有人自己。人的思维空间是无限的，有亿万种可能的变化。也许我们正被困在一个看似走投无路的境地，也许我们正囿于两难选择之间，只要勇于思考，一定能够找到不止一条跳出困境的路。

〖训练活动〗

一位公安局局长在路边同一位老人谈话，这时跑来一小孩，对公安局局长说：你爸爸和我爸爸吵起来了！老人问：这孩子是你什么人？公安局局长说：是我儿子。

请回答：这两个吵架的人和公安局局长是什么关系？

这一问题，在100名被试中只有2人答对！后来对一个三口之家问这个问题，父母没答对，孩子却很快答了出来：公安局局长是个女的，吵架的一个是局长的丈夫，即孩子的爸爸；另一个是局长的爸爸，即孩子的外公。按照成人定势思维经验，公安局局长应该是男的，结果苦思不解，而小孩子没有这方面的经验束缚，认识到公安局局长是女的，问题就解决了。

2. 权威型思维障碍

权威型思维障碍是指迷信权威（包括权威人物和权威书籍），一切按权威所指行动，不敢怀疑权威的理论或观点，这也是创新思维的重大障碍。

著名的比萨斜塔实验中，为了坚持真理，伽利略向当时的权威亚里士多德挑战，用事实证明了自己的观点：两个不同重量的物体从同一高度落下，同时着地。

“非典”刚出现时，中国许多医学权威都认为是衣原体病毒，但钟南山院士另有发现，他大胆质疑，坚持自己的观点，认为是冠状病毒，为当时快速确诊、救治病人立下了大功劳。

3. 自我中心型思维障碍

自我中心型思维障碍是指人们“一叶遮目，不见泰山”，局限在自己已有知识或成果的范围内，思考问题时以自我为中心，从而阻碍了创新思维。实际上，客观情况是发展变化的，而经验只能描述过去，自己掌握的知识和技能只能在一定范围内适用。

〖延伸阅读〗

自我中心与换位思考

有两位武士不约而同地走入森林里。第一位武士在树下看到金色的盾牌，第二位武士在同一棵树下看到了银色的盾牌。究竟是金盾牌还是银盾牌？两个人为此争吵不休，气得拔出剑来准备一决胜负。

两人厮杀了许久都分不出胜负。

当两人累得坐在地上喘息时才发现，盾牌的正面是金色，反面是银色，原来这是一个双面盾牌。

同样的现象，面对数字“6”和“9”，站在上方的人和下方的人，角度不一样，看到的数字也不一样。所以需要换位观察和思考。

4. 自卑型思维障碍

自卑型思维障碍是指在自卑心理的支配下，不敢去做没有把握的事情，即使是走到了成功的边缘，也因害怕失败而退却。这种心理的人，有的其实是很聪明的，有的也曾取得过不错的成绩，往往是后来受到某种打击，从此信心受挫，虽然还在从事有可能实现创新的工作，却一再和成功失之交臂。

另有从众性思维、惰性思维、直线性思维，此处不再赘述。

（三）常见的思维形式

在创新过程中，常见的思维形式有以下几种：

1. 发散思维

又称扩散思维、辐射思维或多向思维，是指人在思维过程中，将思路由一点向四面八方展开，从而获得众多的设想、方案和办法的思维过程。发散思维又可分为以下几种：

图 1-2 常见的思维形式类型

（1）逆向思维，指与人们通常考虑问题的方向相反的思考方法。比如，在军事上，正面进攻不成，往往采用背后偷袭的办法。当然，逆向思维也不是灵丹妙药，但至少可以使人从正反两个方面去考虑问题，增加成功的可能性。

（2）横向思维，也称为侧身思维，它不完全按逻辑推理，而是换一个角度进行思考。比如，城市里交通拥挤，按正向思维考虑，要加宽马路，接着就是加多宽，在哪里加宽，需要多少钱等；按横向思维考虑，可以多修建立交桥，增加公共汽车的数量，限制小轿车的数量等。

（3）颠倒思维，这是一种对已知系统的整体或部分的性状进行颠倒性的变换以实现系统改进的思维方法。颠倒思维与逆向思维有相同之处，也有区别，主要是考虑问题的着眼点不同。逆向思维一般是考虑问题时从相反的方向切入，而颠倒思维则是把问题颠倒过来再考虑。例如教育孩子方法的改变，正面教育改为反面教育，说教式教育改为赏识式教育，都是逆向思维。而把家长教育孩子变换为孩子教育家长，就是颠倒思维。

〖**训练活动**〗

（1）请在 5 分钟内尽可能多地写出带有数字一至十的词汇，如一心一意等。写得最多且无错误的为优胜。

（2）农民在秋天收获大量红薯之后，用红薯能干什么呢？请用发散思维思考红薯的用处有哪些。

2. 收敛思维

又称集中思维、辐集思维、求同思维或聚敛思维，是一种寻求唯一答案的思维，其思维方向总是指向问题的中心。和发散思维相反，具有收敛思维的人在解决问题的过程中，总是尽可能地利用已有的知识和经验，把繁多的信息和解决的可能性逐步引导到条理化的逻辑链中。

发散思维和收敛思维的关系是辩证关系，既有区别，又有联系；既对立，又统一。发散思维和收敛思维在思维指向上是相反的。发散思维是由问题的中心指向四面八方，收敛思维是由四面八方指向问题的中心。发展思维是一种求异思维，为在广泛的范围内搜索，要尽可能地放开，把各种不同的可能性都设想到。收敛思维是一种求同思维，要集中各种想法的精华，达到对问题的系统全面考察，为寻求一种最有实际应用价值的结果而把多种想法理顺、筛选、综合、统一。没有发展思维的广泛收集、多方搜索，收敛思维就没有了加工对象，就无从进行；反过来，没有收敛思维的认真整理、精心加工，发散思维的结果再多，也不能形成有意义的创新结果。只有两者协同动作，交替运用，创新过程才能圆满完成。

〖训练活动〗

一群人商量如何分一堆布：如果每人分六匹，就剩下五匹；分七匹却又短少八匹。请问：有几匹布，几个人？

〖延伸阅读〗

明年农民应该种什么？①

为什么近几年，很多农产品出现滞销现象？大家可以看一看，

① 综合中国农网资料编写。

小麦和玉米以及稻谷，这些粮食类作物基本上价格没有多大起伏，增产时价格微落，减产时价格微涨，这是国家对粮食价格一直在保护并调控。

但种粮食挣钱虽稳定但利润太低，农民们如果以种地为生计的话，没有人会靠种庄稼而能维持正常生计，特别是家中有孩子读书，有年迈父母体质不好需要治病的家庭，这样的家庭根本就是入不敷出，所以当种植水果和蔬菜显现出更高利润的优势时，农民们看到了商机，认为种什么都比种庄稼利润高。

因此涌现出了最近几年漫山遍野果园多，菜园多，农民们种各种水果，种各种蔬菜，“蒜你狠”“姜你军”等高价蔬菜，和各种高价水果，都让农民们犹如打了鸡血，兴奋不已，于是大家放弃种庄稼，转行种果树和蔬菜。

一窝蜂地涌入，再加上农作物高产，导致农产品供大于求了，不得已才出现了今年这种瓜果桃李价格便宜和部分果子滞销问题，这是必然现象。

那么明年农民们应该种什么呢，有部分果农今年种果树赔了钱，想要砍伐果树，其实这种做法也不一定就是正确的，虽然今年赔钱，但不代表着明年不挣钱，只要树还在生长期，就不能盲目处理掉，把树砍伐了你又能种什么？

今年是特殊情况，今年的水果和蔬菜普遍高产，因此全国各地到处是丰收景象，但丰收不丰产是今年特色，因此笔者认为明年该种啥还种啥，重要的是作物一定要种到最好。大家可能有发现，当农作物供大于求时，它的优质作物价格并没有随之跌到谷底，而是比以前稍微便宜一点而已，不过这种情况不是指蔬菜，而是果树，当水果出现滞销时，优质果会脱颖而出，价格甚至比普通果高很多。

建议农民在种植时追求质，而不要盲目地去追求量，比如大家种有机产品，可能量会比原来少一倍多，但价格会是原来的好几倍，其实比求数量更好，消费者吃得健康了，种植户也赚到了钱。

3. 想象思维

想象思维指人脑通过形象化的概括，对头脑中已有的记忆表象进行加工、改造或重组的思维活动。想象思维可以说是形象思维的具体化，是人脑借助表象进行加工操作的最主要形式。想象思维的强弱是判断一个人创新能力强弱的重要依据。想象思维可分为以下几类：

（1）无意想象，即不受意识主体支配的想象。在这种思维活动中，思维主体没有特定的目的性，但可以让潜意识活跃起来，可能促使灵感产生，往往是创造的先导。

〖**训练活动**〗

如果你学习、工作遇到了瓶颈，苦思不得其解，也许下面技法可以帮你打开局面：

第一步：精神放松。端坐在椅子上，手掌放在腿上，眼微闭，全身放松；接着，再一次全身放松。全身放松的具体方法：先把精神集中于脚趾，想“脚趾不用力踩，完全放松了”，接着，把精神集中于脚腕，想“脚腕也不用力气，完全放松了”。就这样，再由腿到腰、到胸、到肩、到颈、到头逐步放松。

第二步：注意力集中。彻底放松之后，将精神集中到“丹田”附近，缓慢地进行腹式呼吸，大约10次以后，把注意力集中到下腹，同时连续想“全身放松了，舒服极了”，这样过一会就会有飘然的感觉，此时即已进入无意想象状态。

第三步：记下结果。进入无意想象几分钟后停止下来，恢复正常状态，立即用笔把头脑中闪过的形象、事物等记录下来。

进入无意想象状态后，把要解决的问题联系起来，就是所谓“冥想创新思维法”。即使没有实际解决什么问题，无意想象的训练也可以锻炼我们的想象力，把想象的结果记下来，也可能成为创新的参考。

（2）有意想象，即受主题意识支配的思维活动。这种思维活动总是在创新者的目的需要系统的支配下进行。有意想象又可以分为再造型想象、创造型想象和幻想型想象。

〖训练活动〗

（1）如果不妥善解决能源问题，100 年以后，世界的经济和社会生活将会出现哪些问题？

（2）我们能用什么方法让沙漠穿上绿色衣裳？如果我国西北地区的沙漠和黄土高原全部被森林覆盖，你能描绘出我国北方的生态环境的变化吗？

（3）居家防盗是一个人们十分关注的问题，除了安装防盗门，你还能想出哪些高招？

〖延伸阅读〗

关于一个原子里正负电子状态猜想

19 世纪时，物理学家通过实验证实，在一个原子里，既存在带正电的粒子，也存在带负电的粒子。但是，对于这两种粒子在原子内究竟以一种什么样的状态存在着，科学家们无从得知。这既不能依靠逻辑思维推理出来，在当时的条件下，也不能通过实验来证明。到了 19 世纪末 20 世纪初，许多物理学家开始借助想象来预测原子的结构模型。最终，大家公认英国物理学家汤姆生提出的“葡萄干面包模型”和英国物理学家卢瑟福提出的“太阳系模型”较为合理。汤姆生是这样想象的：带负电的粒子，像葡萄干一样，散乱地镶嵌在由带正电的粒子组成的像面包一样的球状实体里。而卢瑟福则是这样想象的：带负电的粒子像太阳系的行星那样，围绕着占原子质量绝大部分的带正电的原子核旋转。

后来证实，卢瑟福的想象是正确的，就是说，他准确地想象出了原子内部的结构状态。

商人给妻子的家书

有个商人在外做生意。他的同乡要回家，于是他就托同乡带100两银子和一封家书给不识字的妻子。同乡在路上打开信一看，原来只是一幅画，上面画着一棵大树，树上有8只八哥、4只斑鸠。同乡大喜：信上没写多少银子，我留下50两，她也不知。

同乡将书信和银子交给商人妻子以后，说："你丈夫捎给你50两银子和一封家书，你收下吧！"商人妻子拆信看过后说："我丈夫让你捎带100两银子，怎么成了50两？"那同乡见被识破，忙道："我是想试试弟媳聪明不聪明。"忙把那50两银子送给了商人的妻子。

商人妻子怎么知道是100两银子的呢？

原来那幅画上写的意思是：8只八哥是八八六十四两，4只斑鸠是四九三十六两，合起来是100，所以商人妻子知道是100两银子。

商人写信不用文字而用图画，商人妻子读信不是认字而是解画，他们两人使用的思维法就是再造型想象思维法。

4. 联想思维

联想思维指在人脑内记忆表象系统中由于某种诱因使不同表象发生联系的一种思维活动。联想思维可分为：

（1）接近联想，即由于时间或空间上的接近而引起不同事物之间的联想。比如，当你遇到中学老师时，就可能联想到他过去讲课的情景，甚至讲课的内容和讲过的问题的解法，这就是时间接近联想。你走过学校门口时就会想到学校里的课堂、桌椅和操场等，这就是空间接近联想。

（2）相似联想，即由于从外形或性质上的、意义上的相似而引起的联想。由外形相似引起的联想，如由小船联想到大军舰；由色彩相近引起的联想，如由某一菜品联想到鲜花或水果；由性质相似引起的联想，如由树叶和竹子在风中发出响声引起联想，发明了一些乐器；从意义相似引起的联想，如从质量守恒联想到能量守恒等。

（3）对比联想，即由于事物间完全对立或存在某种差异而引起的联想。这种联想往往是双向的，可以由因想到果，也可以由果想到因。如果找到的因不对，或不合适，还要重新寻找；如果得到的果不对或不理想，还要寻找新的因。

想象思维和联想思维都属于形象思维的范畴，都可以借助于形象展开，都可以呈现为非逻辑形式。两者可以互为起点，也就是说，想象思维可以在联想到的事物周围展开，同时，联想思维也可以在想象到的事物周围展开。

〖训练活动〗

1. 在下面四个题中任选一题，在两个没有关联的词间进行联想，将它们联结起来，跨度越大越好（5分钟），然后选择有意思的思维点，用形象进行表达（10分钟）。

例：粉笔—原子弹

粉笔—教师—科学知识—科学家—原子弹

（1）足球—老虎

（2）小鸡—雷电

（3）汽车—老鼠

（4）油泵—蜘蛛

2. 张先生去机场接妻子，在等待时，看到旁边显示屏幕上的信息，顿时激动得跳起来了，请运用想象思维分析一下原因。

3. 看到“病毒”两字，你会产生哪些联想？

4. 你去一个单位应聘，人家让你一个星期后等通知，但一个星期后并没有通知你，你会产生哪些联想？你下一步会怎么办？

〖延伸阅读〗

韩信画兵挂帅

韩信是我国历史上有名的将领。有一天，刘邦想试一试韩信的智谋。他拿出一块五寸见方的布帛，对韩信说："给你一天的时间，你在这上面尽量画上士兵。你能画多少，我就给你带多少兵。"站在一旁的萧何想：这一小块布帛，能画几个兵？急得暗暗叫苦。不想韩信毫不迟疑地接过布帛就走。第二天，韩信按时交上布帛，上面虽然画了些东西，但一个士兵也没有。刘邦看了却大吃一惊，心想韩信的确是一个胸有兵马千万的人才，于是把兵权交给了他。那么，韩信在布帛上究竟画了些什么呢？原来，韩信在布帛上画了一座城楼，城门口战马露出头来，一面"帅"字旗斜出。虽没见一兵一卒，却可想象到千军万马。

5. 逻辑思维

广义上的逻辑包括形式逻辑和辩证逻辑。这里说的是狭义上的逻辑，也就是形式逻辑，也叫普通逻辑。逻辑思维就是依据逻辑形式进行的思维活动。

逻辑推理的七大步骤：① 确定需要解决的问题（具体、单一）；② 分解问题；③ 剔除次要问题；④ 制定详细的工作计划；⑤ 关键要素分析；⑥ 综合分析调查结果，建立论证；⑦ 陈述工作过程。

〖训练活动〗

1. 推断 ABC 代表的数值

下面的加法计算只是以字母来表示的。A、B、C 分别代表 1 到 9 中的某个数字。从最后得出的和来看，A、B 和 C 分别代表的数字一定会是什么。

$$
\begin{array}{r} A\ \ A \\ +\ B\ \ B \\ \hline C\ B\ C \end{array}
$$

2. 一个人花30元钱买了一只鸡，35元钱卖掉了，然后他觉得不划算，花38元钱又买回来了，40元钱卖给另外一个人。问他赚了多少？

3. 小王、小张、小赵三个人是好朋友，他们中间其中一个人下海经商，一个人考上了重点大学，一个人参军了。此外，小赵的年龄比士兵的大；大学生的年龄比小张小；小王的年龄和大学生的年龄不一样。请推断这三个人中谁是商人？谁是大学生？谁是士兵？

〖**延伸阅读**〗

树上有几只鸟?

某日，老师在课堂上出了一个脑筋急转弯考学生："树上有十只鸟，开枪打死一只，还剩几只？"

该生反问道："是无声的枪吗？"

"不是。"老师答。

"枪声有多大？"学生又问。

"80～100分贝。"

"那就是说会震得耳朵疼。"

"是。"老师肯定地说。

"在这个城市里打鸟犯不犯法？"

"不犯。"

"那您确定那只鸟真的被打死啦？"

"确定，"老师已经有些不耐烦了，"拜托，你告诉我还剩几只就行了。"

"树上的十只鸟里有没有聋子？"学生并未就此罢休。

"没有。"

"有没有关在笼子里的？"

“没有。”

“边上还有没有其他的树，树上还有没有其他的鸟？”

“没有。”

“有没有残疾的或饿得飞不动的鸟？”

“没有。”

“算不算在蛋里还没孵出来的小鸟？”

“不算。”

“打鸟的人有没有眼花 保证是十只？”

“没有花，就十只。”至此老师已经满头是汗，且下课铃响，但学生却还在问个没完：“有没有傻得不怕死的？”

“都怕死。”

“会不会一枪打死两只？”

“不会。”

“所有的鸟都可以自由活动吗？”

“完全可以。”

“如果您的回答没有骗人，”学生满怀信心地说，“打死的鸟要是挂在树上没掉下来，那就剩一只，如果掉下来，就一只不剩。”

6. 辩证思维

也称矛盾思维，是指按照辩证逻辑的规律，也就是唯物辩证法的规律进行的思维活动。辩证思维是反映和符合客观事物辩证发展过程及其规律性的思维，是对客观辩证法和认识过程辩证法的一定程度的认识和运用。辩证思维的特点是从对象的内在矛盾的运动变化中，对其各个方面的相互联系进行考察，以便从整体上、本质上完整地认识对象。

辩证思维能力是一种高度抽象思维能力，需要在自觉的理论学习和实践总结中得到培养强化。全面系统掌握唯物辩证法的基本范畴、方法和原理，自觉运用马克思主义立场、观点和方法来分析实际问题，才能在新时代坚持实事求是、一切从实际出发、理论联系实际，客观准确地看待和克服工作和生活中出现的困难。

〖训练活动〗

1. 请从正反两方面思考：某同学特别爱吃肉，但并没有发胖；另一女生吃肉不多，却有些胖。前者于是照旧猛吃肉，后者一点肉也不敢吃了，他们的做法对吗？

2. 从兼顾长远和当前观点的角度思考：假期回家，遇到未考上大学的同学做生意已发了小财，并有炫耀之意，你是否羡慕他？

3. 根据抓主要矛盾的要求回答：某毕业生是学财会专业的，一家企业录用他当会计，月薪1200元，另一家企业录用他搞推销，月薪2000元，他应当选择哪家企业？

〖延伸阅读〗

（一）

古代有一位智勇双全的将军率军对敌，但双方兵力悬殊，他的全部人马只及对方的十分之一。因此，众将士有点信心不足。这位将军就到一座庙里求神问卜，然后，他取出一枚铜钱，当着众将士说：胜负在天，让神灵决定我们的命运吧！如果铜钱落地后正面朝上，神将保佑我们战无不胜，如正面朝下，是神让我们失败，我们只有听天由命。说着，将军向上一抛，铜钱落地，正面朝上，顿时全军欣然。接着将军又抛了一次，还是正面在上。这样，将士们欢腾雀跃，士气大振，终于获得全胜。凯旋后，将士们纷纷提出要感谢神灵的保佑。这时，将军才拿出铜钱让大家看。原来，这枚铜钱的两面都是正面。众将士这才恍然大悟，保佑他们获胜的，不是神灵，而是自己。

（二）

鲁国相国公仪休喜吃鱼，各地官员纷纷送鱼投其所好。但都被他一一谢绝。他的门生莫名其妙，问道：先生爱吃鱼，为何又把送到眼前的鱼拒之门外？公仪休说：恰恰因为我爱吃鱼，才不得不谨小慎微。如果我来者不拒，说不定哪天会因徇私受贿丢官罢相，甚至性命难保。那时，想吃鱼能吃上吗？现在我廉洁自律，奉公守法，保有鲁国相位，才可以常常吃到鱼。公仪休的话看似浅显，却道出了公私关系的深刻道理。

（三）

我国古代的《庸庵笔记》中记述过一则奇闻：一个小小的蜘蛛，结网于距地二三尺高的墙壁。一天，一条长蛇爬过来，抬头想吃掉蜘蛛，但却怎么也够不着，蛇只得退去。谁知就在这时，蜘蛛突然悬丝而下，蛇重新昂首欲食，蜘蛛又突然缩回网上。这样反复了多次，把蛇搞得十分疲惫，头伏于地想歇口气。可是，蜘蛛却乘蛇不备，奋身直下，扑到蛇的头顶，死死咬住不放，蛇狂跳乱扭，左摇右摆，却不能逃脱，终被置于死地，蛇脑成了蜘蛛的美餐。

（四）

某徒弟学艺多年，出山心切，就去向师父辞行：“师父，我已经学够了，可以独闯。”“什么叫够了？”师父问。“就是满了，装不下了。”徒弟答。

“那么你装一大碗石子来。”徒弟照办。

“满了吗？”师父问。

“满了。”徒弟十分自信。

师父抓起一把细沙，掺入石中，沙一点没有溢出来。

“满了吗？”师父又问。

“这回满了。”徒弟面有愧色。

师父又抓起一把石灰，轻轻洒下，还是没有溢出。

“满了吗？”师父再问。

“满了。”徒弟似有所悟。

师父又倒了一盅水下去，仍然没有溢出。

“满了吗？”师父笑问。

徒弟无言以对。

（五）

第二次世界大战期间，美国著名的巴顿将军，以其泼辣严明的治军作风赢得了赫赫声威。他统率的军团在北非战场和欧洲战场所向披靡，屡立奇功。据说，有一次在部队挺进途中，前面的行军队列突然乱成一团，无法移动。原来是一头运军需的驴子横在道路中间，不肯动弹，一群士兵连推带拉又拿鞭子驱赶，也无济于事，使后面的人马寸步难行。巴顿将军走上前来，看到这一情况后，大喝一声：“所有士兵立即让开！”士兵们不知是怎么回事，便纷纷让开，站在两边。这时，巴顿将军掏出手枪对准驴子扣动扳机，这个倔强的家伙应声倒地。巴顿把它扔进路边的大海，行军的大道立刻畅通无阻。

二、创新与技法

创新技法是建立在认知规律基础上的创新思维、创新心理的原理、技巧和手段，是实现创新的中介，是社会快速推出新技术与新产品的一种可用资源。

简言之，创新技法就是创造学家根据创新思维的发展规律而总结出来的一些原理、技巧和方法。创新技法主要有设问检查法、分析列举法、组合技法等。

（一）设问检查法

1. 奥斯本检核表法

亚历克斯·奥斯本是美国“创新之父”，1941 年出版了世界上的第一部创新学专著《创造性想象》，提出了“奥斯本检核表法”。奥斯本检核表法原有 75 个问题，可归纳为 9 组提问，其核心是改进。具体内容如下：

表 1-1　奥斯本检核表

序号	检核类别	检核内容
1	能否他用	有无新的用途？是否有新的使用方式？可否改变现有的使用方式？
2	能否借用	有无类似的东西？利用类比能否产生新观念？过去有无类似的问题？可否模仿？能否超过？
3	能否扩大	可否增加些什么？可否附加些什么？可否增加使用时间？可否增加频率、尺寸、强度？可否提高性能？可否增加新成分，可否加倍？可否扩大若干倍？可否放大？可否夸大？
4	能否缩小	可否减少些什么？可否密集、压缩、浓缩？可否微型化？可否缩短、变窄、去掉、分割、减轻？可否变成流线型？
5	能否改变	可否改变功能、颜色、形状、运动、气味、音响、外形、外观？是否还有其他改变的可能性？
6	能否代用	可否代替？用什么代替？有何别的排列、成分、材料、过程、能源、音响、颜色、照明？
7	能否调整	可否变换？有无互换的成分？可否变换模式、布置顺序、操作工序、因果关系、速度或频率、工作规范？
8	能否颠倒	可否颠倒？可否颠倒正负、正反、头尾、上下、位置、作用？
9	能否组合	可否重新组合？可否尝试混合、合成、配合、协调、配套？可否把物体组合、目的组合、特性组合、观念组合？

怎么运用这些技法呢？我们用“玻璃杯”做例子来运用一下。

表 1-2 用奥斯本核检表法改进玻璃杯

序号	核检项目	发散性设想	初选方案
1	能否他用	作灯罩、可食用、当量具、作装饰、拔火罐、作圆规	装饰品
2	能否借用	自热杯、磁疗杯、保温杯、电热杯、音乐杯、防爆杯	自热磁疗杯
3	能否改变	塔形杯、动物杯、防溢杯、自洁杯、密码杯、幻影杯	自洁幻影杯
4	能否扩大	不倒杯、防碎杯、消防杯、过滤杯、多层杯	多层杯
5	能否缩小	微型杯、超薄杯、可伸缩杯、扁形杯、勺形杯	伸缩杯
6	能否代用	纸杯、一次性杯、竹木制杯、可食质杯、塑料杯	可食质杯
7	能否调整	系列装饰杯、系列高脚杯、系列口杯、酒杯、咖啡杯	系列高脚杯
8	能否颠倒	透明不透明、彩色非彩色、雕花非雕花、有嘴无嘴	不透明雕花杯
9	能否组合	与温度计组合、与香料组合、与中草药组合、与加热器组合	与中草药组合杯

〖训练活动〗

1. 请根据奥斯本检核表法，在下表中完成电灯相关的创新思路。

序号	检核项目	电灯相关的创新思路
1	能否他用	
2	能否借用	

续表

序号	检核项目	电灯相关的创新思路
3	能否改变	
4	能否扩大	
5	能否缩小	
6	能否替代	
7	能否调整	
8	能否颠倒	
9	能否组合	

2. 5W1H 法（六何分析法）

5W1H 分析法也叫“六何分析法”，是一种思考方法，也是一种创新技法。是对选定的项目、工序或操作，都要从对象（何事）、地点（何地）、时间（何时）、人员（何人）、原因（何因）、方法（何法）等六个方面提出问题进行思考。这种思考办法可使思考内容深化、科学化。

请试用用“5W1H”的“六何分析法”对近年来的“中央电视台春节联欢晚会”的优缺点进行分析，并尝试提出合理化建议。

3. 和田十二法

和田十二法，又叫“聪明十二法”“和田创新法则”（和田创新十二法），是我国学者许立言、张福奎在奥斯本检核表法基础上，借用其基本原理，加以创造而提出的一种思维方法。它既是对奥斯本核检问题表法的一种继承，又是一种大胆的创新。

（1）加一加

在原有的基础上改进（加高、加厚、加多、组合等）就是创新。“加一加”，比如把一件物品加大一点、加高一点，或者把功能加多一点，使物品在形态上、功能上、尺寸上有所变化，从而实现创新。例如：一美国商人用 0.2 美元从我国购买一种工艺草帽，添加一条花布帽带，在加压定型，结果在市场上十分畅销，价格也翻了近百倍。又如把收录机的喇叭加大一些，再加上电唱机，就成为音响设备；把载重车加长一点，就成为大平板车，可以运载超长物件；把火车车辆加高一层，就成为双层车厢，增加载客量；把篮球架改成三面篮板的多面投篮架；"卷笔套＋橡皮＋毛刷＋镜子"的多用途卷笔套，既可卷笔，又可擦字迹，可刷垃圾，还可作镜子；人长得不够高，加高鞋底的鞋可以增加销量；等等。

（2）减一减

减一减就是省略不必要的部分，使物品减轻、减少、省略等。将原来的物品减少、减短、减窄、减轻、减薄……设想能变成什么东西。例如：一封信件通常由信纸、信封和邮票三件物品构成，用"减一减"的技法，使三件物品变成一件——明信片；普通眼镜将镜片减薄、减小，再减去镜架，就变成隐形眼镜；把电子元件改成集成块；把钢铁架帆布篷改为充气塑料帐篷，重量大大减轻；篮球架减短一些，篮筐减小一点，可以给幼儿园儿童投篮用；减轻建筑材料重量，制成高强度的轻型材料；等等。

（3）扩一扩

将物品扩一扩，扩大其功能、用途的使用领域，放大、扩大、提高功效等。例如：在烈日下，母亲抱着孩子还要打伞，实在不方便，能不能特制一种母亲专用的长舌太阳帽，这种长舌太阳帽的长舌扩大到足够为母子二人遮阳使用呢？现在已经有人发明了这种长舌太阳帽，很受母亲们的欢迎。又如：有学生雨天和人合用一把伞，结果两人都淋湿了一个肩膀。把雨伞扩一扩，就诞生了情侣伞。又如把电影银幕加宽成宽银幕；把普通电视扩大为投影电视；扩大布匹门幅为宽幅布；单人沙发扩大为双人、三人沙发；把桥、路放宽，以适应繁忙的交通；等等。

（4）变一变

变一变就是改变原有事物的形状、尺寸、颜色、气味、浓度、密度、顺序、次序、场合、时间、对象、方式等。例如河南省洛阳市王岩看到圆口的漏斗灌水时常常冒气泡，使得水流不畅。若将漏斗下端口由圆变方，那么往瓶里灌水时就能流得很畅快，也用不着总要提起漏斗了。又如美国牙医发现患龋齿的儿童不爱刷牙的原因是讨厌牙膏中的薄荷味。她运用“变一变”原理进行创意，在牙膏中减少薄荷，加上糖浆和果汁，改变牙膏的口味。这种牙膏还分橙味、苹果、香蕉等各种香型，并染成橙红、果绿、淡黄等悦目的颜色。这种牙膏上市后，大受儿童欢迎，孩子们把刷牙当成一种乐事，甚至一天刷两三次。

改变一个物品的形状、尺寸、颜色、滋味等，可使人有一种新鲜感或者是达到人们想要达到的目标。许多新产品就是运用这种方法，年年在变，不断满足消费者的需要。如服装的面料、款式、颜色、图案千变万化，不断翻新；圆珠笔由圆形改为六角形、三角形，由单色改为多色；饼干向奶油味、水果味、蔬菜味等多种品味变化，以适合不同人的口味以及人们口味的变化；电视机由凸面圆角型改为平面直角型、纯平面型，由普通声改为立体声，优化视听感受。

（5）改一改

改一改就是针对现有的做法提出意见、建议，修改缺点、不便、不足之处使之更好（带有被动性，常常是在事物缺点暴露出来后才通过消除缺点的方式进行改造）。例如：非一次性的注射器改为一次性注射器；电话由拨盘式改为键盘式；普通门锁改为IC卡门锁；钟表由机械的改为石英电子的，由指针式改为数学显示式。“改一改”是对一个物品原来形状、结构、性能进行改进，使之出现新的形态、新的功能。现在许多产品不断更新换代，就是通过这种方法实现的。

（6）缩一缩

缩一缩就是把某件东西压缩、折叠、缩小来达到想要达到的目的。例如有人发现地球仪携带不方便，便想到，如果地球仪不用时能把它压缩、变小，携带就方便了。若用制作塑料球的办法制作地球仪就可以解决这个问题。用塑料薄膜制的地球仪，用的时候把气吹足，放在支架上，可以转动；不用的时候把气放掉，一下子就缩得很小、携带很方便了。如压缩饼干、浓缩果汁、书籍的缩印版、袖珍词典、袖珍收音机等都是采用“缩”的创意；把伞柄由一节改为两、三节，可以收缩，把篮球架缩一缩变为升降式篮球架，既适合成年人使用，又适合小学生使用；在电影、电视的拍摄中，常用缩小了的微景模仿现实景象；在报刊资料印刷中的缩印本；等等。

（7）联一联

联一联指看事物之间有何联系，把某些东西联系起来。例如：澳大利亚曾发生过这样一件事，在收获季节里，有人发现一片甘蔗田里的甘蔗产量提高了50%。这是由于甘蔗栽种前一个月，有一些水泥洒落在这块田地里。科学家们分析后认为，是水泥中的硅酸钙改良了土壤的酸性，而促成了甘蔗的增产。这种将结果与原因联系起来的分析方法经常能使我们发现一些新的现象与原理，从而引出发明。由于硅酸钙可以改良土壤的酸性，于是人们研制出了改良酸性土壤的“水泥肥料”。又如，某食品集团创始人有一次陪同客人进餐，发现人们对一道用锅巴做原料的菜肴很感兴趣，不由得联想到：锅巴能做菜肴，为什么不能加工为小食品呢？此后，不同做法的锅巴相继问世。锅巴食品还在十几个国家和地区获得了专利。又如为了预防小偷用万能钥匙开门行窃，人们联想到在这世界上每个人的指纹都是独一无二的，所以发明了用房子主人的指纹来开门的锁；喝茶时，茶叶总是跟着水一起喝进嘴里，联想到的淘米箩淘米，水流出而米却没流出，于是把淘米箩的原理用到了茶杯上在茶杯上多加了一个小筛子作为隔层，就不会有茶叶与茶水一起喝到嘴里的困扰了。

（8）学一学

学一学就是借鉴、综合，学习模仿别的事物的原理、形状、结构、颜色、性能、规格、方法等，以求创新。比如某学生做了一个十分有趣的实验，让猫狗怕小鸡。村里许多人养了猫狗，猫狗总是想偷吃小鸡。这个学生的妈妈也买来了小鸡，但放在哪里都不放心。他想要是能让猫狗不来就好了。一天，他上学时，看到一群飞舞的蜜蜂。他想，人比蜜蜂大多了，可是人怕蜜蜂，因为怕蜂蜇。那么我们能不能学一学蜜蜂的办法，让猫狗怕小鸡呢？他做了一个别出心裁的实验，他右手抓起一只小鸡，让鸡头从手的虎口处伸出来，拇指与食指捏着一枚缝衣针，针尖在鸡的嘴尖处稍露出一点。然后，他抓来猫、狗，用藏在鸡嘴下的针尖去扎猫或狗的鼻子、嘴，每天扎十几次。连扎三四天后，他发现猫狗见到小鸡就怕，他成功了。又如索尼公司首先研制出新产品时，松下公司就马上分析这种产品的优缺点，然后再生产出更合适的产品。原来松下有个原则：不当技术先驱者，而做技术追随者。还比如相传鲁班被茅草割伤了手，他模仿茅草边缘的小齿发明了锯；另有现代人们模仿落地电扇能升降的特点发明的升降篮球架；模仿鹤尖嘴衔东西的功能创造出立鹤造型的美观实用方便的牙签盒；通过研究插座安全装置的性能，发明出安全插座。

（9）代一代

代一代指用别的材料代替，用别的方法代替。日常生产、工作中广泛存在着的材料的代用、方法的代用、工具的代用、商品的代用等。例如：按扣开关正是用代一代的方法发明的。有人发现家中有许多用电池作电源的电器没有开关。使用时很不方便。他想出一个“用按扣代替开关”的办法：他找来旧衣服和鞋上面无用的按扣，将两片分别焊上两根电线头。按上按扣，电源就接通了；掰开按扣，电源又切断了。如用塑料或玻璃钢代替金属，用铝合金门窗代替钢门窗，用电子计算机代替算盘，用不锈钢炊具代替铝炊具；用集装箱运输代替散装运输；携带大量现金出门，既占空间，又不安全，所以用了银行卡替代，方便携带和异地取款。

（10）搬一搬

搬一搬指移作他用，把某件东西搬到别的地方或将某个想法、道理、某项技术搬到别的场合或地方以作他用。例如：某学生在参加夏令营时，感到带饭盒不方便，他很想发明一种新式的便于携带的饭盒。他看到家中能伸缩的旅行茶杯，又想到了充气可变大、放气可缩小的塑料用品。他想按照这些物品制造的原理，设计一个便携的饭盒。可是，他又觉得这些设想还不够新颖。他陷入了冥思苦想之中。一天，他偶然看到一个铁皮匣子，是由十字状铁皮将四壁向上围成的。他想，我也可以将五块薄板封在双层塑料布中，用时将相邻两角用揿钮揿上，五块板就围成了一个斗状饭盒。这样，新颖的折叠式饭盒就发明出来了。又如，激光技术被搬到各个领域，激光切削、激光磁盘、激光测量、激光唱盘应运而生。把发动机搬动到各种各样机械上，可以创造出许许多多的电器产品，像电风扇、电吹风、脱排油烟机、电动剃须器、吸尘器、食品切割器与搅拌器等；把超声技术运用于清洗、测量、溶解、研磨、切割等多种器具上，可以创造出不少新的工具。搬一搬的特点是把事物的某个部件搬动一下，使之形成新物品，产生新功能。这种方法在很大程度上包含着某一工艺技术的应用。

（11）反一反

反一反指把上下顺序倒过来，即是将某一事物的形态、性质、功能以及正反、里外、前后、左右、上下、横竖加以颠倒，从而产生新的事物。反一反为逆向思考法，以正合，以奇胜。例如森林动物园一反普通动物园常态，将游人关在笼式汽车里在森林里游览观赏行动自由的猛兽，受到游人的欢迎。又如司马光砸缸，小孩掉进水缸里，既然没办法让小孩离开水，那就让水离开小孩，于是司马光便砸缸救人；把无用垃圾变为有用的有机肥料等。

（12）定一定

定一定指定个界限、标准，能提高工作效率，即为新事物或者新产品定出新的标准、型号、顺序，或为某种东西以及提高工作效率和防止不良后果做出一些新的规定，从而形成创新。例如：药水瓶印上刻度，贴上标签，注明每天服用几次，什么时间服用，服几格；城市十字路口的交通信号灯红灯停、绿灯行；上海市某学校学生参考交通红绿灯发明了“读写姿势红绿灯”，用简单的器具矫正小学生读书写字的姿态，保持读写的规范姿态，有利于视力健康；马路上人们为了行车快速和避免出现安全事故，总是大声鸣喇叭，于是政府安装分贝显示禁鸣标志，减少鸣笛，社区相对安静许多了，或者同样是马路上，安装红绿灯以规范行人与汽车的行走规则，让道路安全很多；等等。

上述 12 种技法是对奥斯本检核表法的发展。这些方法虽然有所交叉，但是仍各有侧重，且通俗易懂，简单易行，具有推广价值。

〖训练活动〗

对照“和田十二法”的 12 种创新方法，把生活中的物品改造成创新产品。

（1）加一加：____________ （2）减一减：____________

（3）扩一扩：____________ （4）变一变：____________

（5）改一改：____________ （6）缩一缩：____________

（7）联一联：____________ （8）学一学：____________

（9）代一代：____________ （10）搬一搬：____________

（11）反一反：____________ （12）定一定：____________

（二）分析列举法

第二种创新技法是分析列举法，主要包括特性列举法、缺点列举法、希望点列举法、成对列举法。

1. 特性列举法

特性列举法是 20 世纪 30 年代初美国内布拉斯加大学林肯分校教授罗伯特·克劳福特创立的一类创新技法。运用该技法首先要把研究对象的主要属性逐一列出，通过进行详细分析，然后探讨能否进行改革或创新。

一般来说，事物的特性包括名词特性、形容词特性和动词特性。特性列举法在运用中要对创新对象的全部特性进行列举,列举得越全面越详细，越容易找到创新和改进的方面。要着手解决的问题越小，越容易获得成功。

特性列举法的步骤：

（1）确定研究对象。应当选择一个比较明确的革新课题，课题宜小不宜大。如果课题较大，应将其分解成若干小课题。例如自行车的创新设计，如果将自行车分为若干部分，对车胎、钢圈、链条、齿轮、车身、车把、刹车、车座、车铃等分别加以研究，只要革新其中一个或几个部分，就可以促成自行车整体性能的提高。

（2）列举研究对象的特性。研究对象的特性一般包括三个方面：名词特性主要用来表征事物的性质、整体、部分、材料及制造方法等；形容词特性反映事物的颜色、形状、大小、长短、轻重等；动词特性反映事物的机能、作用、功能等。

（3）分析鉴别特性，运用发散性思维，提出革新方案。对所列举出的特性逐一进行具体的分析，判断每一个特性是否具有改进和创新的必要性和可能性，淘汰那些没有价值和不现实的特性，并将欲创新的特性进行整理、按重要程度进行排列，对列举的特性进行提问。

例如笔的特性列举法如下：

名词特性：部件有笔杆、笔帽、笔芯、笔油、笔珠、弹簧等。材料有塑料、竹子、钢、不锈钢等。笔杆太滑，不利于把握有什么改进方法？冬天书写时太凉，能否添加一些热传导率低一些的材料？笔帽很容易丢失，怎么预防？笔油能否做成彩色的？笔油能不能用橡皮擦去？

形容词特性：包括色彩、形状、长短、轻重、粗细等。能否做成动物形状？形状是否适合于初学写字的儿童的抓握？能否用一支笔写出不同颜色的字？

动词特性：书写、作画、复写、装饰、送礼品、携带等。儿童使用时，怎样保持一个正确的握笔姿势？长时间书写，怎样能减轻疲劳？能否既能书写，又能作画？能否依据工作的不同添加尺子、剪刀、胶水的功能？

〖训练活动〗

请尝试用“特性列举法”对烧水用的水壶进行创新设计。

（1）名词特性：__________ 革新方案：__________

（2）形容词特性：__________ 革新方案：__________

（3）动词特性：__________ 革新方案：__________

2. 缺点列举法

缺点就是问题，解决问题就能促进事物的发展。缺点列举法也是常用的一种创新技法，是抓住事物的缺点进行分析，以确定发明目的的创新技法。此法直接从社会需要的功能、审美、经济等角度出发，研究对象的缺陷，提出改进方案，简便易行。

例如：日本美津浓公司原是生产体育用品的一家小厂，为了使产品畅销世界，厂里的开发人员到市场上去调查。调查中发现网球初学者在打球时不是打不到球，就是打一个“触框球”。美津浓公司就专门做了一些比标准大 30% 的初学者球拍。后来他们又了解到初学者打网球时，手腕容易患上一种皮炎，这种病被人们称为“网球腕”。他们用发泡聚氨酯为材料，经过无数次试验终于制成了著名的“减震球拍”。又如，1906 年，艾里克·高思和丹尼尔·拉卡米埃在法国成功申请了防笔屑削笔刀的专利。可是，清理笔屑是一件比较麻烦的事情。针对普通削笔刀的这一缺点，在削笔刀周围加上一个封闭盒子，就可以把笔屑集中，同时可以设计不同的形态结构，既方便又美观。

只有不断发现问题，才能不断解决问题，科技才能不断发展、进步。随着社会的发展与时代的要求，各种事物也会产生新的缺点，因而只要不断列举缺点，创造发明的思路就能源源不断地冒出来。

应用缺点列举法分为两个阶段：① 列举缺点阶段（列缺点）注意点。缺点愈多愈好；挑出主要缺点；主体宜小不宜大。② 探讨改进方案阶段（定方案）。根据原因找到解决的办法，应按照缺点、原因、解决办法和新方案等列成简明的表格，选择最佳或最适合的方案。

〖训练活动〗

在炎热的夏天，蚊子的“嗡嗡”之声让人不得安宁，蚊香味道又不好闻。关于“蚊子和蚊香”的问题，请运用“缺点列举法”提出一个改进蚊香的方案。

蚊香的缺点：____

____

____

改进方案：____

____

参考改进方案：在一块PTC材料制成的加热器上放置除虫菊脂药片的新型“电子蚊香”，受热时挥发出清香的气味，达到了驱蚊的目的。但这又增加了电能的消耗，你想出更好的方案了吗？

3. 希望点列举法

希望点列举法也是美国内布拉斯加大学林肯分校教授克劳福特提出的一种创新方法。此法是通过提出来的种种希望，经过归纳，确定发明目标的方法。此法从发明者的意愿生发出来的各种新设想，不受原有物品的束缚，是一种积极主动的创新方法。

许多东西都是根据人民的希望和需求创造出来的。例如：人们希望像鸟一样飞上天，于是就发明了气球、飞机；人们希望冬暖夏凉，就发明了空调设备；人们希望夜如白昼，就发明了电灯；人们希望打电话时能看到对方的形象，就发明了可视电话；人们希望洗手后不用毛巾擦也能干，就发明了电热干手机；人们希望擦楼上玻璃窗不会发生危险，于是发明了磁性双面擦窗器；人们希望夜间上下楼梯时，路灯能自动亮、自动灭，于是就发明了光、声控开关。

希望列举点法的实现路径如图 1-3：

图 1-3　希望列举点法的实现路径

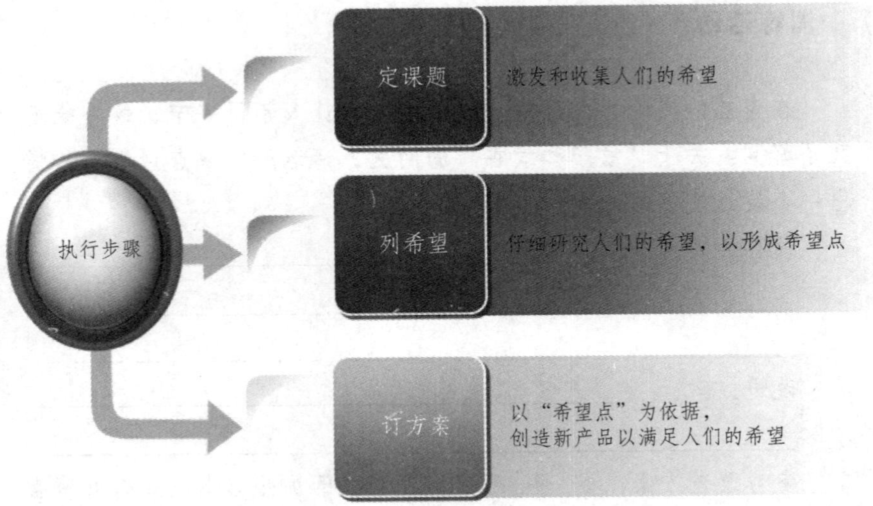

图 1-4　希望点列举法的执行步骤

重视人们的需求，就有创新的希望。比如，有一家制笔公司用希望点列举发明法生出了一系列改革钢笔的希望：希望钢笔出水顺利；希望绝对不漏水；希望一支笔可以写出两种以上的颜色；希望不沾污纸面；希望书写流利；希望能粗能细；希望小型化；希望笔尖不开裂；希望不用加墨水；希望省去笔套；希望落地时不损坏笔尖；等等。这家制笔公司从中选出“希望省去笔套”这一条，研制出一种像圆珠笔一样可以伸缩的钢笔，从而省去了笔套。这种可以伸缩的钢笔推向市场后大受欢迎。

〖**训练活动**〗

用希望点列举法列举 3 种未来家电的新设想，写出该产品的名称，并说明这种新产品的功能或性能。

（1）新家电名称：__________　新功能或性能：__________

（2）新家电名称：__________　新功能或性能：__________

（3）新家电名称：__________　新功能或性能：__________

4. 成对列举法

成对列举法是把任意选择的两个事项结合起来，成对列举其特征，或者把某一范围内的事物一一列举，依次成对组合，从中寻求创新设想。

例如，要设计新式多功能家具，可以先列举各种家具及室内用具：床、箱子、桌子、沙发、椅子、茶几、书架、台灯、衣柜、衣架、镜子、花盆架、电视、音响等，然后两两配对组合：床和沙发、灯和衣架、桌子与书架、床和箱子、床和灯、镜子与柜子、电视与花盆、音响和台灯等。

具体实施步骤：① 列举，把某一范围内所能想到的所有事项依次列举出来；② 强迫联想，任意选择其中两项依次组合起来，想象这种组合的意义；③ 对所有的组合进行分析筛选。

最后对所有方案进行分析，发现许多方案均可发明出新式家具，有些方案事实上已经成为产品，如床和沙发组合成的沙发床、镜子和柜子组合成的带穿衣镜的柜子、床和箱子组合成的床底可兼做储物柜的组合床等。

有些方案则还未实现，如茶几与电视机、茶几与镜子、电视机与镜子、椅子和灯组合等。分析这些设想中的组合能否构成可行的方案，从中寻求创新设想。

(三) 组合技法

1. 主体附加法

主体附加（添加）法是指以某一特定的对象为主体，通过置换或加入其他技术或增加新的附件而产生发明或创新的方法,也可称为内插式组合。此法适合在对产品不断完善、改进时使用。如最初的洗衣机只是代替人的搓洗功能，以后增加了甩干、喷淋装置后，拓展了其功能。

实施主体附加法具体步骤如下：① 有目的地选定一个主体；② 运用缺点列举法，全面分析主体的缺点；③ 运用希望点列举法，对主体提出种种希望；④ 考虑能否在主体不变或略变的前提下，通过增加附属物以克服或弥补主体的缺陷；⑤ 考虑能否利用或借助主体的某种功能，附加一种别的东西使其发挥作用。

2. 二元坐标法

二元坐标法是指通过建立二元直角坐标系，将各种信息（联想元素）分别列出，从中寻求联系，产生联想，进而诱发创造性设想的创造技法。

二元坐标法具体步骤如下：① 提出联想元素。② 建立坐标体系。③ 在每个信息交汇点上进行联想，同时对获得的设想进行分类，并用相应的符号在图上表示出来，完成联想图。④ 设想处理。

3. 焦点法

焦点法是运用联想机制，将发散性联想与集中思维结合起来。

实施焦点法的步骤如下：① 选择研究对象，并以此为研究焦点；② 选择任一物体作为参考物；③ 一一列出参考物的特性，再由这些特性进行发散联想；④ 把由这一事物引起的联想与焦点相联系，一一进行组合联想，并列出设想方案；⑤ 对设想方案进行评价、选优。

4. 信息交合法

信息交合法，又可以称为“要素的发明法”，或称为“信息反应场法”。信息交合法是一种在信息交合中进行创新的思维技巧。

信息交合法的原理：一切创造活动都是信息的运算、交合、复制和系列的活动。

（1）信息交合定理 1：不同信息的交合可以产生新的信息。

其一，不同信息、相同联系所产生的构想。比如轮子与喇叭是两个不同信息，但交合在一起组成了汽车，轮子可转动，喇叭则发出声音表示“警告”。

其二，相同信息、不同联系产生的构想。比如，同样是“灯”，可吊、可挂、可随身携带（手电筒），也可做成无影灯。

其三，不同信息、不同联系产生的构想，比如，独轮自行车本来与盒、碗、勺没有必然联系，但杂技演员将它们交合在一起，构成了杂技节目。

（2）信息交合定理 2：不同联系的交合可以产生新的联系。

没有相互作用就不能产生新信息、新联系。所以“相互作用”（即一定条件）是中介。当然，只要有了这个条件，任何信息均可以进行联系。比如，手杖与枪是风马牛不相及的不同信息，但是，在战争范畴（条件）内，则可以交合“手杖式枪支”。

信息交合法的实施步骤如下：

第一步：定中心。确定所研究的信息及联系的上下维序的时间点和空间点，也就是零坐标。

第二步：划标线。用矢量标串起信息序列。

第三步：注标点。在信息标上注明有关信息点。

第四步：相交合。以一标线上的信息为母本，以另一标线上的信息为父本，相交后可产生新信息。

以冰淇淋为例，可运用信息交合法创新一种新式冰淇淋（如图 1-5）。

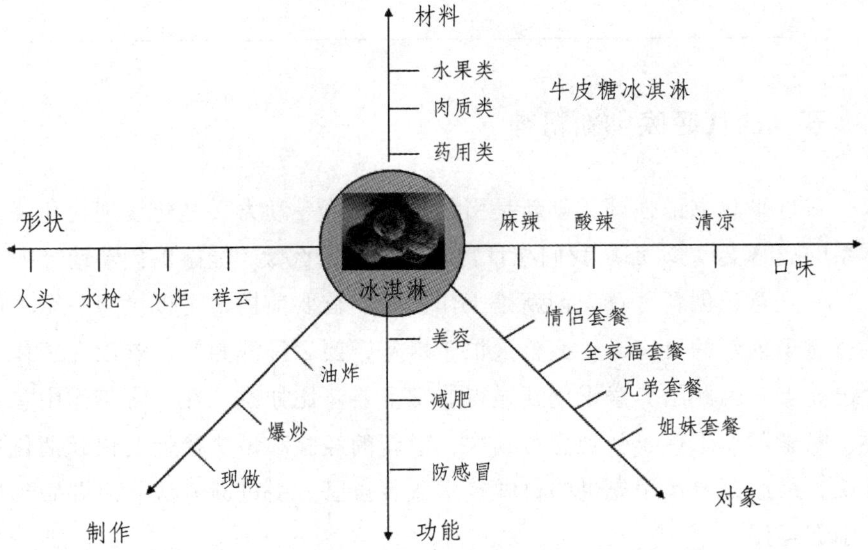

图 1-5　信息交合法演示图

〖训练活动〗

请你当编剧

中国古代小说的人物、情节、环境等要素一般有以下八个，请运用组合技法中的信息交合法完成组合图，并选你认为最好的一种组合写出小说故事梗概。

中国古代小说的八个情节要素：① 书生；② 落难；③ 小姐；④ 搭救；⑤ 后花园；⑥ 私订终身；⑦ 金榜题名；⑧ 衣锦团圆。

要求：故事中要有环境，有氛围营造，故事情节引人入胜，表述符合规范，语言可以幽默诙谐，但必须符合社会主流道德，不可低俗。

三、时代呼唤创新精神

习近平总书记强调“创新是引领发展的第一动力，是建设现代化经济体系的战略支撑”。那么我们在日常工作中要怎么做才能融汇创新精神呢？

一是意识创新。意识创新是工作创新的首要前提，可以设想一个不愿进行意识创新的员工，要么整天忙于事务，要么浑浑噩噩，难以在工作上做出亮点。因此培养意识创新显得非常重要。比如说，在日常工作中首先要不断学习新思想、新观念；其次，对新的经验和做法接受要快，消化也要快；最后，要运用先进的科学技术武装自己，引进新方法之后要做到快速掌握运用。

二是思路创新。思路创新，顾名思义就是想问题、出主意有新思路、新理念。想问题要有超前意识，不能人云亦云。制定计划要有新颖性，要有自己的特点特色，不能照葫芦画瓢。总结经验要简练生动，要有让人耳目一新的感觉。

三是工作创新。干一行爱一行，做工作就怕“认真”二字。集中精力把交办的工作干出色，要有不甘落后的精神。干工作要走一步想三步，要像下棋一样，通盘考虑；事务性工作要一步三回头，要仔细认真，办完回头多检查几遍，办事要做到滴水不漏。

四是方法创新。要不断学习新知识，掌握新方法，应用新设备、新载体，主动做好工作。方法上要不断总结反思，抛弃陈旧落后的、形式主义的东西，创造出新颖、有效、吸引人的方法，创造出日常工作的新效果、新途径、新局面。要善于学习一切先进的科技成果，把成果运用到日常工作中，如网络、计算机、各类办公软件等。方法的创新是日积月累的过程，更需要我们在工作中多留个心眼，注重平时的点滴积累。

02 第二章

设计思维之设计

也许很多人没有意识到，我们每个人的生活，处处都与设计密不可分。我们坐的椅子、使用的电脑、穿的衣服、居住的房屋，无论是饮食起居，还是学习工作；无论是娱乐社交，抑或是购物旅行……这些无一不需要设计。如果某些产品或服务体现了良好的设计思维，那么就会带给我们便利和欢欣；反之，则带给人们诸多的困惑和烦恼。

很多时候，在产品开发过程中，设计者更多地关注产品用来做什么，而忽略了用户使用这个产品和服务的感受是什么。设计思维就是以人的需求为出发点的一种创新方法，其目的在于创设更加美好的用户体验。

第一节　设计思维的定义

道在日新，艺亦须日新，新者生机也；不新则死。

——徐悲鸿

〖**他山之石**〗

IDEO 公司五天改进超市购物车

1999 年，美国广播公司（ABC）“夜线”（Nightline）节目与 IDEO 公司合作，用摄像机带领观众“亲眼看看创新的产生”——IDEO 设计师要在 5 天内重新设计超市购物车。

第一天，跨学科创新团队成立，这些团队成员来自各行各业。团队中，有人观察消费者的采购行为；有人钻研购物推车和相关技术；有人去请教采购和维修购物车的专家；有人到超市考察购物流程；有人甚至刺破了十几部儿童座椅和娃娃车，研究其内部构造。团队最终锁定三个创新目标：设计体贴儿童的购物推车；规划更有效率的购物方法；提高购物车的安全性。

第二天，针对创新目标实施创意，头脑风暴过程百无禁忌。上午 11 点，天马行空的点子写满白板。之后进行投票，决定产品原型的方向。下午 6 点，一部可供测试的原型车出炉，具备了以下功能：车体外形优雅，购物篮可堆置在车架上的组合设计，一支可向客服人员询问的麦克风，以及可节省结账排队时间的扫描器等。

第三天上午，灵巧、漂亮的购物推车车架已经由资深焊工制作完成。负责制造模型的设计师辛苦地改良车轮。

第四天，大家开始组装车体，团队成员拿来几张树脂板，制作全新的购物篮。同时，每个环节的组装测试工作也已完成。

第五天上午，在欢呼声中，一台创新购物推车揭开了面纱：车体的结构两侧倾斜成弧线；采用开放式的车架设计，可在上下两层整齐排放5个标准购物篮；推车上的儿童座椅配备安全扣、儿童趣味游戏板；购物推车还配备了扫描装置可直接结账、两个咖啡杯架等。

“重新设计购物车”项目成为IDEO的经典案例，晚间在线的深度报道《深潜（Deep Dive）：一个公司创新的秘密武器》也成为其当年最受欢迎的节目之一，它让许多观众第一次理解了创新究竟意味着什么，以及如何在真实的商业环境中运作起来。IDEO的创新流程和方法也逐渐被更多的企业所关注和运用，帮助它们实现成功的商业创新。

IDEO 的创始人戴维·凯利在节目中表示，“其实我们并不是任何特定领域的专家，我们所擅长的是一套设计流程，不管产品是什么，我们都设法利用这套流程来创新”。那么这套流程是什么呢？就是风靡了各大商学院的设计思维。

一、什么是设计思维

设计思维近几年在全球非常火爆，有人一听设计思维这个词语，感觉这是设计师需要的，其实不然。设计思维，顾名思义，就是用设计师的思维来解决问题。它适用于任何一个需要解决问题的人，设计师、技术总监、产品研发人员、服务人员以及所有对创新感兴趣的人，都可以使用。设计思维无处不在，商业、产品设计、教育、医疗、公共设施、互联网、交通等各领域都可以使用设计思维，甚至你也可以使用设计思维设计你的职业生涯、人生规划。“设计思维”一词英语为“Design Thinking”，简称DT。

“设计思维”一词始于诺贝尔奖得主司马贺（Herbert A Simon）1969年的定义，即“以人为本的设计精神与方法，考虑人的需求、行为，也考量科技和商业可行性”。苹果、特斯拉、SAP、IBM、三星、美国通用电气、百事可乐、宝洁以及华为、美的、方太等公司都曾使用“设计思维”推动企业走向成功。

世界顶级创意公司 IDEO 公司总裁兼 CEO 蒂姆·布朗，将设计思维定义为“一种以人为本的创新方法，是结合了人们的需求、技术可行性和商业可行性的设计师的工具箱”。设计思维是从用户的角度出发，发现用户的需求或潜在需求，发现问题、解决问题。

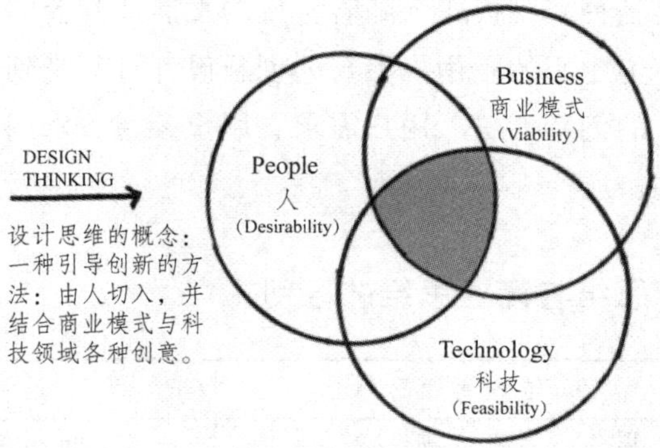

图 2-1　设计思维的概念

在《设计，改变一切》一书中，蒂姆·布朗说：“设计思维不仅以人为中心，还是一种全面的，以人为目的、以人为根本的思维，设计思维依赖于人的各种能力，直觉能力，判别模式的能力，构建既具功能性又能体现情感意义的创意的能力，以及运用各种媒介而非文字，或符号表达自己的能力。”构建既具功能性，又能体现情感意义的、创意的能力，是说我们最终的产品应该满足三点：有情、有趣、有用。

（一）设计思维与设计的区别

设计思维与设计不同。设计，指设计师有目标有计划地进行技术性的创作与创意活动。根据工业设计师 Victor Papanek 的定义，设计（Design）是为构建有意义的秩序而付出的有意识的直觉上的努力。其意义有二：

第一步：理解用户的期望、需要、动机，并理解业务、技术和行业上的需求和限制。

第二步：将这些所知道的东西转化为对产品的规划（或者产品本身），使产品的形式、内容和行为变得有用、能用，令人向往，并且在经济和技术上可行。这是设计的意义和基本要求所在。

大家比较熟悉的有平面设计、包装设计、产品设计、游戏设计、装修设计等。传统的产品设计，大多聚焦在产品的外观、功能等方面，从现有产品存在的问题出发，找出解决方案。

设计思维是一种思维模式。随着科技的发展、社会的进步、人们需求的转变，以用户为中心的、用户参与的创新设计日益受到关注，设计思维是站在用户角度的创新方法。用户需求、用户参与、以用户为中心是设计思维的核心思想。

（二）设计思维与商业思维的区别

	传统商业思维	设计思维
根据假设	理性，客观，事实是不变的，可量化的	主观，依据经验，事实是社会人为建构的
方　法	通过分析找到“最好”的答案	通过试验不断迭代，寻求“更好”的答案
过　程	不断做计划	不断动手做
决　策	依靠逻辑推理、数字模型	依靠情感洞察、经验模型
价值观	追求控制、稳定、对不确定性感到不安	追求创新，不满足于现状
聚焦点	抽象，或者具象	在抽象和具象之间来回穿梭

图 2-2　传统商业思维与设计思维的差异①

设计思维和传统商业思维无论从哪个维度去看都有很大差异。如果说传统的商业思维是数据驱动的、结构性的思维，设计思维则是基于用户本质需求的实践性、本能性的思维。商业思维是左脑思维，强调的是逻辑推理和分析，发现使用时的问题或用户的不满，考虑解决产品问题的方法，以现状和问题为导向，看见问题，解决问题。乔布斯曾说，有些人说，消费者想要什

① 来自：DT 创新志。

么就给他们什么，但那不是我的方式，我的责任是提前一步搞清楚他们将来想要什么。如果说“消费者想要什么就给他们什么”是传统商业思维的话，那么“提前一步搞清楚他们将来想要什么”就是设计思维。设计思维是右脑思维，强调的是用户需求和未来，从用户的需求或潜在需求出发，用同理心理解用户的需求，解决用户甚至还没有想到的问题。

〖**案例一**〗

IDEO为美国国家铁路客运公司改进乘车体验[①]

1999年，美国国家铁路客运公司（Amtrak）为改进高速铁路服务，邀请美国著名的设计顾问公司IDEO参与设计高速列车内部，希望能设计一款舒适、安全的高铁座椅，按传统商业思维，设计师应该考虑座椅的形状、质地、材料等，设计出让乘客满意的高铁座位。而设计思维从乘客出发，将重心放在乘坐火车的体验而不是火车本身。设计团队花数天时间与乘客一起搭乘火车，通过对大量旅客和美国国家铁路客运公司员工的调研，制作了一个可以描述整个旅程的乘客体验历程图。对大多数乘客而言，这一历程有10个步骤，其中包括到达火车站、找到停车位、买票、找到月台等，直到第8个步骤乘客才坐到火车座位上，换言之，乘火车旅行的大部分经历根本与火车无关。设计团队得出推论：乘客坐上火车的每个步骤都是一次创造正向互动的机会，如果只关注座椅的设计，这些机会就会被忽视。IDEO提出了诸多建议。包括旅客的座椅能够转动，以便使旅客可以选择面对面地交流；车厢里设置会议桌、专用插座、桌灯及移动电话，既方便旅客办公，也方便旅客就餐；车内采用现代感风格的设计，同时也提供生活配套设施及浴室等，以便更好地满足商务人士的需求。

① 蒂姆·布朗：《IDEO设计改变一切》，北方联合出版传媒（集团）股份有限公司、万卷出版公司2011年版，第88页。

〖案例二〗

任天堂与Wii游戏机[①]

任天堂，是总部位于日本的著名游戏厂商，是现代电子游戏产业的开创者及当下电子游戏业三巨头之一。多年来，追求更复杂的图形和性能更强大的游戏平台方面的竞争一直在推动着游戏业的发展。任天堂一直注重在游戏玩法上创新，又意识到采用手势控制这种新技术有可能打破这一恶性循环，并创造出一种更加身临其境的体验。知道如何在游戏中射箭吗？你需要做的，就是把那两只遥控器一样的手柄在空气里拉开，做出射箭的姿势，瞄准屏幕上的靶子，按下发射按钮。不只是砍砍杀杀，这两只手柄还可以在虚拟世界里变成摇滚乐队的鼓槌、交响乐团的指挥棒、网球拍、切菜做饭的烹具……真实与虚幻，只剩下两只手柄的距离。这就意味着，可以更少关注屏幕图形的分辨率，而反过来，这会带来性能较弱而更便宜的游戏平台和更高的产品利润。

2006年5月，任天堂公司对外正式公布了这个名字。在当时的公告中，任天堂公司解读道："Wii和单词'we'（我们）的发音相近，这强调了它是为每个人所设计的。"和过去那些让孩子们孤僻地躲在卧室里不吃不喝的游戏机相比，Wii简直是在向家庭主妇们投怀送抱。为什么要考虑家庭主妇？任天堂对此做出的解释是：应该首先搞清楚谁才是家庭电器购置清单的决定者。谁会在圣诞节为孩子们买上一台Wii？圣诞老人？当然是那些恨透了游戏机的老妈们。如果这个强大的保守势力都被任天堂打动了，那么她们不但会为孩子们掏腰包——这是逃不掉的——而且还会主动替Wii做宣传，并且进一步购置游戏光盘，在任天堂的利润报表里添上几个零。

① 蒂姆·布朗：《IDEO设计改变一切》，北方联合出版传媒（集团）股份有限公司、万卷出版公司2011年版，第16页。

Wii 游戏机完美地平衡了需求性、可行性和延续性三者的关系，创造出了更吸引人的用户体验，并为任天堂带来了巨大收益。

因为能够从“顾客需要的是好玩的游戏”这样的角度思考问题，使任天堂 Wii 成为北美购物网站 eBay 上最受欢迎的游戏机，成交价因为供不应求而居高不下。强调人的基本需求，是推动设计思维摆脱现状的动力。设计思维需要寻找人的需求、技术可行性、商业延续性三者之间的“甜蜜地带”。

二、设计思维的发展历程

辛辛那提大学设计、建筑、艺术与规划学院设计研究和创新中心主任克雷格·M. 沃格尔（Craig M. Vogel）曾说，从 19 世纪晚期往后，设计和商业之间的关系就是关于远见、创造力和革新之间的故事。IDEO 现任总裁兼首席执行官蒂姆·布朗在 TED 演讲中也曾特别提到 1841 年建成的英国大西部铁路（Great Western Railway），在设计过程中，工程师、设计师布鲁内尔充分考虑了技术可行性、商业化需求和人文关怀之间的平衡。布鲁内尔是设计思考者最早的代表人物之一。

在科学领域，把设计作为一种“思维方式”的观念可以追溯到赫伯特·A. 西蒙（Herbert A. Simon）于 1969 年出版的书《人工制造的科学》，在工程设计方面，更多的具体内容可以追溯到罗伯特·麦克金姆（Robert McKim）1973 年出版的书《视觉思维的体验》。在 20 世纪 80 年代和 90 年代，斯坦福大学教授罗尔夫·A. 法斯特（Rolf A. Faste）在斯坦福大学任教时，扩大了麦克金姆的工作成果，把“设计思维”作为创意活动的一种方式，进行了定义和推广。

1987 年，哈佛大学设计研究生院院长彼得·罗（Peter Rowe）出版了《设计思维》一书，首次使用了“设计思维”（Design Thinking）这个词语，1992 年理查德·布坎南（Richard Buchanan）发表了文章《设计思维中的难题》，表达了更为宽广的设计思维理念，即设计思维在处理人们设计中的棘手问题方面已经具有了越来越大的影响力。

1978 年，戴维·凯利（David Kelley）成立了戴维凯利设计公司，苹果电脑的第一只鼠标，就是出自该公司。1991 年该公司与设计公司 ID Two 合并，成立 IDEO 公司。IDEO 是现今全球最大设计咨询机构之一，以设计思维为核心思想。2005 年，戴维·凯利在斯坦福大学工程学院成立了斯坦福大学哈索·普兰特纳设计研究院（The Hasso Plattner Institute of Design at Stanford），简称 D. School，开始了跨学科设计思维教育的实践。此后，德国波茨坦大学、法国巴黎高科、日本东京大学、俄罗斯莫斯科管理学院和南非开普敦大学等国际知名大学相继成立了“设计思维学院”，从而实现了设计思维与高等改育的结合。

三、设计思维的重要性

正如彼得·德鲁克（Peter F. Drucker）在《创新与企业家精神》一书中所说，仰赖技术具有极大的风险。随着中国经济的发展，国内城市化进程和全球环境变化等众多因素使得中国企业也面临新的挑战和机遇，而这些问题无法仅从技术创新的角度去解决。

〖**案例**〗

从吃开始打造实体商业流量价值
——华润置地提升商业地产创新能力①

作为中国商业地产里的领导者之一，华润置地凭借在华南地区的成功经验积累了成熟的运营模式，但面对正发生深刻变化的主力消费人群和激烈的竞争，如何让这些成功经验有的放矢地为不同地区的创新服务，是华润一直在思考的问题。

地处北京北三环的凤凰汇，是华润置地华北地区的重点项目之

① 《从吃开始，打造实体商业流量价值》，IDEO 官网，https://cn.ideo.com/case-study/crl-galleria-lifete.

一，它紧邻CBD，位于太阳宫等多个商圈交集处，身处中国竞争最激烈的区域，华润商业创新部门想把它作为创新的入口。在凤凰汇的众多业态中，餐饮的租户达到接近40%，对带动商场客流有关键作用。凤凰汇的美食广场正好处于租约到期的时候，他们想到以此为契机对美食广场进行改造，带动商场的整体升级。

改造后的美食广场要服务什么样的人群？如何找到独特的价值主张？以什么样运营模式来实现？华润的同事带着这样的问题找到IDEO，希望从以人为本的角度出发找到突破口。

IDEO从凤凰汇附近的人群开始，对他们在不同时间段对食物的需求进行了深入的调研。由于地处商业区，凤凰汇的大部分客群都是附近的上班族，他们在一周的工作中属于自己的时间少之又少、七零八落；而在“吃”这件事上，他们恰恰可以随心做主犒劳自己。

有趣的是，他们在每一天的不同时间段和食物的关系都在变化，早上可能是匆忙中快快地填饱肚子；中午是和同事忙里偷闲边吃边聊；下午可能是需要在高强度的工作中喘一口气。这些动态的需求很大程度上决定着人们想要怎样的用餐体验。

在明确了核心客群以及他们细化的动态需求之后，IDEO从全局的角度为凤凰汇设计了整体餐饮战略，将楼层之间餐饮商户从竞争的关系转为纵向互补，协同拉动商场的餐饮体验。

在整体战略中，美食广场作为人们最常光顾的用餐点，承载着“丰富多元日常餐饮选择”的角色。它不只是一个供应丰富美食的用餐场所，更是人们暂时摆脱日常事务，从食物中获得消遣放松和安心满足的理想去处。不论是个人的独享时光，还是三五成群的社交互动，都能让人们在日常碎片化生活的各种时刻，获得一种踏实舒心的归属享受。

根据这样的价值主张，IDEO与华润创新团队共同讨论提炼，结合现场条件，最终确定了以日常品质区、亚洲风味区、休闲西餐区、自选集市区为主的四大分区。

华润置地有限公司华北大区商业创新部总监孟芸芸说：“这个过程教会了我，在趋势和现象的背后，关注人的变化才是最重要的。”

在新商业模式中，以人为中心的理念得到越来越广泛的应用。设计思维本质上是以人为中心的创新过程，它从和一个真实的人产生共情开始，这个人可能是你的潜在用户、你的用户、你的伴侣等任何一个你为之而设计的人，你要能感受到他们的痛苦，能够换位思考，真正理解他们正在经历着什么。当你真正理解了他们的痛苦，才能思考解决什么问题、如何解决问题，而不是像以往那样，生产出某个产品，把它推到顾客面前，不管对方是否喜欢，咄咄逼人或死缠烂打地进行推销。

麦肯锡全球研究院发布的《中国对全球创新的影响》提道：“中国做得最好的是聚焦顾客和效率驱动的创新。在聚焦顾客的创新上，中国已超过了它在一些领域里的占比，包括电器（中国占全球的36%）、网络软件与服务。这些行业的创新者受惠于中国市场的庞大规模（超过1亿的新主流消费家庭，且2025年会达到2亿），因为他们可以实现创新的快速商业化，而且具有非常愿意配合的、新想法的试验田。比如，中国的消费者非常乐于尝试智能手机新功能的初级版本，然后通过网络论坛或者其他方式与生产商合作，进而优化产品。中国服务部门的创新具有很多机会（中国在服务业的生产力远低于发达国家的水平），到2025年，中国服务部门的创新可以每年给它增长5000亿至1万4000亿的价值。在制造业上，中国具有成为全球领先的数字化、联结型生产（即工业4.0时代）平台的优势。新一代的制造可以每年增加4500亿至7800亿的价值。”

雷蒙德·洛威（Raymond Loewy）曾说：“设计实在太重要了，不能把它们留给设计师去考虑。”设计无处不在，桌椅、碗筷、汽车、手机、房子无不需要“设计”。为什么有了椅子的诞生？也许是因为古人发觉跪坐得不舒适。为什么手机铃声可以设置不同的音乐？也许是因为有人厌烦了千篇一律的铃声……

哈佛、斯坦福、MIT商学院的研究指出，不管是社会问题、企业管理问题、科学研究问题还是工程问题，都可以把寻找解决方案的过程看作是一个“设计”的过程，利用设计思维的原理、设计思维工具和设计思维过程，人们能够在各种不同的领域找出适宜的解决方案。

〖训练活动〗

尝试寻找身边人性化的创新产品，并分析使用时的优、缺点。

〖延伸阅读〗

IDEO的秘密[①]

IDEO，是一家总部在美国加州帕罗奥多（Palo Alto）的知名设计公司，在旧金山、芝加哥、波士顿、伦敦和慕尼黑都有分公司，近年也在上海设立了办事处，规模发展迅猛。

1991年，大卫·凯利设计公司（David Kelley Design）和ID Two合并成为IDEO公司，大卫·凯利曾于1982年为苹果公司设计出第一只鼠标，而ID Two则于同年设计出了全世界第一台笔记本电脑。IDEO的执行产品开发的方式为专案小组开发，执行中透过观察、提问、创新设计、归纳、实做、讨论等步骤完成新产品开发。IDEO对产品设计的几点概括：

一、设计不等于发明。

二、产品不等于商品，所有好的设计都必须以经济层面与心理层面作为主要衡量标准。

三、必须组成多变性的创意团队，需要各类专才发挥异花授粉的功能。需要沟通能力强的团队经理，需要设计者要有创新的悟性。

自1991年成立之初，IDEO就给设计行业开启了一种全新的设计思维：将“人性因素”引入设计过程中来，多领域的设计师们从

① 《IDEO》，科技百科网，2009年12月3日，http://www.techcn.com.cn/index.php?edition-view-147151-1.

人体工学、国际化、环境工程等多个视角考察消费者心态，进而洞悉潜在的需求。拿宝洁的 Oral-B 粗手柄儿童牙刷来说，如果你认为牙刷把的肥厚可爱仅仅从视觉上赢得了孩子们的欢心，那你就没能领悟 IDEO 这个作品的价值所在：儿童们习惯用整个拳手来握紧牙刷，丰满柔软的手柄把能让他们感觉安全和有趣，更乐意刷牙。

更为可贵之处在于 IDEO 总是邀请客户一同进入创新之旅，让客户们在参与工作的过程中设身处地地体会消费需求，学会如何创新。因此，虽然数千万美元的年收入让这家企业在全美业绩排名上看起来毫不起眼，但它对业界的影响却远远大于其销售额。它拥有宝洁、惠普、AT&T、雀巢、沃达丰、三星、麦当劳、NEC、东芝、美国国家航空航天局、新加坡航空公司以及 BBC 广播公司等声名显赫的客户，每年有一半的收入来自海外业务。

2004 年，首席执行官蒂姆·布朗把 IDEO 公司在消费类产品方面的创造能力转化成购物、银行服务、医疗保健和无线通信等服务业设计消费体验的设计能力。这次转型奠定了 IDEO 在全球设计界的现有地位。

面对美国铁路客运公司提出的设计高速列车内部的要求，IDEO 将重心放在乘坐火车的体验而不是火车本身之上。一起和客户调查了 2.4 万个旅客和美国国家铁路客运公司的员工后，IDEO 提出建议：提供可转动的大椅子，使旅客可以面向彼此；每个车厢设置小会议桌，使旅客不再必须跋涉到人满为患的餐车去；还有人见人爱的生活配套设施和大浴室。

不过，尽管经历自我革新，IDEO 在产品设计过程中的优良传统仍在延续：面对客户提出的改善产品服务质量和消费环境的要求，IDEO 邀请客户公司成员与自己的专家组成团队，去了解市场、客户、技术和相关问题的已知局限；观察现实生活中的人们，了解他们心中所想；站在顾客的角度体验消费感受。这些实践所得经过评估被提炼为模型，最后一道工序则是把模型调整为适合商业化的设计方案。

在过去十余年中，IDEO 不断开发出 palm V 掌上电脑、耐克太阳镜、宝丽来的 I-zone 相机、佳洁士直立免挤压牙膏管、自封口的自行车水瓶、可旋转显示屏的 Versa 笔记本电脑等数千件如今你用起来觉得体贴易用而又理所应当的产品，也几乎囊括了所有的设计奖项。每年 Business Week 都会对赢得最佳工业设计奖的公司的得分情况进行累积，IDEO 始终名列榜首。

第二节　设计思维的设计之基

只有拥有灵魂的团队才知道自己为何而战，也只有一个知道自己为何而战的团队才能进行出色的工作，创造奇迹。

——乔布斯

〖他山之石〗

华为：为什么方向只能大致正确，而组织必须充满活力？

说到我国的手机巨头，很多人都会想起华为。2019 中国民营企业 500 强发布，华为投资控股有限公司以 7212 亿营收排名第一。世界知识产权组织（WIPO）2019 年 3 月 18 日发布数据，2018 年在向该组织提交的全部国际专利申请当中，有 50.5% 来自亚洲，其中华为在 2018 年中所递交的专利申请量高达 5405 件，总数量超过欧美发达国家。排在了全球首位。数据显示在 2017 年华为全年递交了 4024 件专利申请，而到了 2018 年，全年递交的专利申请总数增加近 1400 件，这也创下 WIPO 历史上由一家公司提交的国际专利申请总数量的最高纪录。华为递交的专利申请总数超过排在第二的日本三菱电机株式会社（2812 件）近一倍之多。而美国英特尔公司（2499 件）、美国高通公司（2404 件）也分别被华为甩在身后。是什么让华为如此成功?

① 《华为任正非：管理创新，就是要摆脱三个依赖》，搜狐网，2017 年 1 月 13 日，http://www.sohu.com/a/123286409_115492?tdsourcetag=s_pcqq_aiomsg&qq-pf-to=pcqq.c2c.

2017年，华为公司上海战略会议上，任总提出公司发展的基本逻辑：方向要大致正确，组织必须充满活力，并要求把这加入这次会议总结的主标题中。

任正非在《华为公司的核心价值观》（2007修订版）一文中明确写道：以用户的需求为目标，以新的技术手段去实现用户的需求，技术只是一个工具。在《关于近期公司人力资源变革的情况通告》（2007）中，任正非谈道："华为没有任何可依赖的外部资源，唯有靠全体员工勤奋努力和持续艰苦奋斗，不断清除影响我们内部保持活力和创新机制的东西，才能在激烈的国际化竞争中活下去……"

在与2012实验室座谈时（电邮文号〔2012〕35号）任正非讲道："在我们公司的创新问题上，第一，一定要强调价值理论，不是为了创新而创新，一定是为了创造价值。第二，在创新问题上，我们要更多地宽容失败。"

华为之所以能取得今天的成绩，一是因为大致方向正确，在关注用户体验、核心技术、质量、往高端品牌发展、拓展全球市场、端云协同、按消费品规律运作等方面，一直没有变，更重要的是华为的团队有持久战斗力，不怕困难，永远充满激情。

一、创新过程中的"T"型团队

在创新过程中，团队是最核心的力量。正如爱迪生有如此多的发明专利，是因为他背后的"门洛帕克实验室"，一个由工程师、机械师、物理学家等大约14人组成的创新团队。"众人拾柴火焰高""团结就是力量""人心齐，泰山移"无不说明团队的力量。在《IDEO设计改变一切》一书中，蒂姆·布朗曾说，IDEO公司内部有一个流行的说法"作为一个整体，我们比任何个体都聪明"。而这正是所有组织开启创造力的钥匙。我们要求人们不仅仅提供材料、行为或软件方面的专家意见，还要积极参与创新的每个空间：灵感、构思、实施。在跨领域团队中，想法为集体所共有，每个人都对此负责。

在 IDEO，无论创新什么产品，都遵循同样的创新流程——设计思维，而核心就是跨专业、跨领域的“T”型人才构建的团队。所谓的“T”型人才就是：跨专业跨领域（T 字上的横轴），同时具备一项深度的专业技能（T 字上的纵轴）。为什么需要这样的人？因为这样的人才组成的团队懂得聆听，对解决方案能够保持开放态度。对其他领域同样保持热情，虽然知识有限，但却仍然能够贡献观点，给团队带来与众不同角度的创新观点，在某项专业领域则能够作为主导，带领其他团队成员进行跨专业换位思考。因此，IDEO 的团队成员通常来自不同的领域，但都非常有创造力。比如在《夜线》节目中，IDEO 设计师要在 5 天内重新设计超市购物车，他们的团队成员有工程师、哈佛大学 MBA 生、语言学家、市场专家、心理学家、医学院毕业生。在 T 型团队中，每个成员都带来必要的专业特长，同时与其他成员整体协作，大家一同创造和分享各种创意，而不是各自埋头苦干。

那么在创新过程中，我们需要什么样的团队成员呢？只有团队成员之间各司其职、相互团结合作、上下一心，创新团队的成员必须有极强的求知欲望、志同道合、坚定、充满热情、乐观，才能有所成就。总而言之，创新团队需要由以下几类成员组成。

1. 引导者

创新团队成员来自不同领域，观念和理念的不同，有可能在创意萌发时产生冲突、争执，甚至无法从吵闹中抽身出来，冷静地去思考下一步该怎么办，因此需要一位有丰富经验的、冷静的、能够唤起大家激情与理性的引导者，并及时纠正跑题的讨论。

2. 表达者

表达者即语言表达能力、沟通能力强，具有说服力和感染力的成员。设计思维同理心访谈、原型测试环节需要表达者与用户进行沟通、提问。因此表达者应该具备：① 人际沟通能力，语言表达技巧，能直接且清楚表达问题的能力；② 倾听能力，能正确解读和快速记录用户回复的能力；③ 进阶问题的能力，能利用受访者的响应产生下一个问题，以得到更详细的答复和更深入地了解受访者痛点、难点、问题的能力。

3. 观察者

设计思维是从人的需求出发的创新方法，要真实地获取用户的需求，最好的方式就是走进用户的世界，去观察他们日常活动的细节，去观察他们的实际经历，他们是如何度过一天的，是如何使用产品的，是如何与周围环境互动的。只有真正了解了用户的生活脉络，才能够发现用户潜在的需求。

乔布斯曾说过："创造仅是联系实物。当你问富有创造力的人是如何做到一些事情的，他们往往会感到有点内疚，因为他们并没有做什么，只是看到了一些东西。"观察可以激发我们创新的灵感。

创新团队中需要一个具有敏锐观察力、对周围总是充满好奇心的人，他可以跟在一个同学后面，观察他如何购买早餐，如何享用早餐再到教室上课，以了解他对早餐的需求。他可以启发其他团队成员去解读所有经常被忽视的异常的人和正常的人的见解和行为模式。

〖**训练活动**〗

请用一句话精准地描述你从图 2-3 中看到了什么，从图 2-4 雅安的 logo 你看到了什么。在你描述图 2-3 的时候是否提到了一个真真切切存在于图片很重要位置的字母 C?

图 2-3[①]

① 艾美·赫曼：《洞察，精确观察和有效沟通的艺术》，中信出版集团 2018 年版。

图 2-4[①]

4. 执行者

当我们观察用户的日常生活时，不仅仅应当关注他们的行为，还要由此用直觉推测他们的动机和情绪，因此访谈应该是仔细观察和适当提问的有机结合。但除此以外，我们还要能够用图像、实物或行为等方式来分享我们的想法，将我们的想法转化为作品。

二、创新与环境

1. 物理空间

华为公司有供员工自由讨论的休息区、玩游戏的娱乐区。腾讯公司有站立办公区、恒温游泳池、篮球场、羽毛球场、攀岩馆、空中花园等运动设施。阿里巴巴有员工亲子接待区、可以自由摆放自己物品的工位。实际上，这样的创新而又极具人性化的办公环境，最近几年在一些大公司里比较常见。

《呆伯特漫画》曾写道："办公室隔间像牢笼，会掐死人的创意。"办公环境在很大程度上将影响你的创意，所以创造一个适宜的工作环境也许和适合的团队成员同样重要。

① 《雅安市旅游城市形象 logo 发布》，中国设计之窗网，2014 年 10 月 9 日，https://huaban.com/pins/1426996795/.

英国埃克塞特大学的两位心理学家曾做过这样一个实验。他们布置了四种不同风格的办公室，让实验对象在里面工作1小时，然后跟踪这些实验对象，看他们的工作表现。第一种风格的办公室是时下非常流行的“简约风”。办公室里是划分清晰的格子间，每个格子间里有一张办公桌和一把办公椅，每张办公桌上有一台电脑、一支笔和一本便签本。除此之外，格子间乃至整个办公室再无其他物品。第二种风格的办公室，也是第一种办公室的风格，但允许员工们自由调换格子间、电脑位置等。第三种风格的办公室，在第一种风格的基础上增加了零星的装饰，如墙上挂了几幅植物特写的图片，格子间摆上了几盆绿色植物，但员工不得改变这些物品的位置。第四种风格的办公室，也是第三种办公室的风格，但允许员工们自由摆放物品。

实验结果发现，在第一种风格的办公室，也就是那些追求5S、6S管理的办公室，员工们感受到了压抑和不舒服，工作效率自然也是最低的；实验对象在第三种风格的办公室里工作，比第一种办公室里工作，心情要愉快，效率要有所提高；实验对象在第二种和第四种风格的办公室里工作，相较于第一种和第三种环境，心情更愉悦，效率更高。但第二种风格和第四种风格的办公室里，实验对象的工作表现并没有太大的区别。

实验的结论表明，影响员工心情的并不是办公室的设计，而在于由谁来布置。想提高团队成员的创新效率，除了改善办公环境带来的直观感受，更重要的是营造自由畅想的心理空间。

2. 心理空间

力帆控股有限公司董事长——尹明善在《创业英雄会》上说，“异想天开才能茅塞顿开，胆大妄为才能大有作为”。在公司他建立了一种“奖励成功，宽容失败”的机制，让技术人员和生产人员尽最大可能去创新。1994年力帆公司率先在全国开发出四冲程100型发动机，随后又相继开发出90、100型电启发动机。

乔布斯在1984年《麦克世界》杂志创刊号上发表的一篇文章中写道：“从事这一工作的那些有创意的人就是Macintosh电脑的前进动力。我的工作就是为他们创造空间，清除组织中对其不利的因素，并将它们挡在外面。”在皮克斯，最著名的企业文化就是“以下犯上”，工作环境轻松而自由。在苹果公司，设计师、工程师、管理者不同角色的成员能够坐在一起办公，在一个会议室解决各种问题。当优秀创意产生时，能立刻把创意变成产品。

在现实中，一般情况下员工对于办公环境是没有自主权的，往往由高层决定，这就在一定程度上忽略了员工的体验感与参与感。营造员工自由畅想的心理空间，首先应该提升员工的参与感；其次，在固定办公区域之外，还需要设置交流区域，让员工在更随意的环境中更好地分享交流，激发灵感，推进团队合作。

〖训练活动〗

迅速组建你的跨学科跨专业团队。

〖延伸阅读〗

拍出了《寻梦环游记》的皮克斯，如何孵化出全球最牛的动画创业系[①]

“不要等到东西变得完美才分享给其他人。要早点展现经常展现。当我们取得成功的时候，当然是很好的，但中间过程不会是一帆风顺的。”《创新公司：皮克斯的启示》一书从侧面揭示了皮克斯崛起的秘密。许多人认为，皮克斯之所以成为全球最顶尖的三大动画王国之一，是因为他们技术上的创新和故事上的创意。但实际上，这些源源不断的创意背后更重要的推动力是对人才的管理和鼓励。皮克斯培养了全世界最精英的动画制作人才。

《创新公司：皮克斯的启示》一书中，提到了令人非常震惊的一

① 《拍出了〈寻梦环游记〉的皮克斯，如何孵化出全球最牛的动画创业》，虎嗅网，2012年12月9日，http://www. huxiu.com/artide/2252//.html.

点：皮克斯并不会强制员工签署劳动合同。从管理者角度来说，人员的流动自由越大，不安全感也会越强。但恰恰如此，这种不确定性也会促使公司去关心员工的处境和意见，在情形变坏之前达到预防效果。

对人才的重视是皮克斯的企业文化。卡特姆曾表示："皮克斯的员工们是公司最重要的资产。这些人发自内心地拥护企业的价值观，因为皮克斯的价值观真实地代表了公司的行为方式。"

创意产业，为何人才地位远在灵感之上？卡特姆提到一个细节：他在和一些公司高层聊天时，会发现他们过分强调一个绝妙的初始创意，却小看了它的潜在风险和执行可能，这其实是许多公司创业未果的主要原因之一。

电影也是产品。一部电影包含了成千上万的创意，这些创意需要被人才管理。卡特姆曾提到，他对皮克斯团队的管理和统计学家戴明的观点非常相似，即"任何级别的员工只要在生产过程中发现问题，都有权利中止流水线生产"。

他认为，把一个绝妙的点子交给一个普通团队去做，他们搞砸的概率会非常高。但是，把一个非常普通的创意交给一个优秀的团队，他们仍会帮你把这个产品做好，甚至能够把它变得更好。于是，"去招揽比自己聪明的人才"也成了当时卡特姆对自己的要求。

不过，作为领导者，真正面对比自己还要聪明的人的时候，难免会担忧：这个人，哪一天会不会把我给取代了？卡特姆就曾有过这样的想法。当年，他聘用年仅 29 岁且毫无管理经验的阿尔维·雷·史密斯来管理自己的公司时，"那种浑身不自在以及感觉到潜在威胁后的心慌意乱"至今仍记忆犹新。事实上，比他聪明的阿尔维，最终成了他最信赖的合伙人。

"建立一家企业或组织要耗费许多时间，因为学习正确的办事方法需要很长时间，招募到合适的员工也是一样。实际上，皮克斯成功的原因之一就是毫不吝惜时间的投入。"卡特姆说道。为了去留住人才，皮克斯内部曾有过以下机制：

1. 内部选拔人才机制：彻底放权

在皮克斯数部电影中，导演都是内部选拔出来的。因为导演这个职位除了专业上的要求，领导力、项目的把控力同样重要。所以，皮克斯会要求员工每天去上班，让他们去合作，就是为了更好地了解他们各自优势所在。同时，皮克斯也会对团队的领导人进行彻底放权。

2.“Braintrust”委员会：比乔布斯权力还大

这个委员会由大约八到十位皮克斯最资深的编剧和导演组成，主要为制作中的难题提供协助。即便委员会提出了修改建议，决定权依然在导演手上。当时，为了能够让大家在会上真正畅所欲言，他们甚至禁止强势的乔布斯来参加会议。

3.“The Dailies”例行检查：鼓励犯错

“例行检查”这个制度是拉塞特从迪士尼和工业光魔这些制作公司中学过来的。实际就是每天把项目进度梳理一遍。但不同的是，这个制度在大多数公司，仅限于高层参与，而在皮克斯内部，这是向每个人推行的。这么做，一方面能消除团队内部的层级意识；另一方面，对于尚未完善的任务，也能从别人的创意中得到灵感，提高效率。

另外，皮克斯也会去鼓励员工“敢于犯错”，借以提高员工的执行力和创新力；“拥抱变化”，则是避免大家把失败的重点放在追究个人错失上，而是放在预防措施的改进上；公司还会运用大量的数据资料来进行“反省会议”，鼓励员工勇于表达对公司的看法。皮克斯内部非常注重沟通。在其发展规模越来越大、人员越来越多的时候，公司甚至设置了“点评日”来鼓励员工向公司提出建议。

皮克斯上市后 5 年，股价上涨了 171%，市值从 15 亿美元飙升到 60 亿美元。利维意识到皮克斯需要更加丰富的资源和多元的经营模式。于是，2006 年，皮克斯与迪士尼达成协议，以 74 亿美元收购价成交，迪士尼承诺，“绝不干涉其创作的自由”。

第三节 设计思维的设计之感

创新，可以从需求的角度而不是从供给的角度给它下定义：改变消费者从资源中获得的价值和满足。

——彼得·德鲁克

〖他山之石〗

如何运用同理心把核磁共振仪设计成海盗船

道格·迪亚兹（Doug Dietz），在通用电气工作了24年的资深人士，领导了通用医疗集团（GE Healthcare）高科技医疗成像系统的设计与开发。通用医疗是世界规模最大的企业之一——通用电气的子公司，年销售额达180亿美元；其价值数百万美元的核磁共振成像（MRI）系统能对人体内部做无痛探测，这项技术在20多年前还被视为魔术。几年前，道格成功完成了一个历时两年半的项目，研发出一种核磁共振成像仪。当得知有机会去看看安装在一家医院扫描室里的这件作品时，他迫不及待地去了。道格站在仪器旁与操作技师聊天，告诉她核磁共振成像扫描仪已被提交参评"设计界的奥斯卡"——国际杰出设计大奖（IDEA），并问她对这台仪器的新特色感觉如何。"这是典型的蹩脚采访技巧。"道格不好意思地说。

道格对自己的出色工作颇为自得，当他正准备离开时，技师让他先去走廊等一会儿，因为有位患者要做扫描检查。他走了出去，看见一个虚弱的女孩儿朝他走来，紧紧拉着父母的手。父母面露忧色，孩子显然吓坏了，三人都怀着希望走向前方那台设备——道格的核磁共振成像仪。女孩开始抽泣，一家人经过时，道格听到了他们压低嗓音的谈话，"不是已经说好了吗，勇敢点

① 汤姆·凯利、戴维·凯利：《创新自信力》，中信出版社2014年版，第3页。

儿。”爸爸鼓励着孩子，声音却透着一丝紧张。

道格看见小女孩儿的眼泪顺着脸颊滚滚而下，他惶恐地听到技师拿起电话叫麻醉师过来。此时道格才知道，医院为儿科患者扫描时通常会使用镇静剂，因为患儿太害怕了，无法长时间静躺。多达 80% 的儿科患者需要使用镇静剂。如果麻醉师不能来，扫描就只好推迟，患者家庭还要再经历一番焦虑的煎熬。

道格目睹了他的仪器给最脆弱的患者群体带来的忧虑与恐惧，这一经历在他内心引发的个人危机感永久地改变了他的视角——他注重的不再是外观优美、线条流畅的科技产品，不再是荣誉和赞赏。现在，透过小女孩儿的那双眼睛，他看到的核磁共振成像仪更像是患者必须进入的一个吓人的庞然大物。他对自己作品的自豪感被挫败感取代了：对仪器感到失望的，恰恰是他想帮助的患者。道格本可以辞职，或者干脆对此听之任之、转而去做其他事情，但他没有。回到家中他告诉妻子，自己必须做出改变。

于是，为应对个人与职业所面临的严峻挑战，道格向朋友和同事征求意见。他渴望能帮他找到让核磁共振成像仪不再令患儿那么害怕的办法。通过设计思维，他学会了以人为本的设计与创新方法。他观察现有产品和服务的用户，并与用户聊天，以便更好地理解消费者的需求。道格与来自其他企业和行业的管理人员合作，博采众长，设计满足用户需求的产品并制作出粗略的原型，随后在课堂上对自己的设计概念进行测试和迭代式开发，不断从别人的反馈中汲取灵感。体验了以人为本的设计流程，与不同行业、不同职务（从管理到人力资源再到财务）的人合作，道格深有感触：“我开始设想，如果把这个工具带回去，组建一支跨功能的团队一起工作，这个工具的效力将会非常强大。”

道格到一家日托中心观察和了解儿童；与儿童生活专家交谈，了解儿科患者所承受的痛苦。他向周围的人寻求帮助，包括由通用电气的志愿者组成的一个小团队、来自当地儿童博物馆的专家以及来自两家医院的医务人员。接着，他制作了后来成为“历险系列”（Adventure Series）核磁共振成像扫描仪的首个原型，并有机会将其作为试点项目安装在匹兹堡大学医疗中心（University of Pittsburgh Medical Center）。

通过全面思考儿童如何体验科技、如何与科技交互，道格把核磁共振成像扫描室改造成一个儿童历险主题公园，由患儿作主人公。他没有改变扫描仪复杂的内部技术，而是与临时团队一起为仪器的外部和房间的所有表面都转印上彩色图案，包括地板、墙壁和所有设备，并为操作设备的技师创作了剧本，这样他们就可以引导患儿完成“历险”了。

有一个主题的原型是一艘海盗船，给人以游乐场的感觉。船体外的圆形舱门环绕着一个大大的木质船长舵盘，这种带有航海风格的细节也让小小的舱室不太容易引起幽闭恐怖症。技师告诉患儿，他们要开到海盗船里面去，在船上必须一动不动地躺着。等“航行”结束，他们可以从房间另一头的海盗藏宝箱里拿走一件小宝物。在另一主题中，核磁共振成像扫描仪是一艘圆筒状的宇宙飞船，送患儿去太空探险。就在仪器旋转、晃动的声音即将升高之际，技师告诉患儿注意听飞船“转入超光速推进状态”时的响声。就这样，通常令人恐惧的隆隆轰鸣声成了探险的一部分。包括海盗船和火箭发射船在内，道格和他的团队目前已推出了 9 种不同的“探险”体验。

医院使用了道格为儿童重新设计的核磁共振成像扫描仪之后，需要服用镇静剂的患儿数量大大减少。医院和通用电气也为此感到很高兴，因为麻醉需求的减少，意味着每天可以有更多的患者接受扫描。同时，患者满意度提升了 90%。

然而对道格来说，最大的满足感既不在于满意度的提升，也不在于通用医疗集团净收益额的提高（虽然这些对于获得内部支持非常重要）。他认为自己得到的最大奖赏是，一位 6 岁女孩儿的母亲告诉他，刚在核磁共振成像“海盗船”里做完扫描的女儿走过来拉拉她的裙子问道：“妈妈，我们明天还来好吗？”这个简单的请求让道格觉得自己所有的努力是值得的。

苹果手机的上市震撼了很多企业，大家开始思考用户体验的价值、以用户为中心的设计理念和如何创新产品。现在，很多商家都在强调用户体验，那么什么是用户体验呢？

一、什么是用户体验

用户体验（User Experience，简称 UE/UX）是用户在使用产品过程中建立起来的一种纯主观感受，即用户在使用一个产品或系统之前、使用期间和使用之后的全部感受，包括情感、信仰、喜好、认知印象、生理和心理反应、行为和成就等各个方面。计算机技术和互联网的发展使技术创新形态发生转变，以用户为中心、以人为本越来越得到重视，用户体验也因此被称作创新 2.0 模式的精髓。中国面向知识社会的创新 2.0——应用创新园区模式探索更是将用户体验作为“三验”创新机制之首。

比如选择去一家餐馆吃饭，你为什么会选择这家餐馆呢？踏进餐馆，餐馆给你的第一印象是什么？是否需要长久排队呢？菜单放在桌子上的什么位置？浏览体验如何？你是如何点菜的？上菜的速度够快吗？味道地道吗？服务员够不够勤快体贴？餐馆环境怎么样？你是否还想去这家餐馆吃？所有的这些问题都关乎你对这家餐馆印象的好坏，也是这家餐馆带给你的用户体验。也许吃完饭，你们谈论的并不一定是菜品如何，而是优美的环境、典雅的音乐、细致而周到的服务，等等。

用户体验已然成为设计思维必然要面对的问题，当你去餐馆吃饭、入住酒店、搭乘飞机或旅行大巴去某个地方游览、去商场购物、去淘宝购物、收取快递，你都在经历着某种体验。你是否有过因为服务人员傲慢的态度而不再光临的地方？你是否在浏览某个网页半天没寻找到想要查找的东西而心烦意乱？没有精心设计的用户体验，那么与体验相关的功能也会大打折扣。

说到咖啡，很多人第一念头就是星巴克，极简海报风、网红猫爪杯……星巴克总会因为创意设计吸引大众眼球。你会发现，不管是它们的环境、产品还是体验，都足以触动人心。很多店面的外观设计很特别，光是店面就已经可以成为一道风景线了。人们在星巴克喝的已经不只是咖啡，更多的是一种文化，品牌沉淀出了时尚品位与小资格调。星巴克前 CEO 和主席霍华德·舒尔茨“第三空间”的理念深入人心，“如果说家是最初的或是人与人接触的‘第一空间’，工作是人们彼此接触的‘第二空间’，那么公共空间，像咖啡馆（比如星巴克）就是我通常所指的‘第三空间’。一个介乎于社交和私人空间之间、介于家庭与工作环境之间的场合，人们可以在这里联络感情，也可以在这里反思自己”。这个理念推动了星巴克的成长，有特色的门店体验、本土文化打造的情感体验、从消费者角度考虑追求极致的用户体验，将星巴克的品位推向了全世界。星巴克的店铺设计、布置、装饰的每一个细节都被充分考虑，用户体验被放到异常重要的位置。吴汉中在《美学 CEO》里提道：“星巴克设计并非是一成不变，而是在规范与使用者经验间取得一个平衡，这里的使用者包括第一线的员工及消费者。因此，星巴克的设计师要在第一线的店里工作，从使用者的角度来了解星巴克的空间、商品与服务。因此星巴克允许设计师基于使用者及社区的特性来调整壁画、布置与灯光等。”

丹尼尔·平克（Daniel H. Pink）在《全新思维》一书中指出，一旦我们的基本需求得到了满足，我们就倾向于找寻有意义、情绪上有满足感的体验。服务业相对于制造业来说，发展要迅速得多，这就说明了富足者更注重体验。

二、用户体验发展历程

（一）20 世纪初：泰罗主义（Taylorism）和工业革命

作为最早的管理顾问之一，机械工程师弗雷德里克·温斯洛·泰罗（Frederick Winslow Taylor）撰写了《科学管理原理》一文，深刻地影响了工程效率领域的研究。随着亨利·福特（Henry Ford）的福特汽车实现大规模生产，泰罗和他的支持者们也逐渐完善出了劳动者和工具之间高效协同交互的早期模式。

（二）1948：丰田人性化的生产系统

丰田不仅非常重视设计和生产效率，而且也非常关心人工输出效率。生产过程中，装配工人受到的重视几乎不亚于对技术的关注。精益生产模式的巨大成功使得人与技术之间的交互得到了更多的重视。

（三）1955：亨利·德雷夫斯，为人的设计

美国著名工业设计师亨利·德雷夫斯（Henry Dreyfuss）1955 年写下了著名的设计书《为人的设计》。在书中，他写道：当产品和用户之间的连接点变成了摩擦点，那么工业设计师的设计就是失败的。相反，如果产品能让人们感觉更安全、更舒适，人们更乐于购买，更加高效，甚至只是让人们更加快乐，那么此处的设计师就是成功的。

（四）1966：迪士尼和开心效应

迪士尼公司也许是用户体验的典型实例。迪士尼其实就是一个大型的“造梦工厂”，从电影到游乐园，它的各种附属衍生品都是在给孩子们编织一个美丽浪漫的童话世界。所以迪士尼的用户体验设计都是从造梦这个目的出发的。当你深夜购物的时候，收银员会特意弄清楚你的身份和住址，然后推荐你坐到达酒店的免费渡轮，还会给你一份去码头的地图。你迷路的时候，工作人员会主动给你指路，甚至放下手上的工作，带你到达目的地。迪士尼的用户体验设计背后的逻辑就是：为用户提供优质服务。

（五）1995：唐纳德·诺曼，第一个用户体验专家

身为电气工程师和认知科学家的唐纳德·诺曼（Donald Arthur Norman）加盟苹果公司之后，帮助这家传奇企业对他们以人为核心的产品线进行研究和设计。而他的职位则被命名为“用户体验架构师”，这也是首个用户体验职位。他撰写了经典的设计书《设计心理学》，直到今天它依然是设计师的必读书。

（六）2007：iPhone

2007 年，乔布斯发布了第一代 iPhone，称其为“跨越式产品”，并承诺它会比市面上任何智能手机都要易用。随后，iPhone 不仅兑现了乔布斯的承诺，而且彻底改变了智能设备领域的格局。苹果公司再一次登顶，成为世界上最成功的公司之一。

iPhone 的绝妙之处在于，它融合了当前最卓越的软件和硬件系统，借助革命性的电容触摸屏而非传统的物理键盘来同用户进行交互。可以说，初代的 iPhone 所提供的用户体验，远远优于同时代的任何手机。

这也在无意中让智能设备的软硬件研发和相关领域将重心放到用户体验上来。苹果公司强调他们是通过提供出色的用户体验赢得市场成功和无上荣誉，其他人自然而然就跟随着他们的脚步前进。正是因为 iPhone 以及随后安卓的成功才使得移动互联网的新一轮浪潮兴起，才使得“用户体验”得到如此空前的重视。

用户体验设计发展史上的每一个重要里程碑都源于技术和人性的碰撞。互联网和新兴技术正在越来越多地介入我们的生活，用户体验设计会越来越多地融入企业的发展中。这也越来越多地需要专业技能、跨领域协作、多学科实践。

所以，不论你是谁，你都拥有无限的可能性和海量的机会，改善用户体验，创造更美好的世界。

三、如何不偏离用户体验

2008 年乔布斯接受《财富》杂志采访时说：“在苹果公司，我们遇到任何事情都会问：‘它对用户来讲是不是很方便？它对用户来讲是不是很棒？’之后的事情就跟在皮克斯一样了。好莱坞的每个人都在讲，一部好的动画，最主要的是故事、故事、故事。但是，当他们真正躬身去做并且故事并不怎么样时，他们也不会叫停制片，他们花更多钱把故事修改成一个好故事。我认为软件业务同样如此，每个人都在大谈特谈：‘哦，用户至上。'但其他人都没有像我们这样真正做到这点。"乔布斯高度重视用户体验的战略视野已经引起整个行业的变革。如何做才能不偏离用户体验呢?

(一)以用户为中心

用户体验为什么对企业很重要,因为它对企业的用户很重要。如果没有给用户积极的体验,他们不会使用你的产品。在开发产品的每一个步骤中,都要把用户列入考虑范围。用户所体验的每一件事,都应该是经过慎重考虑和论证以后的决定。设计的每一款产品,不仅要考虑外观和感觉,还要看产品是如何使用的。我们现在的生活越来越依赖技术,拍照可以美图,听音乐可以从互联网上下载到手机上随身播放,驾驶的汽车正在趋于无人驾驶。所有的一切,关键在于要有一个好的技术。让用户生活更加便利,其实就是用户体验,正如乔布斯所说,"我们对用户体验负全责"。因此我们问得最多的问题不是"我们应当提供什么样的功能",而是"我们需要实现用户哪些需求"。

(二)提供的服务超出用户预期

到一家火锅店,入门时有人微笑领位、倒茶、递菜单,下单后快速上菜,结算后再微笑说欢迎下次光临,这是火锅店的基本服务。而海底捞火锅除了这些,还有等待时的美甲、擦鞋、小吃、水果,入座时的头绳、手机袋子、眼镜布、围裙,结算后会有小礼品、会帮按电梯,等等。海底捞给的,总是比你想象中的基本服务要多一点,这就是超预期的服务。

峰值定律告诉我们,人其实记不住全部的环节,只能记住最高峰的体验,进而会用这种感觉去评价这次体验。产品体验如果给 10 分,用户最高就能记住 10 分;产品如果做超预期的体验设计,尽力给用户大于 10 分的体验,那就能收获高于普通体验的评价。所以在人们的体验评价中,海底捞要比其他的普通火锅店好。海底捞就是用超预期的动作,去增加自己的峰值分数。

好的用户体验不仅仅是提供优质产品、优质服务,而且通过注重产品和服务的每一个细节让用户的体验超出预期。

（三）细节决定成败

对于用户而言，体验是一种情感。也许一家咖啡馆装潢典雅、品质良好。但顾客喧哗、服务人员服务不及时都有可能给用户带来不好的体验。关注每一个细节才能体现真诚地为用户服务。只有细致入微地审视自己的产品或服务，注重细节，为用户着想，才能让自己在竞争中取胜。老子有句名言“天下大事必作于细，天下难事必作于易”。做大事必须从小细节开始，天下的难事必定从容易的部分做起。创新创业也是如此，只有一点一滴地掌握好这些细节，才能使产品或服务可持续发展。

（四）让用户参与

随着互联网的发展，我们经历了最初的收音机、留声机到随身听，再到现在的数码产品，我们可以运用软件截取一小段音乐进行自行编辑。如果说网络 1.0 是用信息对潜在用户进行轰炸，那么在网络 2.0 时代，我们应该关注的是如何让用户参与，而不是做被动的消费者。

2001 年 iPod 发售时，苹果公司开设了一个 iPod Lounge 网站，iPod 的用户可以建立自己的用户信息，制造自己的 iPod 附件，给改进 iPod 提出建议和点子。这个网站由苹果公司的员工维护、整理建议并把最好的点子推荐给乔布斯。网易 CEO 丁磊亲自跑过中国各地的网吧，使得网易开发的网络游戏非常适合中国年轻人的胃口。百度 2016 年成立百度用户体验中心，负责百度体系内相关产品体验设计及用户研究。奥迪公司开启用户的自驾之旅，不仅仅是一场单纯的对奥迪车的试驾和挑战，更是对用户驾驶感受、驾驶体验的了解。

四、用户旅程图

为充分体现用户的内心感受，完全融入用户的生活，体验用户的行动情感，增强同理心，发现问题解决用户的真正痛点，一个很实用的工具就是用户旅程图。

以我们熟悉的大学生早上上学为例，运用用户旅程图你可以发现很多创新的机会，而不是怎么走到教室而已。我们回顾一下起床上学的情景，大致可以分为以下几个情景。

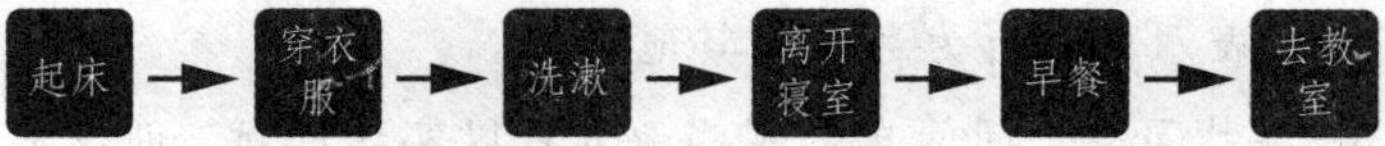

图 2-5　大学生起床上学旅程图

每一个环节，包括如何感觉到该起床了、如何起床，是闹钟响？还是室友叫醒的？是否想赖床？……将每个环节进行细分，一张用户旅程图可以帮我们系统地思考他们的行为步骤。

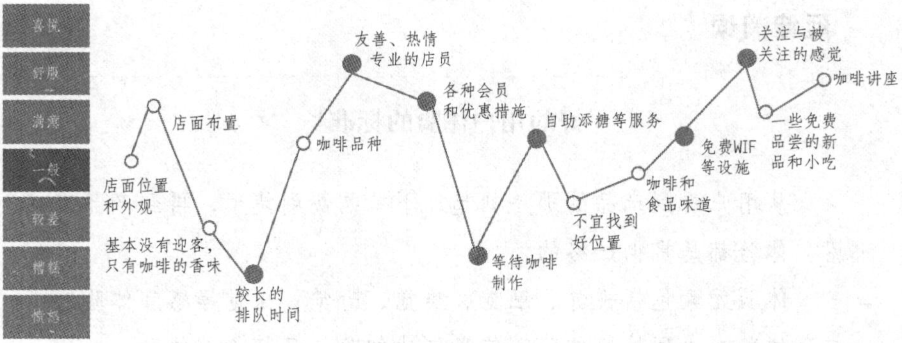

图 2-6　星巴克的用户旅程图①

星巴克的这张用户旅程图很清晰地反映了用户从室外进入室内的各种细节。每个细节的体验都有好有坏，让我们能清晰地发现哪些环节可以改善、创新。

〖训练活动〗

以 3～6 人为一个团队，制作“旅游”或“搬家”用户旅程图。
操作指南：
1. 选择旅游或搬家任一主题。

① 《什么是客户体验之旅与怎样入手》，知乎，https://zhuanlan.zhihu.com/p/49445849.

2. 写下每个步骤、环节，哪怕是看似微不足道的小步骤，以便考虑那些通常会被忽视的体验。

3. 把各个步骤按顺序展示在一条时间主线上，每个环节可以有分支，表示用户行为过程的其他路径。

4. 寻找灵感。问问自己哪些地方可以实现创新，创设更好的用户体验。

5. 如果可以，向熟悉此过程的人展示这张图，询问有没有忽略什么环节，或者有没有哪里顺序不对。

〖**延伸阅读**〗

好的用户体验的标准[①]

从用户看到产品的那一刻起，下单购买到使用，再到产品弃用，体验都是贯彻始终的。

体验元素包括视觉、触觉、嗅觉、听觉、味觉等感官体验、交互体验、心理情感体验、信息传达体验、品牌价值体验。

什么是好的用户体验，可以以“有用、易用、友好、视觉设计优雅、品牌形象统一、产品的有用性”作为突破口。这里重点说一说产品的易用性、友好性和优雅性。

1. 易用性

易用性也就是产品合理的使用方式。合理使用就是要合乎客观规律，合乎人的生理、心理需求。

当确定产品的造型样式、色彩方案、材质、表面肌理、设计风格等形态后，就要考虑产品的指示与识别设计、界面设计、色彩设计和情感设计，通常要把握人机工程学、人机交互技术等。

① 《好的用户体验的标准》，简书，2019 年 6 月 2 日，www.jianshu. com/p/1c30e237aa1e.

以简约思维为指导，原则是让用户凭借自己的本能、直觉、生活或专业经验就能够理解、使用和操作，让产品真正和用户对话。

2. 友好性

赋予产品的人性化元素，使用亲切的口吻与用户对话。比如，根据用户的使用习惯，联想用户的下一步动作，然后告知、询问，由用户选择或确认。

以微信为例，当你拍完照片或手机截屏，点击微信对话框"+"图标时，会自动弹出"你可能要发送的照片"。如果真是你的意图，就省去了你的下一步操作。

3. 优雅性

一款外观出色的产品能带给用户美的享受，在今天这个"看脸"的时代，"颜值"的重要程度不言而喻。要想让用户喜欢上产品，第一印象很关键，视觉冲击力往往决定了产品的吸引力。

未来，设计越来越重要。道理很简单，只有颜值高的产品才能让用户一见钟情，才能让用户愿意购买。

第四节　设计思维的设计面向

> 预测未来的唯一办法是发明未来。
>
> ——艾伦·凯（Alan Kay）

〖他山之石〗

需要更快的马

"如果我最初问消费者他们想要什么，他们应该是会告诉我，要一匹更快的马！"这是亨利·福特的一句经典名言。

100 多年前，福特公司的创始人亨利·福特先生到处跑去问用户：“您需要一个什么样的更好的交通工具？”几乎所有人的答案都是“我要一匹更快的马”。很多人听到这个答案，也许会立马跑到马场去选马配种，以满足用户的需求。但是福特先生却没有立马往马场跑，而是接着往下问。

福特：“你为什么需要一匹更快的马？”

用户：“因为可以跑得更快!”

福特：“你为什么需要跑得更快？”

用户：“因为这样我就可以更早到达目的地。”

福特：“所以，你要一匹更快的马的真正用意是？”

用户：“用更短的时间更快地到达目的地!”

于是，福特并没有往马场跑去，而是选择了制造汽车去满足用户的需求。

创设用户体验的前提是要精准地分析用户需求，什么才是用户真正的需求？亨利·福特的这个故事很好地说明了这一点。如果东西不在眼前，你根本不可能去问别人想要什么。设计可以分为两种，一种是“从无到有”的设计，另一种是在原有基础上“改良优化”的设计。之所以会有“设计”存在，是因为人们有某种潜在的需求需要被满足，比如汽车的设计是为了满足人们对代步工具的渴望、对速度的需求。

一、超越现实，面向未来

乔布斯接受《商业周刊》记者采访时曾说：“我们有很多用户，我们对自己已拥有的用户基础做了大量研究。我们还非常小心地关注行业趋势。很多时候，人们不知道自己想要什么，直到你将产品展示给他们，他们才弄清楚。”

通过市场调查得知的往往都是诸如“我要一匹更快的马”之类的需求，但并不一定是用户真正的需求。我们需要根据所收集的需求信息进行深度挖掘和捕获，以了解用户的真正的潜在需求是什么（例如用更短的时间、更快地到达目的地），而这些是用户自己都无法明确表达的，甚至是连自己都不知道的潜在需求。

创新是人类发展历程中的一项重要活动，创新应满足人类美好未来的向往。设计思维需要我们充分了解用户，超越用户的现实期望，天马行空地去想象，并提出解决方案。

当今世界，瞬息万变。因此，人们对产品的需求也在不断变化。专注于创新解决方案的企业往往会发现，自己推出的新方案解决的是一个过时的问题。如果产品性能没有意义，那么再好的产品也没有价值。而且，一旦有人推出了更有意义的新产品，即使先进的解决方案也会立刻显得过时、落伍。正如 iPod 之于随身听，智能手机之于 iPod。

设计思维同理心观察着眼于了解人们所作所为的原因，就是想去了解他们未来可能要做什么。在考虑消费者真正的需要与期望时，寻找技术可行性、商业可行性和人的需求之间的"甜蜜地带"，这就是设计思维的意义。

〖**案例**〗

华为引领 5G 创新，共创智慧未来①

2019 年 6 月 27 日，以"智联万物"为主题的"2019 世界移动大会·上海"展进入第二天，在"全球终端峰会"分论坛上，华为消费者业务手机产品线总裁何刚应邀出席，并以"引领 5G 创新，共创智慧未来"为演讲主题进行了内容丰富的分享。"从 2G 文字到 3G 图片到 4G 视频，如今 5G 时代凭借更高的速率、更短的时延，将为消费者带来 3D、AR、VR 等全新的感官体验，"何刚说，"华为致力于 5G 研发创新已经超过十年，为 3GPP 5G 标准贡献的提案超过 18 000 件，5G 基本专利族占比超过 20%，在基础技术、标准、芯片、网络、终端五个方面全面领先。不仅仅是手机，不仅仅是平板，在

① 《华为何刚：引领 5G 创新，共创智慧未来》，华为官网，2019 年 6 月 27 日，https://consumer.huawei.com/cn/press/news/2019/huawei-leads-5g- innovation/.

这些终端产品之外，还有更多物与物的连接。我们预测 2025 年，全球会有四百亿的智能终端，会有一千亿的连接，会有一千八百亿 TB 的新增数据。我们看到未来的发展，无论是智能终端还是连接数还是数据流量都仅仅是开始，未来还有更广阔的空间。”

不得不说，创新，是华为成长的引擎。正因为专注于有意义的创新，聚焦那些真正对用户体验至关重要的创新，面向未来，实现技术领先的创新战略，华为才能“任尔风雨如磐，我自岿然不动”，用一次次浴火重生诠释了“唯改革者进，唯创新者强，唯改革创新者胜”。

二、同舟共济，服务社会

人工智能技术（AI）、虚拟现实技术（VR）、大数据、物联网、区块链……我们身处的环境每一天都在不断改变，因为技术在不断更新换代。这些创新如果不能帮助人类工作得更好、生活得更好，让我们拥有更加美好的明天，那就发挥不出它们的优点。创新在满足人类需求的同时，应均衡考虑经济、环境、道德和社会问题。

〖**案例**〗

Aquaduct①

Aquaduct 是由 IDEO 五位设计师在一场由谷歌公司（Google）与闪电自行车公司（Specialized）所举办的竞赛中研发出的原型。设计师们发现，发展中国家有 11 亿人口没有干净的饮用水。在许多发展中国家，人们必须走路到几公里远的地方去取水，这些不干净的水也带来许多疾病。经过探索他们发明了 Aquaduct，这是为全球 11

① 蒂姆·布朗：《IDEO，设计改变一切》，北方联合出版传媒（集团）股份有限公司、万卷出版公司 2011 年版，第 19 页。

亿无法获得安全可靠水资源的人设计的，一辆特殊的三轮车，也是一个纯净水过滤器。该车的后车轴上方装置了个大水箱，通过脚踏板的运作和特殊的过滤装置，在运水的过程中，水被过滤干净后再输送到三轮车前面的可移动式小水箱里，成为可直接饮用的纯净水。它的发明能帮助水质不太好的国家或地区，在采集水源运输的同时又能将水进行充分的过滤消毒。

创新的意义是满足人类的需求，需要面向社会、服务社会、引领社会，与社会紧密相连。随着我国科技、经济的快速发展，产品、服务越来越完善，物质和科技的发达的确帮我们解决了很多难题，让生活更丰富便捷，但同时也不断产生出新的需求和新的问题，用户有更多的需求亟待满足。面向社会、服务社会，需要设计者发现用户痛点、难点、疑点，挖掘用户的真实需求，把满足人民对美好生活的向往作为创新的落脚点，把惠民、利民、富民、改善民生作为创新的重要方向，把创新成果应用到实现国家富强、民族振兴、人民幸福的伟大奋斗中。

〖**案例**〗

肺炎疫情防控背后，有多少“大数据”在支撑？[①]

2020年年初，一场突如其来的新冠疫情打破了春节喜庆，人们纷纷取消春节期间的采购和走亲戚的活动，待在家里，避免交叉感染。SAR结束后17年来，中国在疫情防控方面已建立了更加完备的上报机制、保障策略、应对措施，信息披露也更加及时透明，大数据等创新科技的快速发展在疫情防控工作中起着重要作用。微信、360等互联网平台上线“确诊患者交通工具同乘查询系统”“疫情数据实时更新系统”“发热门诊分布地图”等功能。

① 《肺炎疫情防控背后，有多少“大数据”在支撑？》，虎嗅网，2020年1月31日，http://www.huxiu.com/article/337489.html.

1. 大数据追踪传播路径

2020年1月28日央视《新闻1+1》，国家卫健委高级别专家组成员李兰娟院士连线白岩松时表示，专家正利用大数据技术梳理感染者的生活轨迹、追踪人群接触史，成功锁定感染源及密切接触人群，为疫情防控提供宝贵信息。李院士在连线中提到，某位患者曾表示自己并无重点疫区接触史，但经过大数据排查，发现其曾经至少接触过三位来自重点疫区的潜在患病人士。可见大数据技术通过追踪移动轨迹、建立个体关系图谱等，在精准定位疫情传播路径、防控疫情扩散方面所起的重要作用。

2. 大数据构建疫情发展模型

当面对新冠病毒感染人数持续增长时，大众密切关注着疫情的传播态势。疫情还会传播多久？感染者还会大幅增加吗？哪里感染风险高？何时能够进入安全期？传染源都有哪些？要解决这些问题，需要找出关键影响因素、分析疫情传播特征、搭建疫情发展模型，其中大数据可发挥关键作用。

随着全民抗击新冠病毒疫情进入新的阶段，每一份源自企业核心技术优势的支持，都将在抗击疫情的天平上增加一个砝码。

创新者，需要践行社会责任，面向社会、服务社会。因此在进行产品（服务）创新时，不妨先问问为什么：我们为什么要做这个产品（服务），这对用户、对社会有什么价值？我们创新的目标是什么？然后再问怎么做：我们如何做到？进行哪些创新？最后问做什么：为了用户的需求、社会的责任，我们创新了什么产品？提供了什么服务？

〖**训练活动**〗

根据“旅游”或“搬家”用户旅程图，挖掘用户痛点、难点、疑点、兴奋点。

〖延伸阅读〗

在工作生活中，移情对于解决问题有多重要？①

设计几乎触及生活的方方面面。你的手机、服装以及办公室等的设计在某种程度上都能体现寓功能于形态的理念。成功的设计不仅仅是设计稿上看起来不错，而且要能“善解人意”。它知道你将在哪歇脚，它知道你在哪寻找下拉菜单，它也知道既适合你视野，又能予以愉悦审美的按钮尺寸。

好的设计的核心在于通过了解用户的举动，将产品融入现有的情景中。

如果我们将设计咖啡机和厨房的方法用于解决社会问题和改变企业战略，将会出现什么呢？

设计思维是设计师解决问题的思维方式，强调人际互动。

Curiosity Design Research 创始人 Birdie Salva 曾道：“设计思维是找到设计师的物料知识、社会科学家的人类历程知识以及终端用户对其日常生活把握的一个交织点。”

2012 年，Salva 及两个合伙人成立了 Curiosity Design Research。有了广告、品牌推广、非政府组织及学术这些背景的支撑，他们将设计思维用来帮助他们进行协作，以及让非营利性客户了解人们如何通过使用产品和服务来创造价值并引起社会变革。

设计思维正掀起局部的波澜。事实上，一些组织和项目利用它来进一步实现社会公益。

由 Plus 63 Design，InkSurge 以及 Manila 团队发起的重大项目 Design Co. Mission，旨在促进用设计思维来解决教育、文化及卫生方面的问题。马尼拉阿坦纽大学在各类选修课，包括业务创新、信息通讯及健康科学中教授设计思维，向当地的妇女授权并为其提供设备，以使其成为微型创业者。

① 《在工作生活中，移情对于解决问题有多重要？》，众学习_设计思维，2015 年 8 月 5 日，http://blog.sina.com.cn/s/blog_14d73cd960102vrnz.html.

03 第三章

设计思维之创意

创新需要灵感，灵感不是天生的，需要长期的积累。

创意的产生有很多阶段，从宏观到微观，从头脑风暴到票选点子，花时间多看、多听、多收集，可以使你在创意构思和创新实践中拥有更多选择。

第一节　设计思维的创意准备

细节在于观察，成功在于积累。

——爱默生

〖他山之石〗鲁班造锯子的故事[①]

有一天，鲁班和他的徒弟们接受了一项建造皇家宫殿的任务。这个宫殿要求造得雄伟壮观，因此工程相当浩大，采伐大量木材工作更是迫在眉睫。开始的时候，鲁班率领徒弟们带上斧头，到山上砍伐木料。可是，面对又高又粗的参天大树，仅用手中的斧头去砍，十分费力。几天下来，他们师徒都累了。可是，砍下的树木却远远不能满足宫殿建筑的需要。有一天，鲁班到一座险峻的高山上去物色用作栋梁的木料。在爬一个小陡坡的时候，脚下蹬着的一块石头突然摇动了，他急忙伸手抓住了路旁的一丛茅草。"哎呀"，他的手被茅草划破了，渗出血来。

怎么这么不起眼的茅草这么锋利呢？望着手掌上裂开的几道小口子，鲁班陷入了沉思。他忘记了伤口的疼痛，扯起一把茅草，细细端详，结果发现小草叶子边缘长着许多锋利的小齿。他用这些密密的小齿在手背上轻轻一划，居然又割开了一道口子。

正当他琢磨其中道理的时候，忽然看见草丛中有几只大蝗虫，它们的大板牙一张一合，飞快地吞嚼着草叶。他把蝗虫捉住，认真一看，原来蝗虫的牙齿上也长着密密麻麻的小锯齿。于是，他就请铁匠师傅打制了几十根边缘上有锋利的小锯齿的铁片，拿到山上去做实验。他和徒弟各拉一端，在一棵树上来来回回的锯

① 《鲁班造锯子的故事》，中国历史网，2019 年 11 月 5 日，http://m.y5000.com/whijc/51538.html.

了起来，果然好使，很快就把树木锯断了。

鲁班给这种新发明的工具起了个名字，叫作“锯”。后来，他又给锯安上了把手，用起来可就方便多了。有了锯，采伐木头就快多了，宏伟的宫殿也如期竣工了。

鲁班造锯子是我们耳熟能详的故事。在鲁班之前，有没有人遇到手被野草划破的类似情况呢？为什么只有鲁班从中受到启发，发明了锯子？这无疑值得我们思考。大多数人只是认为这是一件生活中的小事，不值得大惊小怪，往往熟视无睹。而鲁班却有比较强烈的好奇心，很注意对生活当中一些微小事件的观察、思考和钻研，从中找到解决问题的方法和思路，甚至获得一些创造性发明。这告诉我们一个道理，留意生活中许多不起眼的小事，勤于思考，也许会给创新带来启发。

设计思维是以人为本的创新，需要平衡商业可行性、技术可行性和人的期望。要满足人的期望就是要深刻理解人的需求，不仅要观察人的行为，还要了解人的动机与核心信念。在运用设计思维进行创新时，要做好以下准备。

一、确立目标

在创新之初，需要找准目标，弄清楚创新主题。欲速则不达，启动一个创新项目前，我们需要考察持续变化中的世界，应观察商业、技术、社会、文化、政策及其他领域的变化，搜集近期动态、前沿科技发展和最新消息，研究有可能影响企业创新的趋势。应评估诸多变化的总体影响，并以此为依据，重新解决最初遇到的问题，从而寻找新的创新机会。这有助于我们确定创新的初始目标。

搜集最新资讯，搜索行业内的最新消息、前沿技术发展动态以及最新概念。全面了解商业、技术、社会、文化和政策领域的相关变化趋势。在掌握行业现状及相关趋势的基础上，重新解读企业创新可能遇到的挑战，并找到实现高效创新的机会，确立创新目标。

你认为，设计一辆大卖的小轿车是好的创新目标吗？

二、了解环境

研究环境，即了解对创新成果（产品、服务、经验或品牌等）所处环境有影响的行业状况或事件。研究自己所在的企业，重点考察类似创新成果的市场表现，进而预判某项创新计划的市场潜力。了解自己所在企业与同行业其他企业的关系，并明确政府政策和法规是否会影响我们的创新主题。关注来自社会、环境、产业、技术、商业、文化、政治以及经济领域的因素，以改变企业的创新环境。

搜索知识库，从现有资源中搜寻、分析海量数据，并找到新兴模式；总结演变规律，概述关键的行业发展标志、时间轴、里程碑事件，以及潜在的未来趋势；横向对比，在行业大背景下定位本企业，与竞争对手及相似企业进行比较；咨询专家，与行业专家交流，理解他们的分析方法、观点及建议。

（一）了解人群

了解最终用户和其他利益相关者，以及他们日常生活中的一切互动。为了探索一个人未被满足的潜在需求，我们可以通过观察和访谈的方式研究他的需求，从观察和访谈中提炼出最有价值的洞察是关键目标之一。此处的“洞察”可被理解为：来自人们实际行为的有趣启示或观点。换句话说，“洞察”是对观察结果的解释，并且常常意味着回答“为什么”这个问题。

可以通过以下步骤：① 计划研究：确定研究目的，目标用户，实地考察方案，预算和时间表。② 观察人群：征集人员进行实地考察，记录人们的活动以及与外界事物和环境的互动。③ 询问用户，鼓励用户参与，让用户参与活动、谈话，与研究者增强互动。④ 整理成果：汇总观察和研究得来的数据，以关键词标注，并找出研究成果中的分歧。

1. 观　察

设计思维是一种以人为本、从人的需求出发的创新方法。当你确定创新目标的时候，应获取用户的见解，进而洞察他们的潜在需求。这并不是要求你去问他们问题，而是要去观察他们。观察不仅可以帮助我们找出潜在的需要，还可以帮助我们避免错误的理解。如果你询问用户想要什么，你得到的答案是他们认为自己所想要的，但也许用户出于某些原因不一定会说出实话。就像你为父母辛苦做了一顿午餐，尽管也许并不可口，父母也会说味道很好一样。

〖**案例**〗

最有温度的婴儿产品：设计思维让世界更美好①

2008 年，Jane Chen 在斯坦福大学被分配了一个课堂项目，设计一款新的婴儿保温箱。当 Jane Chen 了解到，每年全球出生的 2000 万早产儿和低体重婴儿中，接近 400 万因为无法维持体温活不过第一个月，就算幸存也会罹患一些伴随终生的慢性病。她就决定要为那些贫穷地区的孩子、不幸过早夭折的早产儿们做些什么。

因为，在医疗条件发达地区，只需将早产儿放入恒温箱，小生命就能存活延续下来。然而售价高昂的保温箱在许多偏远村落依然是奢侈品，那里的人们至今仍在使用热水袋、加热灯等有隐患的低效保温方法来保持早产儿的体温。为了能创制一个低成本的保温箱，Jane Chen 和团队进行了大量的推演，并设计出了最初的原始模型。接着一行人就怀揣着拯救新生儿的愿望，匆匆赶往印度。可到了当地才发现，原来他们的产品在未经测试的情况下并不具备任何实用性，印度医院里也不缺给婴儿使用的保温箱。

经过深入研究妈妈们的真实需求，Jane 和伙伴们发现：原来，

① 《最有温度的婴儿产品：设计思维让世界更美好》，搜狐网，2018 年 11 月 5 日，http://www.sohu.com/a/273396525_99901182?qq-pf-to=pcqq.c2c.

在印度农村，因为和医院的距离很远，刚出生的宝宝大多无法立即被送到医院，所以才导致医院的保温箱闲置，早产儿又因没有良好的保暖设施而夭折。在亲眼看见印度一个早产儿因为来不及使用保温箱去世后，Jane 深深地意识到：当地真正需要的是有保温功能并且便于携带的产品，这样才能安全地把早产儿送到医院里。树立起一个要解决费用高昂、路途遥远、保温箱使用非常有限等问题的产品目标后，Jane Chen 和团队回到实验室，重新开始设计和讨论。为了选出最适合婴儿的安全材料，他们买了市面上几乎所有的婴儿保暖产品进行分析；为了让这个救命的产品使用时不需要医学常识和电源，他们不断挖掘多种材料进行测试。随着研究的不断深入，他们终于在无数个被推翻的设计里，找到一个足够实用的原型——“Embrace”不插电保温袋。

这款“Embrace”保温袋由一个婴儿睡袋加上一个蜡包和一台加热机构成。蜡包的熔点是 37 °C，把加热融化的蜡包放进睡袋夹层，蜡包会在凝固的过程中放热。整个恒温供暖可持续 4 ~ 6 小时。比起 2 万美元的保温箱，一个“Embrace”睡袋只需要不到传统产品百分之一的价格。这意味着，印度的一个普通家庭花费 25 美元就能方便又便宜地使用。为了能将这个发明推广到贫困地区，他们还专门成立了非营利组织 Embrace，负责温暖传递。Jane 也四处参加演讲，宣传“Embrace”保温袋，募集项目资金。这个实用的婴儿产品在投入印度、尼泊尔等地后，果然广受欢迎，拯救了数百万需要温暖的早产儿。

如果当初这个团队没有用设计思维去观察、了解用户的真实需求，从用户角度理解他们所处的环境，能设计出这款真正能够有效解决用户问题的产品吗？

了解用户需求需要投入时间观察，并且不要做出假设。不要让你的判断或者自己的认知引导用户，同理心可以让你获得更好的方案。

2. 访 谈

设计思维一个最主要的原则就是以人为本。它从和一个真实的人产生共情开始，这个人可能是你的潜在客户、你的顾客、你的伴侣或任何一个你为之而设计的人，你要能感受到他们的困难，能够换位思考，真正理解他们正在经历着什么，还需要在观察的同时，专注聆听他们的个人体验和故事。

【阅读资料】

采访技巧

关于同理心，有一种错误的理解：到客户那里，先问他们需要什么。他们需要什么，就给什么。这种策略通常效果不好。在表达需求时，人们往往缺乏自我意识（或者词不达意），而且他们很少考虑尚不存在的选择。

同理心更多是了解客户潜在的需求，甚至当人们无法清晰地向你表达出来时，通过观察真实状态下的人及其行为，你能够了解到那些仅靠就事论事的提问永远发现不了的东西。下列技巧摘自 IDEO 的《以人为本的设计工具包》（*Human-Centered Design Toolkit*），与搭档出去实地调研之前，先试着练习一下这些技巧吧。

1. 让我看看

如果你在别人的家里、工作场所或他们常去的其他地方，让他们给你展示一下其使用的东西（物品、空间、工具等），拍些照片、做些笔记，以备日后提示；让他们带你体检一下其日常生活。

2. 画张图

让受访者以图画或示意图等视觉形式向你呈现他们的经历，这是一个厘清臆断的好方法，可以显露出人们是如何思考、如何安排其活动的优先次序的。

① 汤姆·凯利、戴维·凯利：《创新自信力》，中信出版社 2014 年 10 月版，第 81 页。

3. 5个“为什么”

在受访人回答了你的前5个问题之后，分别对这5个回答提出以“为什么”开头的问题，这促使人们深思并说出其行为和态度背后的深层原因。即使你认为自己懂了，也要进一步挖掘，以厘清他们（以及你自己）的臆断。

4. 畅所欲言

在受访者执行某个特定的任务时，请他们畅所欲言，谈谈想法，这有助于发现用户的动机、关注点、感觉和推理。

（二）构建洞察

在进行研究后，应对得来的数据加以分类、组合和整理，并开始寻找重要的规律：分析前后数据，考虑那些有望揭示尚未开发的市场机遇或商机的模式。某些洞察和模式来源于多种数据分析，对创新活动也具有重要意义。可以采用以下方式：

① 寻找洞察：通过对人群和环境的研究寻找规律，并形成洞察。② 组合信息：以不同方式为数据分类，寻找共性，并提出深层次洞察。③ 寻找规律：将研究成果可视化，突出热点、分歧和共性。④ 总结概况：定义关键利益相关者，以及系统内其他部分的特征。⑤ 归纳体验：用图形展示用户在不同场所和时间的体验，发现用户体验的不满意处，发现潜在机会。

〖**训练活动**〗

以小组为单位完成用户调查规划表

用户研究（观察、访谈）事前规划表

创新主题		观察重点：
设计挑战		

续表

<table>
<tr><td>观察、访谈对象</td><td></td><td rowspan="2">访谈大纲：</td></tr>
<tr><td>观察、访谈地点</td><td></td></tr>
<tr><td colspan="3">组员：　　　　　　　　　　组长：　　　　　　　　日期：</td></tr>
</table>

〖延伸阅读〗

西班牙对外银行（BBVA）打造全新ATM体验①

在过去，ATM产业的设计研发一直是由硬件厂商所主导，银行往往是直接从硬件厂商现有的型号中挑选ATM来用。虽然陆陆续续加了很多功能，然而这些设计却未必将ATM使用者的需求纳入考量。比如现实中，很多人在使用时都会有这样的经历：站在自动柜员机前，目光总不自觉地飘向后方等待的人，唯恐操作被窥视。因此在三十个国家拥有据点、为超过四千七百万个人以及企业提供服务的BBVA找到知名设计公司IDEO合作，希望能依据使用者的需求发展出全新的ATM，为使用者提供更好的自助金融服务体验，并由此创造竞争优势。

IDEO设计的AIM机，顾客站在90°等待队列中，磨砂面板屏蔽，让使用者在操作时可以很自然地看到在后面排队的人，这样的设计不但实际上减小隐私的财务资讯被其他人偷看的可能性，也降低了使用者心理层面的疑虑与压力。这一整套系统还包括一个19英寸的触摸屏，这个触摸屏可以让使用者的操作更加直观。在屏幕外面只有一个出钞孔，以及插卡孔，保证了界面的流线型设计。

① 改编自《BBVA西班牙对外银行打造全新ATM体验》，数字音视工程网，2010年8月20日，http：//www.dav01.com/article/2010/08/a18390.html.

这个全新 ATM 的研发专案始于对 ATM 使用者的了解，设计团队在西班牙、墨西哥和美国，针对 BBVA 以及其他银行的使用者进行观察与访谈。除了研究使用者使用 ATM 的行为外，设计团队也对加油站、超市结账、自动购票机等相关的自助服务行为投以关注的眼光。

经过研究，IDEO 基于对使用者的行为与需求提出了新的设计概念，并与 ATM 硬件厂商 NCR 及富士通密切合作，确保这个全新的 ATM 设计在技术上的可行性。

2010 年，这款全新的 ATM 在马德里的银行开始使用，被美国 *Fast Company* 杂志列为年度十大优秀的 UI 设计之一。

第二节　设计思维的创意方法

有时候，出现问题往往是因为人们总以固定的模式看待问题。换一个方式来思考，也许就能轻易找到正确的方法，那么问题就不会存在了。

——爱德华·德·波诺

〖**他山之石**〗

铲除电线积雪

有一年，美国北方格外严寒，大雪纷飞，电线上积满冰雪，大跨度的电线常被积雪压断，严重影响通信。过去，许多人试图解决这一问题，但都未能如愿以偿。后来，电信公司经理应用奥斯本发明的头脑风暴法，尝试解决这一难题。他召开了一场座谈会，参加会议的是不同专业的技术人员，他们必须遵守以下四项基本原则：

第一，自由思考。即要求与会者尽可能解放思想，无拘无束地思考问题并畅所欲言，不必顾虑自己的想法或说法是否“离经叛道”或“荒唐可笑”。

第二，延迟评判。即要求与会者在会上不要对他人的设想评头论足，不要发表“这主意好极了!”“这种想法太离谱了!”之类的“捧杀句”或“扼杀句”。至于对设想的评判，留在会后组织专人考虑。

第三，以量求质。即鼓励与会者尽可能多而广地提出设想，以大量的设想来保证质量较高的设想的存在。

第四，结合改善。即鼓励与会者积极进行智力互补，在增加自己提出设想的同时，注意思考如何把两个或更多的设想结合成另一个更完善的设想。

按照这种会议规则，大家七嘴八舌地议论开来。有人提出设计一种专用的电线清雪机；有人想到用电热来化解冰雪；也有人建议用振荡技术来清除积雪；还有人提出能否带上几把大扫帚，乘坐直升机去扫电线上的积雪。对于这种“坐飞机扫雪”的设想，大家心里尽管觉得滑稽可笑，但在会上也无人提出批评。相反，有一工程师在百思不得其解时，听到用飞机扫雪的想法后，大脑突然受到冲击，一种简单可行且高效率的清雪方法冒了出来。他想，每当大雪过后，出动直升机沿积雪严重的电线飞行，依靠高速旋转的螺旋桨即可将电线上的积雪迅速扇落。他马上提出“用直升机扇雪”的新设想，顿时又引起其他与会者的联想，有关用飞机除雪的主意一下子又多了七八条。不到一小时，与会的10名技术人员共提出90多条新设想。

会后，公司组织专家对设想进行分类论证。专家们认为设计专用清雪机、采用电热或电磁振荡等方法清除电线上的积雪，在技术上虽然可行，但研制费用大，周期长，一时难以见效。那种因“坐飞机扫雪”激发出来的几种设想，倒是一种大胆的新方案，如果可行，将是一种既简单又高效的好办法。经过现场试验，发现用直升机扇雪真能奏效，一个久悬未决的难题，终于在头脑风暴会中得到了巧妙的解决。

随着发明创造活动的复杂化和课题涉及技术的多元化，单枪匹马式的冥思苦想将变得软弱无力，而“群起而攻之”的发明创造战术则显示出攻无不克的威力。

一、头脑风暴法

头脑风暴法（Brainstorming），又称智力激励法、BS 法。它是由美国创造学家亚历克斯·奥斯本于 1939 年首次提出、1953 年正式发表的一种激发创造性思维的方法。俗话说，“三个臭皮匠，顶个诸葛亮”，也就是奥斯本头脑风暴法的“中国式”翻译，即集思广益。它是一种通过小型会议的形式，让所有参会者在自由愉快、畅所欲言的气氛中自由交换想法或点子，并以此激发与会者创意及灵感，使各种设想在相互碰撞中激起脑海的创造性“风暴”。它适合于解决那些比较简单、严格确定的问题，比如研究产品名称、广告口号、销售方法、产品的多样化研究等，以及需要大量构思、创意的行业，如广告业。

该方法的实施步骤如下：

（一）准备阶段

事先对所议问题进行一定的研究，弄清问题的实质，找到问题的关键，设定解决问题所要达到的目标。同时选定参加会议人员，一般以 5 ~ 10 人为宜。然后将会议的时间、地点、所要解决的问题、可供参考的资料和设想、需要达到的目标等事宜一并提前通知与会人员，让大家做好充分的准备。

（二）热身阶段

这个阶段的目的是创造一种自由、宽松、祥和的氛围，使大家得以放松，进入一种无拘无束的状态。主持人宣布开会后，先说明会议的规则，然后随便谈点有趣的话题或问题，让大家的思维处于轻松和活跃的状态。如果所提问题与会议主题有着某种联系，人们便会轻松自如地导入会议议题，效果自然更好。

（三）明确问题

主持人扼要地介绍有待解决的问题。介绍时须简洁、明确，不可过分周全，否则，过多的信息会限制人的思维，干扰思维创新的想象力。

（四）重新表述问题

经过一段讨论后，大家对问题已经有了较深程度的理解。这时，为了使大家对问题的表述能够具有新角度、新思维，主持人或书记员要记录大家的发言，并对发言记录进行整理。通过对记录的整理和归纳，找出富有创意的见解，以及具有启发性的表述，供下一步畅谈时参考。

（五）畅谈阶段

畅谈是头脑风暴法的创意阶段。为了使大家能够畅所欲言，需要制定的规则是：第一，不要私下交谈，以免分散注意力。第二，不妨碍他人发言，不去评论他人发言，每人只谈自己的想法。第三，发表见解时要简单明了，一次发言只谈一种见解。主持人首先要向大家宣布这些规则，随后引导大家自由发言、自由想象、自由发挥，使彼此相互启发，相互补充，真正做到知无不言、言无不尽、畅所欲言，然后对会议发言记录进行整理。

（六）筛选阶段

会议结束后的一两天内，主持人应向与会者了解大家会后的新想法和新思路，以此补充会议记录。然后将大家的想法整理成若干方案，再根据标准，诸如可识别性、创新性、可实施性等标准进行筛选。经过多次反复比较和优中择优，最后确定 1 ~ 3 个最佳方案。这些最佳方案往往是多种创意的优势组合，是大家集体智慧综合作用的结果。

二、TRIZ 创新方法

TRIZ，直译是“发明问题解决理论”，国内也形象地翻译为“萃智”或者“萃思”，取其“萃取智慧”或“萃取思考”之义，是苏联发明家、教育家根里奇·阿奇舒勒（G. S. Altshuller）和他的研究团队，通过分析大量专利和创新案例总结出来的，共有 40 个发明原理，这里介绍其中 3 个简单、实用、易操作的原理。

（一）分离法

一个问题似乎过于庞大而难以被解决，在这种情况下，你可以问问自己应该先去做些什么，哪些较小的任务可以帮助你实现这一目标。数学中经常使用这样的方法。例如，1001 × 25 等于多少？要打散这个问题，就要把它分成两个较小的、容易计算的问题：1000 乘以 25 等于多少？再加上 1 乘以 25 呢？直接计算和将问题打散这两种方法会得到相同的答案，但后一种方法更简单，也更容易完成。创新过程中解决问题也可以将物体分成互相独立的几个部分，审视每个部分，并评估一下哪些部分可以改进。你可以一次改进一个部分（颜色、样式、尺寸等），有时小的部分也能产生大的创意。

〖**案例**〗

笔帽上为什么有个小孔？紧急时刻，就靠它救命了！[①]

学龄期的儿童经常和笔打交道，出于转移压力、集中思维或是单纯觉得好玩等原因，不少孩子会把笔帽放进嘴里，这些行为

① 《笔帽上为什么有个小孔？紧急时刻，就靠它救命了！》，搜狐网，2017 年 10 月 19 日，http://www.sohu.com/a/198942939_99956708.

习惯构成了笔帽吸入的潜在风险。据统计，导致窒息死亡的异物41%为食物，另外59%为非食物类异物。也有文献统计，在非食物类异物吸入中，笔帽占到3%～8%。

当笔帽误入呼吸道时，急救过程可能会面临更加严峻的挑战。笔帽具有若干特别棘手的特性：它们的尺寸和形状都与人的呼吸道特别“适配”，其材质往往坚硬缺乏弹性，而且表面十分光滑。这些特性使得笔帽可能会严丝合缝地卡住呼吸道，使救治措施难以顺利施行。不仅如此，X光检查也可能不能保证及时发现塑料材质的笔帽。由于这些因素的作用，实际取出笔帽解除阻塞所需的时间可能会远远超过最佳的抢救时限。

而如果笔帽上预留了能保证足够通气量的空气通道，情况就会大不相同。即使笔帽不能被很快取出，呼吸道也不至于被它完全堵塞。这样至少能免除性命之虞，为治疗赢得足够多的时间。

同时，这个通气孔也是为了保持笔管内的空气和笔管外的大气压保持平衡，使气压强可以维持一样的状态，在拔开和合上笔盖时都可以不受阻力，构成一个空气通道，使笔管内空气通畅，就好像是我们的肺和呼吸道的工作原理一样。

在笔盖上开个小孔，虽然改进很小，但是所起的作用和帮助却非常巨大。

（二）复制法

借用其他物品或使用在其他物品中找到的形象。比如国家体育场鸟巢，就是将鸟巢的外观造型融入建筑设计当中。

（三）色彩法

该方法包括改变物体或环境的颜色；改变物体或环境的透明度；在物体中加上颜色添加剂，用以观察难以看到的物体或过程；如果已经用了添加剂，则考虑发光部分。比如导航用红色、黄色、绿色等传达道路的拥堵情况。产品供应链透明化，使消费者放心，增强用户体验。

三、六顶思考帽

六顶思考帽（six thinking hats）是“创新思维学之父”爱德华·德·博诺（Edward de Bono）开发的一种思维训练模式。它提供了“平行思维”的工具，是一个横向的思维过程，能帮助你确定创意构思中的重点和方向。它鼓励你去思考一个问题的六个不同方向。将这些不同的思维方式结合起来，就会形成你创意的起点。

六顶思考帽，是指使用六种不同颜色的帽子代表六种不同的思维模式。它们之间相互交叉，可以让你清楚地了解你需要寻找的是什么，让你改变研究方向，或者让你更加关注团体会议。

帽子代表的属性如下：

白帽子：白色是中立而客观的。戴上白色思考帽，人们思考的是关注客观的事实和数据，关于一个主题你所需要知道的一切。

绿帽子：寓意创造力和想象力，具有创造性思考、头脑风暴、求异思维等功能。戴上绿色思考帽，你需要提出创造性的理论和创意。

红帽子：你的感受、你对一个主题的直觉反应；你通常不能将简单的判断作为设计的基础依据。戴上红色思考帽，人们可以表现自己的情绪，人们还可以表达直觉、感受、预感等方面的看法。

黄帽子：积极的属性；当人们的反馈较为消极时，它可以帮助你展开积极的沟通。戴上黄色思考帽，人们从正面考虑问题，表达乐观的、满怀希望的、建设性的观点。

黑帽子：“唱反调的人”——寻找决策中的潜在问题，并试图找出可能出现的瑕疵。戴上黑色思考帽，人们可以运用否定、怀疑、质疑的看法，合乎逻辑地进行批判，尽情发表负面的意见，找出逻辑上的错误。

蓝帽子：确保所有的决策都已实现，所有的事情都在自己的轨道上发展；这顶帽子通常由最高决策人来戴，负责控制和调节思维过程。负责控制各种思考帽的使用顺序，规划和管理整个思考过程，并负责做出结论。

图 3-1　六项思考帽

〖**案例一**〗

用六顶思考帽来分析我们应该怎样使用手机

白色思考帽：

手机在生活中有哪些用途？

红色思考帽：

手机给我怎么样的感觉？

黄色思考帽：

在生活中手机有什么样的优势？

黑色思考帽：

在生活中，手机有什么缺点？给我们带来什么影响？

绿色思考帽：

我们使用手机的方式有什么地方还可以改进？我们还有哪些方法可以实现手机的功能？

蓝色思考帽：

手机在生活中扮演怎么样的角色？我们应该怎样使用手机？

〖案例二〗

办公室个人电脑速度缓慢的解决

蓝帽：目前办公用 PC 存在年限长、速度慢的问题，本次会议讨论解决方案，先请白帽介绍情况。

白帽：① 随着软件的增多，占用着的资源多，如 McAfee 等，当前就要上的 AD 域，部分设备将不能满足（要求≥1G），2008—2009 年 PC 内存都在 1G 及以下。② 设备的更新要大于 3 年，且实际的情况只能更新三分之一。

蓝帽：大家出出主意，怎么办？

绿帽：① 根据设备折旧，是否可以调整设备折旧的期限；② 是否可以采用笔记本代替台式机；③ 采取策略，每半年重装一次软件；④ 加装另一个硬盘，将 OS 装到这个新设备上；⑤ 采用虚拟化的存储系统；⑥ 对人群进行分类、对发放策略进行调整；⑦ 采用新软件节省内存。

黑帽：现在要更换笔记本预算达不到。

蓝帽：这是黑帽，请先用黄帽讨论这些方案的可行性。

黄帽：① 已进入新时代，笔记本是应该普及的设备，且更换设备端的配置将很好地满足需求；② 配置升级、保护投资；③ 软硬件方面的调整，改善是最常用的方法，已在其他单位应用，效果不错。

蓝帽：现在讨论以上方法的局限性。

黑帽：① 更换设备资金不足、不能满足需求；财务制度变革时间长；② 目前使用的软件不是正版，统一采购的，在 PC 机上不能使用；③ 软件重装耗费时间太长，待装人员达到数百。

蓝帽：那么从目前看，解决方案主要集中在配置升级和配置策略调整，大家举手表决一下优先顺序。

红帽：表决顺序如下：① 把少量的更新换代机会给更需要计

算速度的员工；② 大部分员工利用硬件升级（加内存、硬盘），延长使用寿命，节约成本；③ 定期重装 OS 和应用软件（如一年左右）；④ 梯次更新。

四、奔驰法

奔驰法（SCAMPER）是美国教育作家和思想家鲍勃·埃博尔（Bob Eberle）开发的一种构思方法。单词中的每个字母代表的都是一个动词，它们鼓励你以不同的方式去看待你的设计问题。你如果有了一个自认为非常好的创意，对照检验一下，或许又能产生全新的创意。

替补（Substitute）：替换一下周围的事物，看看你能得到什么。可能是材料有变，也可能是组成部分有变，甚至可能是背景有变。

合并（Combine）：把东西放在一起。你可能经常这样做，以提高使用率或生产效率——使它更强大、更耐用、更高效。

适应（Adapt）：改变事物的使用方式，或将它组合成别的东西。有时为了解决一个问题，你需要改变产品的性质、服务或流程。

修改（Modify）：修改正在使用的样式、大小、材料或工艺。修改这些元素可以给产品一个新颖的外观——重新包装所产生的效果也能跟创造一些新东西一样好。

作其他用途（Put to another use）：看看你还能用已有元素做些什么。通常情况下，当一个产品或服务已经被使用到极限时，你必须寻找一个新的受众群体或者使用背景。

消除（Eliminate）：从等式中删除元素。为了使一样东西更实惠、更简化或更容易生产，可以将能删除的元素删除掉——问问自己，什么是这个作品必需的。

反向（Reverse）：使用“反向”的方法看待一个问题，可以是一个获得新视角的好方式——用相反的方法看待问题，或者是思考一下能产生相反效果的方法。

〖训练活动〗

根据调查数据，运用创新技法，尽可能多地思考解决用户需求的办法，并一一列举在纸上。

〖延伸阅读〗

企业创新的四大误区[①]

创新的战略价值备受关注，却鲜有企业知道怎样让它变成一项可靠且可重复的商业实践。对商业活动的历史稍加研究就能发现这个道理。德布林咨询公司的研究显示，全球企业创新项目中不足 4% 是成功的，换言之，多达 96% 的创新项目最终失败。

既然创新如此重要，为何绝大多数企业并不擅长此道？为何创新失败率如此之高？首先，有四条普通却背离现实的假设，阻碍了企业实现系统化创新。接下来让我们逐一分析这些假设错在哪里，以便了解如何利用更可靠的方式来完成重大创新。

假设：当前的创新实践已经足够好。

现实：当前的创新不一定能带来突破。由其所衍生的偶然、随机性的改进的确存在，但企业普遍缺乏一套能够创造真正突破的可靠的工具与方法。

如果一支创新团队需要开发具备变革意义的创新成果，而不是仅仅视随机性增长为目标，他们已有的工具和实践方法将无法奏效。企业对实现全新工作方式的需求，往往让创新团队茫然无措。举例来说，一个简单的 2×2 矩阵被广泛用来定位市场或机会空间，但如果企业寻求超前创新，当竞争对手尚未涉足，或机遇仍待发掘时，这种工具又如何发挥作用？

假设：管理者才需要创新。

① 《企业创新 101 设计法》，齐鲁网，2014 年 3 月 13 日，http://book.iqilu.com/yisf/shidu/2014/0313/1906465.shtml.

现实：一线从业者往往是突破性思维的源泉，但企业需要提供恰当的架构和流程，帮助他们规划并定义创新。

目前，绝大多数关于创新的理论旨在提醒商业主管们创新是企业战略的重要组成部分之一，并且以苹果公司的iPod等著名的启发性案例为榜样激励他们不断创新。诚然，统一理念、战略及市场途径可被视为推进创新的关键举措，但它们远非全部步骤。一旦某项创新方案被敲定，经理、设计师、研究者、市场人员及工程师等团队成员务必要清楚应如何践行。团队必须整合出一个计划，以期带给消费者前所未有的产品或体验。那么，创新应怎样另辟蹊径，需要哪些步骤、活动与技能呢？在创新领域，企业既要清楚“我们应该做什么”，也要明白“我们需要怎样做”。

假设：从业者才需要创新。

现实：一线从业者无法独立完成创新。他们需要与管理者协作，才能将创新战术融入更广义的企业战略。

与其他商业行为相比，创新需要人们具备更广阔的视野。那些致力研发新成果的设计师和技术专家不仅应懂得如何在战术层面实践创新，还要充分领会战略目标以及创新工作的深远意义。在增益式创新的旧模式中，企业通过业务需求、目标和规格等形式，让从业者理解其战略：各种文件明确界定了创新方案的内容，描述最终结果，并规定了成功的标准。然而，在跨越式、变革性创新层出不穷的今天，企业应授权从业人员质疑既有观念，摆脱条条框框的束缚，并探索尚待开发的市场需求和机遇。这要求他们深刻理解日常工作背后的商业战略，理解企业当初为何尝试创新，以及应朝哪个方向付出努力。

目前，尚无任何方法可阐释从业人员行为如何影响创新战略。由于这种脱节，导致从业人员往往未予考虑，或无法理解自身想法是否适合一套富于理性并行之有效的战略。从业者需要一部关于工具和活动的百科全书；与此同时，他们还应拥有一本指导自己将这些工具和活动融入创新理论与战略的手册。

假设："创新计划"是一种自相矛盾的说法。

现实：科学而标准化的创新方法确实存在，并且能为创新开辟一套系统化流程。

在企业管理中，控制流程非常重要。业务流程可以被预测、规划，形成体系，并在正确的引导下产生预期成果。然而，当企业管理者谈论创新时，却很少想到这些特征。人们普遍认为，创新指"用不同的方法做事"或者"打破成规的思考"，因而对企业管理的一般规则已不再适用。只有极少数在创新实践中无视控制的企业，曾以随机、非线性的方式产生过富有价值的突破。创新代表着一种全新而重要的竞争力，并且可以被系统化和结构化。若以对待科学的方法进行研究，就可以改造那些复杂的业务实践。同样，企业若想取得更广泛的创新成果，就需要一套全新的实践方式。

企业若欲借助创新之力，就必须熟练掌握创新实践。创新并非魔术，而是一门学科。企业可以选择如何实践创新、改进创新，并最终精于此道。

第三节　设计思维的创意选择

敏于观察，勤于思考，善于综合，勇于创新。

——宋叔和

〖他山之石〗

"钻石恒久远，一颗永流传"的由来

1951 年，智威汤逊（J.Walter Thompson）芝加哥公司创作了

① 《"钻石恒久远，一颗永流传"是怎么来的？》，资讯网，http://m.wto168.net/zixun/contents/id/1732308.html.

戴比尔斯的英文广告词"A diamond is forever"，直接翻译的话就是"钻石是永久的"，显然这样的直译句子听起来有些空泛。因此据说戴比尔斯全国范围内征集起合适的翻译，经过几个月的评选，一名大学教师的这句"钻石恒久远，一颗永流传"入选。最终，"钻石恒久远，一颗永流传"成为中国最为经典的广告语，短短十几年间彻底改变了中国人婚庆佩戴黄金、翡翠的传统习俗，一枚钻戒成为承载两人爱情的最美好的信物。该广告被美国《广告时代》评为20世纪经典广告创意之一。

两度获得诺贝尔奖的莱纳斯·鲍林（Linus Pauling）曾说：为了有个好主意，必须先有很多想法。而获得诺贝尔文学奖的威廉·福克纳在被问起写作最困难之处时则说："剔除你的得意之笔。"头脑风暴会产生包罗万象的想法，然而，如果不进入做出抉择的汇聚阶段，头脑风暴产生的不过是一堆毫无意义的创意点子。要使项目从产生创造性想法这种令人鼓舞的实践走向问题的解决方案，筛选最佳点子就至关重要。设计思维是发散思维、收敛思维等多种思维形式的综合过程。

通过发散思维头脑风暴想到若干可能的解决方案之后，你需要运用收敛思维，根据条件把创意减少到几个可管理的数目。条件准则应该与你自己的业务相关，可以包括诸如预期实施技术条件、收入潜力、潜在客户需求和对竞争优势的影响等。

在挑选创意点子的过程中，不要马上考虑可行性，留意那些让人感到兴奋、有趣、受到启发的想法，有些看起来不真实的想法仍然有它存在的必要性。以下提供三种不同的挑选技巧以供使用：

一、豆豆贴法

豆豆贴：给每位团队成员三种豆豆贴，分别贴在三类最吸引自己的创意点子上，这也会让团队的每个成员都有选择的权利。具体操作步骤如下：

（1）计算每种颜色豆豆贴得票数：Z = 创意总数 ÷ 投票人数 ÷ 3（豆豆贴种类）。

（2）每个团队成员拿到红、蓝、绿三种颜色豆豆贴各 Z 张。

（3）每个团队成员对所有创意点子进行投票。其中，红色表示最受市场欢迎，蓝色表示与用户最相关，绿色表示最具创新性。

（4）根据得票数选出排名靠前的几个创意点子。

二、四种类别法

这个方法鼓励你留意那些疯狂但有意义的想法。利用以下四个准则，各自挑选两个想法。这四个类别包括：最理性的想法、最让人开心的想法、最迷人的想法、最长远的想法。

三、宾果（bingo）挑选法

如同四种类别方法，宾果挑选法帮助团队保存创新的想法。选择那些能够激发你创造以下原型的想法，包括：实体形式的原型、数字形式的原型、经验形式的原型。

〖**案例**〗

百度成立于 2000 年 1 月 1 日，它是李彦宏跟徐勇两人共同在北京中关村创立的。“百度”两字取于辛弃疾的《青玉案》“众里寻他千百度，蓦然回首，那人却在灯火阑珊处”。百度最核心的业务长期都是搜索引擎，而这句诗跟搜索业务联系起来，似乎的确让人觉得意味无穷。疑问千百度，答案千百度，一个问题，可以有万千个对应答案，百度的宗旨是在答疑解惑之外，以广阔的涉猎面增加用户的知识量。

广告口号是一种较长时期内反复使用的特定商业用语。它的作用是以最简短的文字，把产品的卖点、功能、特征、优势等，用简单、易懂、易读、易记的方式表达出来，让消费者快速了解到相关产品，从而使相关产品成为消费者心目中的第一选择。

〖训练活动一〗

思考，以下几个广告语哪个最好，为什么？

1. 蓦然回首，答案却在灯火阑珊处

（太诗意，让人不明就里）

2. 不知道答案？找百度

（太浅显直白，很普通）

3. 有问题，百度一下

（开始将百度等同于搜索引擎，引导消费者的思维，但核心功能表达不充分）

4. 百度一下，你就知道

（很简洁的文字，不仅涵盖了前面几个广告语的意思，而且明确地告诉消费者只要用百度搜索，你就能得到想要的答案。把名词“百度”二字当作动词来用，让消费者一有问题就马上想到“百度”，而不是“搜索”，从而在用户心理留下深刻印象。这句广告语不仅仅是一个品牌主张，更是一种生活方式、态度。）

最后思考每个入围创意的完整商业模式是什么样子的。通过选择，团队应该能把创意缩减到3~5个创意点子。使用商业模式画布，将这些创意所代表的商业模式原型描绘出来，并把每个创意作为一个商业模式原型来讨论。以设计原则、成本、收益、生存能力和可行性等为依据，选出最优项。

〖训练活动二〗

以小组为单位，选出3个创意点子，思考商业模式。

〖延伸阅读〗

运用设计思维来解决商业问题[①]

设计思维（DT）是一套变化却可定义的流程，它包含我们稍后即将讨论的若干关键要素。DT 指的是在设计与规划领域里研究不明确问题、获取信息、分析知识并生成解决方案的方法和流程。如今 DT 已成为最近设计、工程实践和商业管理领域流行词汇的一部分，它在描述创新性行动思维的独特方式时的广泛应用，让它对跨领域问题的解决产生着更加广泛的影响。

20 世纪（或更早）以来，很多设计活动都可以被称为“设计思维”。这个术语随着以人为中心的设计的增多而首先在 20 世纪 80 年代被频繁使用。

设计思维使用者们还同时使用发散思维和收敛思维来探索许多可能的解决方案。发散思维是一种对同一话题提出不同或独特的奇思妙想的能力；收敛思维则是一种为给定的问题找到“正确”解决方案的能力。

设计思维鼓励用发散思维去酝酿各种解决方案，然后再运用收敛思维去选择和实现最佳解决方案。

DT 是围绕想法“创建”的一个创新过程。在设计思维里没有什么是一开始就确定的。这消除了人们对失败的恐惧，从而最大限度地输入并参与到冥想和建模阶段。设计思维的前几个步骤鼓励人们“跳出框架来思考”，因为这样总可以产生创造性的解决方案。

设计思维使用者们给客户的典型 DT 流程分为 8 个阶段：定义、研究、冥想、建模、挑选、执行、学习以及重复。在这 8 个步骤中，问题可以被框架化，设计思维使用者们会提出正确的问

① 《Dosign Thinking/运用 DT 来解决商业问题》，众学习，2015 年 8 月 18 日，https://mp.weixin.qq.com/s/98/fYmy8AQaB82-aOO0N3g.

题，产生更多的想法，并且选出最好的答案。这些步骤并非线性，它们可以同时执行和重复进行。它们由这5个组件支撑：

1. 整　合

在定义问题之前先观察整个系统及其关联的各个部分。

2. 合　作

与拥有相似经验和不同经验的人合作以产生跨领域的解决方法。

3. 逆　推

从最终目标状态出发，追溯到最开始的状态，并沿此方向提出问题和假设。

4. 个性化

要意识到每一个问题以及每一个解决问题的人都有他们独特的背景。

5. 演　绎

找到解决问题的最佳方案并对该解决方案进行评估。正如您所见，设计思维流程及其用来产生并拓展思路的结构化方法，会有助于您解决更加复杂的商业问题。

04 第四章

设计思维之创新

这是一个变化的时代，科技在进步，环境在变化，商业模式在变化，消费方式在变化，消费者的需求也在发生着变化。

现在，创新和创意已被公认为商业成功的驱动力，也是职业者身上最可贵的素质之一。然而，多数人依然认为创新是设计师或者艺术创作者的事情，其实创新离我们并不遥远，小到装修时插座怎么安放，明天参加面试穿什么衣服合适，大到职场上的重要项目……都需要从自身或用户的实际需求出发，做出适合的方案。这就是设计思维，一种从需求出发，解决问题的思考方式。

第一节　设计思维的创新基因

为了产生创新思想，你必须具备：必要的知识；不怕失误、不怕犯错误的态度；专心致志和深邃的洞察力。

——斯威尼《致未来的总裁们》

〖他山之石〗

艺术家JR主题摄影《妇女是贫民区的英雄》的来历

里约热内卢最古老的贫民区——莫罗达普罗维登斯，坐落在能够俯瞰整座城市的山丘上。这座贫民窟极度贫穷，暴力犯罪事件泛滥，居民们被外界以各种方式进行孤立和隔绝。

2008年6月，11名士兵试图从普罗维登斯扣留5名年轻男子。其中2名男子逃走，剩下的3人被带到一个部队军营中。最终，他们的尸体在一堆垃圾里被发现。

贫民窟的居民要求伸张正义，并且发动了一场小型骚乱，就是为了能引起这座城市的注意，但是没有起到任何效果。

直到有一天，很多“巨大的眼睛”出现了。

有天早晨，里约热内卢的居民醒来后发现了一个从未有过的情况：在普罗维登斯山上，那些摇摇欲坠的房屋被贴上了尺寸巨大的壁纸，上面是极为细致的、特写镜头下的人类眼睛的照片。

那些眼睛从房屋的侧面向外看着，睁得很大，一动不动，眨也不眨，像是在等待着什么。这座没人想看一眼的贫民窟好似突然瞪大了眼睛，凝视着那些对它不屑一顾的人们。

这些眼睛是什么意思呢？是谁的眼睛？它们怎么到这些房屋

① 艾美·赫曼：《洞察》，中信出版社2018年版，第147页。

上去的？尽管记者们仍然不敢亲自去瞧一瞧，但他们拍下了这些眼睛的照片，向公众寻求解答。

原来，这些眼睛是一个自称涂鸦艺术家的法国人的作品，他的落款仅有JR两个大写字母。JR了解到这件杀人案件，于是飞到巴西想看看自己能否为那里做些什么事情。他一路跋涉进入贫民窟，并向他看到的第一个人介绍自己。他在那里待了一个月，尽可能多地和当地人接触，包括社区头目、毒贩子、教师、青年人，还有当地的艺术家，努力赢得这些人的信任并向他们咨询各种问题。

为了表达贫民窟人民的意愿，JR近距离地拍摄了这座贫民窟里的人们。他觉得，眼睛可以代表一切。他注意到，人们是多么容易躲避他人的目光，所以他很想通过自己风格大胆、充满挑衅意味的艺术作品来做些弥补。他把这些照片打印在防水的乙烯基上，并且指挥居民把这些巨大的肖像张贴出来。

"完工后，我便马上离开了巴西，"他说，"在贫民窟山丘之下，所有的电视台都在那里，当他们看到这些肖像的壁纸后，就在等待一个说法，而且很好奇这是谁干的，为什么这么做。是那些妇女自发地和媒体谈论这个属于她们自己的项目，看到她们如何用自己的话道出对这件事的理解，我非常感动。"

JR想要让人们看到，事件标题的背后是人性在发挥作用。"媒体不是报道贫民窟的暴力和不正当的生意，而是听取了那里人们的声音。这还是头一回。"他回忆道。

通过这个叫作"妇女是英雄"的项目，JR让里约热内卢其他地方乃至全世界的人看到他们"后院的落魄景象"。

这个项目也改变了住在贫民窟的人们看待自己的方式。"成为一名国际人"的新想法给了他们一种全新的自豪感，让他们认识到自己也有能力影响和改变外界。

JR以及那个曾被遗忘的贫民窟的故事，说明了改变观察视角的重要性。如果没有不同的视角，我们对于任何事情就只有片面的印象。在创新过程中，我们需要运用不同的视角留意用户的方方面面。什么是设计思维？一个比较流行的定义是：像设计师那样去思考。全球知名设计公司IDEO首席执行官蒂姆·布朗提出，设计思维是指“运用设计师的灵感和方法，设计出技术上可行、战略上可取且能满足顾客需求并抓住市场机会的思维方式”。因此设计思维进行创新需要不断在可靠与有效、科学与艺术、直觉与分析、探索与开发之间寻求平衡。

一、设　计

创新的本质在于满足人类自身的需要，并已经由新技术的应用转换到了价值的交付，在今天竞争日益激烈的市场环境中，要尽快识别机会缺口——未被满足的需求，因此，设计成了关键。设计关乎用户的满意度。除了观察以了解用户需求外，更应了解更深层次的缘由，如欲望、成见以及情绪等这些情感因素。为什么JR能用眼睛表达贫民窟人民的意愿，为什么能够近距离地拍摄这座贫民窟里的人们，因为他洞察了他们背后的情感因素。情感因素决定了用户体验的最终效果，包括：

（1）冒险、令人兴奋、引人探索的感觉；

（2）独立感、无拘无束的自由感；

（3）安全感和稳定性；

（4）感性、奢华感；

（5）信心、自信，使用产品的动机；

（6）力量、职能权限、控制、优越感。

〖**案例**〗

希杰集团（CJ Corp）的方便米饭[①]

在韩国，米饭毫无疑问是基本食物，但是很多单身人士，尤其是单身男士经常没时间做米饭（在韩国也有个很盛行的观念，即做饭是妈妈的事情）。市场上已经有了预先烹调的米饭在出

① 洛克伍德：《设计思维整合创新、用户体验与品牌价值》，电子工业出版社2012年版，第116页。

售，但是据希杰设计团队所知，这些米饭质量都很差，不是特别可口。另外，在微波炉中烹调美味的单人装的一碗米饭也成为可能。

希杰集团的设计团队，从本质上比较了市场上现有的预烹调的米饭的服务等级和在微波炉中烹调一碗令人满意的米饭的服务等级。这个新产品被称为 Het-Bahn（韩语中表示新鲜烹调的米饭）。它的核心理念是“妈妈煮的可口又方便的米饭”，但是具有更加现代的韩国形象，因为它涵盖了 20 到 30 岁的新潮人士。每个包装包含 6 个或者 12 个容易打开的、一人分量的食物。

Het-Bahn 的成功开发了新的机会，将产品扩展成了不同类型和不同口味的米饭、粥和汤。Het-Bahn 在韩国是如此成功，以至于 2005 年 8 月希杰 CJ Gourmet 品牌也在美国市场上市了。这个品牌的理念是“自然、优质、方便”。它供应含有韩式烤牛肉的 Het-Bahn，也供应含有韩国泡菜口味的 Het-Bahn。

希杰集团的方便米饭无疑在韩国获得了成功，它的核心理念“妈妈煮的可口又方便的米饭”也深刻地洞察了用户背后的情感因素。

二、自　然

自然是伟大而又包容的，生命的本灵来源于自然，人类的文明发源于自然。我们观察自然，探索自然，研究自然。在人类所有的发明创造之中，我们无不可以从自然界中寻求到启发与借鉴。

王尔德说，“我们往往只欣赏自然，很少考虑与自然共生存”。2019 年澳大利亚持续燃烧了 4 个月的大火、新冠病毒疫情、东非蝗灾，让我们不得不自省城市与生态、文明与自然、工业与环境，如果不能相融共生，未来的健康生活环境是否令人担忧？

2005 年爱知世界博览会，担任主题构想的中泽新一撰写了《新的地球创造：自然的睿智》一文：

> 自然毫不吝啬地给予地球所有的丰饶。拥有创造力的自然给予人类睿智，允许人类使用技术的力量从自然身上获得能源或资源。但是人类对于这恩惠并没有给出足够的回报。因此，自然开始失去对人类的爱。于是，处在21世纪的我们，必须找回对自然与生命的同感，给出睿智的行为。技术一再地压制自然，这是无法挽回的。要想发现隐藏在自然中的本质，并使其放出光芒，不能压抑或管理生命，而应挖掘出一条深埋在生命中的道路，这条道路蕴涵了无数复杂的信息。我们必须倾听自然与生命的对话，从其相互的呼吁中创造出新的界面。我们应该再次为技术所引领的文明注入已经失去的睿智，为我们的心灵找回朴实与谦虚的品质。再次尝试恢复人类与自然以及人类与人类之间被破坏了的和谐关系。就让我们充分开发人类现在手中掌握的所有技术、艺术与精神文化所提供的一切可能性，将这自然与生命所能达到的睿智的极限，试着创造一个即将到来的地球文化雏形吧！

绿色、环保，我们能做什么呢？亲近自然、敬畏自然，从自然中借鉴，绿色环保应该是创新永恒的主题。

三、艺　术

诗人席勒曾说："艺术是自然的右手。自然只让我们存在，而艺术创造我们人类。""你永远没有第二次机会给别人留下第一印象"，这句话对创新同样适用。美是最终的设计。设计的美学着眼于感官的感受。五种感觉（视觉、触觉、听觉、嗅觉、味觉）都是产品价值机会的重要属性，用户首先关注的是接触产品时的感官体验，包括产品的颜色、形状、触感等。

在四川都江堰万达城，首先映入眼帘的就是一朵绽放的"芙蓉花"（如图4-1）。这朵流光溢彩的芙蓉花耗资1.5个亿，总共有8000块彩釉玻璃，每一块玻璃都按照真实的芙蓉花颜色做整体渐变。

图 4-1　都江堰芙蓉花[①]

达芬奇曾说过："距离感官最近的感觉反应最迅速，这就是视觉，所有感觉的首领。"人体接受的外部信息大约 70% 来自眼睛，听觉、嗅觉、触觉等其他加起来只占到 30%。可以说视觉形式的信息是人类接受的最主要信息来源。好的产品除了给用户带来绝佳的解决方案，满足用户的使用需求，还应该从形、色、质等方面给用户以美感。

美是艺术，是人的需要被满足时人对自身状况产生的愉悦反映。它可以是现实需要被直接满足时的感受，也可以是以往需求被满足的经验和记忆。

〖**训练活动**〗

以小组为单位，思考如何从形、色、质等方面美化你们的创意成果，达到有情、有趣、有用的效果。

〖**延伸阅读**〗

创新公司的基因——人才、程序、宗旨[②]

通过对全球范围内的顶级创新团队和组织深入研究，发现有

① 《中国十大设计最顶级的现代建筑！惊艳全世界，最后一个实在太美了！》，搜狐网，2018 年 6 月 28 日，http://www.sohu.com/a/238337605_9995803.

② 杰夫·戴尔等：《创新者的基因》，中信出版社 2013 年版，第 144 页。

三个重要元素使得企业能够持续创新：人才、流程、理念。具体来说，创新组织应招揽创新型人才，建立鼓励创新的程序（如发问、观察、交际、实验），树立有利创新的宗旨（鼓励所有人创新和巧妙冒险的文化），以上三点归纳为创新型组织的3P（People，Process，Philosophy）框架。

1. 人　才

企业要成功创新，既需要“以发现为动力”的人才，也需要“以实现为动力”的人才。在创新型公司，管理层和每个职能部门的发现技能都很强。他们具备五项典型的行为模式：关联、发问、观察、交际、实验。而且这些创新公司更懂得如何战略性地将这类创新人才有效地与善于实现（即擅长分析、计划、针对细节实施，并且十分自律）的人才搭配起来，组建成创新团队，从而最大化创新产出。

2. 程　序

善于发明的人才会系统性地运用发问、观察、交际和实验技能去激发新的想法。正如这些人才一样，创新型组织也会系统性地开发鼓励员工使用以上技能的程序。大多数创新型公司都塑造了一种反映领导人个性和行为习惯的文化。例如，乔布斯乐于问“为什么不”和“为什么”，苹果公司的员工也是如此。雷富礼花了大量时间观察顾客，就像人类学家观察部落生活一样。他还在宝洁设立了观察顾客的特定程序。贝尼奥夫是一个了不起的交际者，在Salesforce.com推出了Chatter和其他交际程序，帮助员工和公司内外的人交际，以获得不同寻常的想法。贝佐斯是一个杰出的实验者，在亚马逊也尝试将实验程序制度化，好让员工能够在死胡同里寻找新的产品或程序。通过创立反映自己个人发现行为的组织性程序，这些领导人将自己的个人创新者基因植入组织内部。

3. 宗　旨

这些组织性发现程序背后，是四项鼓励员工尝试新想法的指导宗旨：① 创新是每个人的职责；② 破坏性创新是公司创新任务的一部分；③ 调遣许多组织得当的创新项目小分队；④ 巧妙冒险，追求创新。这些宗旨合在一起，反映了创新领导人勇于创新的态度。他们相信创新是自己的职责，因此不断地挑战现状，不惮冒险，寻求改变。举例来说，在最创新的公司，研发并不仅仅是一个部门的任务。相反，公司希望几乎所有人，包括高管团队，都能够想出新想法，这就使得创新成为一种集体努力。这些公司的想法是，每个人都必须创新，必须挑战现状。这种想法背后是冒险的宗旨，如 IDEO 的宗旨“早失败早成功”。杰出的创新公司不仅宽容失败，更认为在创新程序中，失败是无法避免的，也是其事业浑然天成的一部分。此外，由于公司认为每个人都有创造力，所以会努力精简部门，使得每个员工都感到自己拥有创新的权利和职责（亚马逊的贝佐斯采取了“两个比萨团队”的准则，意思是团队要小到吃饭只需要两个比萨，即 6～10 人）。

第二节　设计思维的创新流程

一个人想做点事业，非得走自己的路。要开创新路子，最关键的是你会不会自己提出问题，能正确地提出问题就是迈开了创新的第一步。

——李政道

〖他山之石〗

斯坦福大学设计学院（D. School）的红沙发[①]

学院成立的时候，负责家具购置的夏洛特老师希望找到既便

① 《一起设计“红沙发”》，新思想，税琳琳，2019 年 4 月 26 日，http://mp.weixin.qq.com/s/0u5Nww-mGTb0Gx0Gk_HFlw.

宜又有设计感的沙发，正好斯坦福旁边就是宜家。夏洛特一眼看中了风格独特的红沙发。搬回来以后，为了方便移动，又在下面加上了轮子。老师和学生们在沙发上听课、写笔记、喝咖啡、放衣服、睡觉……一用就是十年。随着 D. School 的声名鹊起，来斯坦福参观的人越来越多，红沙发竟然也作为一个创新符号传播到了世界各地，许多创新机构、艺术院校都摆放起了红沙发。红沙发成为创新机构和艺术院校的标志。可是十几年之后，第一批红沙发逐渐到了退休年龄，D. School 想要更新家具时才发现，宜家的这款沙发已经停产了。于是他们决定自己设计红沙发。首先要组建团队。夏洛特很快召集了一支包含老师、学生和斯坦福校友在内的突击队，组建了“红沙发工作室”。其次是设计挑战：我们如何为师生设计一种独特的用于坐的物品，它要以人为本、易于变化、充满乐趣，能够成为 D. School 的新标志！

1. 同理心访谈

观察探索红沙发的使用场景以及人们是如何与沙发交互的。比如坐、躺、蹲、靠以及其他动作是如何发生的，人的状态、物品的状态是什么。

经历了一周的观察，团队开始了访谈。他们找到学生和老师询问他们对 D. School 空间的看法。老师 A 说：“我总是把原来那个红沙发推到教室边上，我不喜欢在课堂上用，因为沙发太舒服了，我希望学生在上课时更加有精神。”老师 B 说：“移动是个很大问题，因为上课过程中我会鼓励学生们站起来，这样教室氛围就发生有趣的变化，这也意味着桌子、白板、沙发所有的家具都要跟着变化。但是我发现学生们并不愿意移动物品，有时候他们会用脚来踢。”

2. 需求定义

类似的访谈还有很多，他们把收到的点评、抱怨、疑惑、赞美等分为八个类别进行梳理，包括：用户行为、认知、引言、团队的发现、用户的借口、自相矛盾之处、用户的解决方案，然后从这几个类别中寻找突破口。通过观察分析这些数据，聚焦为五个维度进行进一步思考：① 舒适度，要足以支持各种人体姿势；② 移动性，考虑如何方便的移动和存放；③ 多用性，支持创新活动的不同环节；④ 耐用性，在频繁使用的情况下至少能坚持 1 年，出问题了要好打理；⑤ 美观性，能够代表 D. School 的个性和品牌。

3. 构思解决方案

头脑风暴过程中有成员提出在新的沙发侧面画一个脚印，是最佳着力点，一踢就动；被踢一脚以后，脚印周围还亮起来，给一个反馈，会不会很有趣，学生会不会更愿意挪动家具，等等。

4. 原型试做

设计思维有句名言叫“用于思考”，也就是“边想边做”。从构思的方案中选择一个自己感兴趣的，拿瓦楞纸先做起来。即使脑子里本没有什么想法，但做着做着好创意就从手上流淌出来了。

5. 原型测试

第一轮测试，做出 1 : 1 的原型放到 D. School 的各个教室和团队工作空间中进行测试，并在接下来的一周内对老师、学生、参观者等不同人员的使用情况进行观察。D. School 还在公共空间安装了摄像头，以便对人们的行为进行后续分析。

这个案例充分展现了设计思维的五个流程：同理心访谈、需求定义、构思解决方案、原型制作、原型测试。

一、同理心访谈（Empathize）

同理心就是设身处地、感同身受，站在消费者立场上，切实体会他们经历的事，提前判断他们会做出的行为。同理心访谈的目的是理解用户的真实需求，获得对试图解决问题的共鸣，正如彼得·德鲁克在《创新与企业家精神》中所说，仰赖技术具有极大的风险，设计思维需要我们以用户的真实需求决定产品的设计走向。你可以咨询相关领域的专家，也可以观察，参与其中，与受众产生共鸣，从而了解他们的经验和动机，也可以沉浸在物理环境中，以便更深入地了解所涉及的问题。同理心对于以人为中心的设计过程（例如设计思维）至关重要，同理心要求使用设计思维的人放弃他的假设，而且切身实地地了解用户及其需求。

同理心访谈有三个层次，同理心是贯穿所有的核心思想。

（一）观　察

一般情况下，用户嘴上说的、心里想的、手上做的并不完全一致，所以需要首先从观察层面对用户的行为进行了解。对于设计思考者来说，行为从来没有对错之分，行为总是有意义的。理解用户的潜在需求，一个很好的入手点就是走入他们的世界去观察他们的经历，去观察他们不假思索的行为。我们可以从观察层面对用户的行为进行了解，思考用户之前做了什么，现在做了什么，以后会怎么做，为什么这么做，何时会这么做，何地会这么做。我们称为用户调研中的 5W 原则。通过观察，我们能了解用户的行为和生活脉络。

（二）交　涉

通过与受访者进行各种形式的访谈与互动捕捉重要信息。我们可以对用户进行分类，针对每类用户开展访谈，1 对 1 访谈或者是专家访谈。访谈需要注意使用开放式提问。

（三）沉　浸

尝试经历受访者经历的事物，我们需要深入体验情境，需要考虑用户身份、用户心理和用户行为，从而理解用户的所思、所感、所想。

〖案例〗

宜家家居一位设计师，有一天他的老板要求他为儿童设计一款储存物品的家具。孩子们的想法和成人的想法是完全不一样的，对于储存物品的方式，他们有着自己的看法。所以为了把自己放在孩子的角度，他就蹲到了桌子底下，于是设计出了图 4-2 中的储物家具。

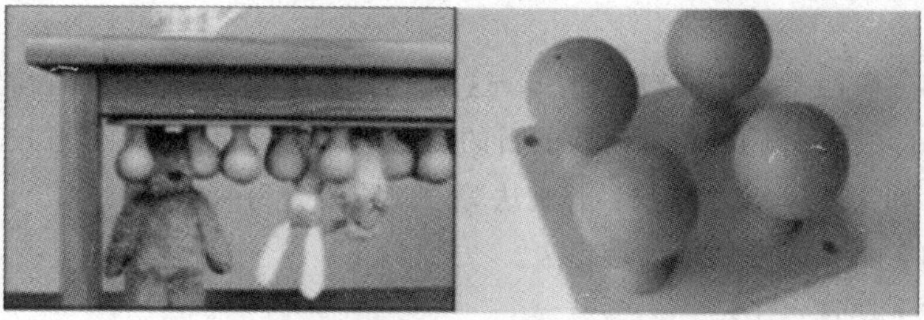

图 4-2　宜家家居的儿童储物家具[①]

二、定义（Define）

分析你的观察结果并进行合成，以便定义你和你的团队确定的核心问题，通过以人为中心的方式将问题定义为一个问题陈述。比如，与其定义问题为“一个青春期少女需要更多有养分的食物，因为维生素对健康很有帮助”，不如定义问题为“个性低调的女孩 Nini 需要一个方法来让她在吃健康食品时感觉到被社会接受，因为对她而言，不被社会接受比起不健康更加令她感到危险”。后者是一个更好的叙述，因为后面的叙述是一个可以执行且激发创意的问题叙述，而前面的叙述仅仅是一个事实的陈述，无法激发兴奋的感觉或指引发展出解决方案。

此阶段有两个重要目标：

（1）深入了解使用者并制定出设计的目标。

① 《成象 2010 年 9 月 18 日培训设计细节》，新浪博客，岳蒙，2011 年 1 月 28 日，http://blog.sina.com.cn/s/blog-71b6359b0100o79t.html.

（2）找出可执行的问题叙述，也被称作 Point of View（POV）。POV 是依据为前一阶段同理心（Empathize）的结果，撰写出一个完整的叙述，不仅仅是定义出想要解决的问题，更是创造出成功的解决方案不可或缺的要素，其内容包含：特定的使用者（User）、需求（Need）以及洞见（Insight）。

三、构思（Ideate）

第三阶段是创造出新的想法，这个步骤代表一连串激发创意与发散的过程，形成概念（Ideate）阶段的目的是创造出大量的想法。创意技巧数以百计，如头脑风暴、TRIZ、奔驰法等。此阶段分为两步：

（1）头脑风暴创造大量想法。

（2）票选点子。

四、原型试做（Prototype）

蒂姆·布朗曾说通过动手来思考，用实物来激发自己的想象力。制作模型的目的不是制造一个能工作的模型，而是赋予想法具体的外形，这样就可以了解这个想法的长处和弱点，并找到新方向来搭建更详细、更精密的下一代模型。因此原型试做有以下几个作用：

（1）获取同理心：原型可以让你更了解用户及产品本身。

（2）探索：透过动手思考，发展出更多的解决方案。

（3）测试：借由原型与使用者互动，测试并调整解决方案。

（4）激励团队：透过原型诉说愿景，激励团队。

原型制作不求精细，胜在快速。制作原型可以使用纸板、泡沫塑料、木头以及随处可见的物品和材料，可以以粘、贴、钉等方式制作实体。

原型呈现的方式有：实体模型、营造故事创设情景、角色扮演、图表等。

〖案例〗

雅乐轩三维模型①

为了赢得年轻时尚的城市客户群的喜爱，喜达屋酒店集团计划推出面向年轻群体的子品牌雅乐轩，但是他们不知如何验证方案的效果，因为酒店不可能为了验证雅乐轩设计方案而花巨资去装修。如何才能准确找到年轻群体心中理想的酒店呢？他们在网络平台上搭建了雅乐轩的三维模型，游客浏览网站时，能够从模型上直观地看到酒店的装潢色调和整体布局。网站还开设了提问模块，允许用户提出意见。短短九个月时间，虚拟顾客提出的建议几乎把喜达屋给淹没了。这些建议包括从整体布局到在淋浴房里安装收音机，再到将大厅粉刷成大地色调等各方面。设计团队根据反馈结果对模型进行改进，这里的网站既是模型接触用户的载体，也是收集用户反馈的平台。在“互联网＋”时代，虚拟模型可以使企业更快地接触到潜在客户，并从身处不同地方的用户那里得到反馈。

五、原型测试（Test）

原型测试是指在完成产品模型的基础上，观察真实用户的使用情况，并收集用户的反馈，然后修改和调整模型。原型测试是一个优秀产品诞生必须经历的过程，原型试做之后，应针对某项功能进行测试、优化。所以，设计思维流程是个不断重复的过程，需要反复验证用户需求、优化原型，测试原型。原型测试的目的是通过测试的反馈调整最初的设计。测试提供给设计者机会，使其通过观察和交涉，再次了解使用者。测试常常让设计者发掘出更多意料之外的需求及洞见。测试有时不仅透露出

① 蒂姆·布朗：《IDEO，设计改变一切》，北方联合出版传媒（集团）股份有限公司、万卷出版公司 2011 年版，第 93 页。

解决方案是否需要调整，也反映出当初的问题叙述有没有被正确定义，是否应调整 POV。

设计思维过程是迭代的、不断重复的过程，重点是基于真实用户的想法、感觉和行为。

〖训练活动〗

以小组为单位，制作创意模型。

〖延伸阅读〗

一天内用筷子做出 Google Glass 原型[①]

Google Glass 希望为人类提供这样的体验：接触到数码信息层的时候还能停留在现实世界中，而不像手机，看着它你很可能会踩到屎。那么，这种体验需要多久才能用一款原型设备实现呢？一天。

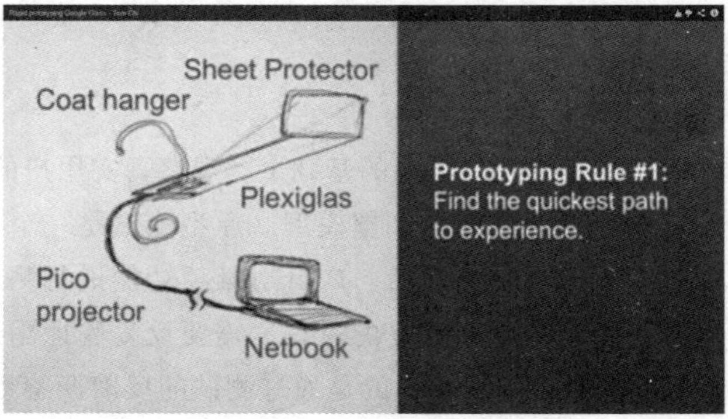

图 4-3　Googlo Glass 原理

该设备的核心部件是一个衣架，扯开扭成特定形状后，这个

① 《一天内用筷子做出 Google Glass 原型》，挑战杯全国大学生课外学术科技作品竞赛网，2013 年 4 月 16 日，http://www.tiaozhanbei.net/article/129361.

衣架有两个环，上面的一环可以挂在脖子上，下面的一环则靠在胸前。可以在衣架上安装一个文件保护套，末端粘贴一个树脂玻璃，微型投影仪可以在其上成像，很粗糙，没错，但是你可以在一天内做好这个设备，实现数码信息层叠加到实体物理层的体验。你可以戴着这套设备到处走，还可以利用上网本试验很多场景和主意。

做出来之后，第二个问题是，如何交互？既然是眼镜似的设备，没有键盘或者触摸板，可能的方法就是像《少数派报告》中的阿汤哥那样，手势控制。需要多久才能实现这种体验的初级版呢？45 分钟。

左边是一个白板，白板上有一个衣架做成的支架，丝线连接着发带和地板上的装置，右边是地板上装置的详解图，铅笔筷子和装订夹构成了一个类似老鼠夹的设备，一端连着丝线，另一端可以触发其他设备，比如演示遥控器。你可以一手拉着一个发带，拉动它，一溜下来最后触发演示遥控器，下一张，上一张。用双手控制软件，就是这样。

原型设计的第二条准则是："实干是最好的思考。"

除了 Google，还有很多头戴设备，但是真正用起来舒服的只有头盔式设备，其余的戴个 15 分钟你就不行了，但是谁会在大庭广众戴个头盔呢？于是问题来了，怎么设计一个戴起来舒服而且人们还会愿意戴出去的设备？

需要的材料很简单：建模线、纸、陶土。用陶土捏出同电子元件一样重量的小块，然后用纸包好，粘贴到建模线的不同位置，看哪种设置是能让人舒服的。

通过这种方法，我们发现了一件很重要的事情。

我们感知到的眼镜重量很大程度上是由鼻子上的部件重量决定的，而人类的耳朵要比鼻子更能承受重量。因此如果你把重量放在耳朵后面，耳朵会像杠杆的支点一样将鼻子上的重量分散开。戴眼镜的朋友现在就可以试下，用手轻轻压下眼镜架的耳朵后部，鼻梁上承受的压力会小很多。出于这一考虑，Google Glass将那些较重的部件（比如电池）放到了耳后。

快速成型带来的不单是一些有趣好玩的东西，而是能揭示一些很重要的事实，比如Google Glass应该如何设计。学校里教授的思考学习方式和快速成型式的学习是非常不一样的，前者可以称为书本学习，基于人类已知的知识；后者则是扩展性学习，基于人性。在扩展式学习过程中，你需要探索可能性，扩宽人类知识的边界。这种学习方式不单是那些利用大型粒子对撞机做实验的科学家可以用，而是所有人都有这个能力，诗人、歌手、作者，当他们用独特的方式来表达一种情绪时。如果你有一个很棒的商业计划，也可以用快速原型设计来帮助万千人民。

第三节　设计思维的创新领军人物

设计不仅外表看起来是，感觉是，而且如何工作也是。设计思维是每个人都可以拥有和运用的思考方式，你可以设计一个产品，一个公司，一个组织或是一栋大楼。当你意识到你可以设计一切，你可以跳出盒子来思考，你就可以重新设计一切。

——乔布斯

一、戴维·凯利

戴维·凯利，全球顶尖的创新与设计公司IDEO的创始人、斯坦福大学教授、斯坦福大学设计学院D. School的缔造者，美国工程院院士，曾于1982年为苹果公司设计出第一只鼠标。但是他的设计范围不仅限于科技领域，他还设计了飞机场厕所标志甚至是新的牙膏管等。

将产品设计融入人类行为之中的创新，成为凯利整个事业生涯的基础，他认为设计思维的核心原则既不是美学，也不是实用性，而是换位思考

（empathy）和人类观察（observation）。“通过换位思考，试图理解人们真正重视的是什么”，这为直观设计打下坚实的基础。

二、蒂姆·布朗

蒂姆·布朗，全球顶尖的创新与设计公司IDEO总裁兼首席执行官，也是《IDEO，设计改变一切》一书的作者。他是工业设计出身，多次获得设计大奖，作品曾在纽约现代艺术博物馆、东京AXIS艺廊、伦敦设计博物馆展出。他服务的客户遍及各个产业，包括苹果、微软、百事、宝洁、雀巢、福特等全球知名企业，同时他也是聪明人基金董事会成员。

2008年，他在《哈佛商业评论》发表文章中说：“像设计师一样思考，不只能改变开发产品、服务与流程的做法，甚至能改变构思策略的方式。”

三、哈索·普拉特纳

全球最大ERP软件公司SAP共同创始人、主席、CEO。1972年，哈索和四位同事离开位于德国曼海姆的IBM公司，并创建了SAP（System，Applications，Products in data processing，即系统、应用与数据处理产品）。1988年SAP上市的时候，他被任命为SAP执行董事会副主席。1997年至2003年5月期间，哈索一直担任SAP执行董事会主席兼首席执行官。2003年5月，他接替另一位SAP的创始人Dietmar Hopp成为SAP监事会主席，向斯坦福大学捐资3500万美元建立了哈索·普拉特纳设计学院（Hasso Plattner Institute of Design）。

四、史蒂夫·乔布斯

美国发明家、企业家、美国苹果公司联合创始人。1997年苹果推出iMac，创新的外壳颜色透明设计使得产品大卖，并让苹果渡过财政危机。

乔布斯被认为是计算机业界与娱乐业界的标志性人物，他经历了苹果公司几十年的起落与兴衰，先后领导公司推出了麦金塔计算机（Macintosh）、iMac、iPod、iPhone、iPad等风靡全球的电子产品，深刻地改变了现代通讯、娱乐、生活方式。乔布斯同时也是皮克斯动画公司前董事长及行政总裁。

乔布斯认为创新是无极限的，有限的是想象力。他认为，如果是一个成长性行业，创新就是要让产品使人更有效率，更容易使用，更容易用来工作。如果是一个萎缩的行业，创新就是要快速地从原有模式退出来，在产品及服务变得过时、不好用时迅速改变自己。

〖**训练活动**〗

以小组为单位，访谈一名创新人物。

05 第五章

设计思维之理解

理解是一种换位思考，是一种心情的领悟，是一种心灵的和谐。

理解是人类心智和大脑的高级功能之一。毛泽东在《实践论》中说："感觉到了的东西，我们不能立刻理解它，只有理解了的东西才更深刻地感觉它。"在创新过程中，如何把握变化的消费者？如何把握他们新的需求？洞察消费者需求，就在于对人性的理解和关怀。

第一节　理解为何重要

我总是站在顾客的角度看待即将推出的产品或服务，因为我就是顾客。我就像一个厨师，喜欢品尝食物。如果不好吃，我就不要它。

——查尔斯·斯瓦布

〖他山之石〗

“丰田”挺进美国市场

在20世纪60年代以前，日本制造在美国往往是“质量差、劣质产品”的代名词，那时的美国不管是经济还是科技，都遥遥领先于世界各国，在汽车行业也不例外。通用和福特几乎独霸美国汽车市场，这对于想要进军美国市场，初出茅庐的丰田汽车来说无疑是以卵击石。在世界市场上尚无立足之地的日本却在80年代初，超过美国成为世界上第一个年产700万辆小轿车的国家，1981年，日本出口小轿车是德、法、美三国轿车出口之和。1965年丰田共向美国出田轿车288辆；十年后，超过它的主要竞争对手德国大众公司、居美国小轿车进口商的首位；80年代初，年产超过300万辆，一跃成为世界第二位的汽车制造商；1985年，它在美国市场销量，占美国轿车市场的20%。

1965年在传统的“生产什么，就销售什么”观念的影响下，丰田公司向美国出口的第一辆“丰田宝贝儿”采用市场常见的方盒子式陈旧外形，发动机开起来像载重汽车一样响，内部装饰既粗糙又不舒服，灯光暗得难以通过加利福尼亚州的行车标准，缺陷严重自然无人问津。“丰田宝贝儿”的流产迫使公司的决策者冷静下来重新考虑进入美国市场的策略。通过调查，丰田公司发现，美国的汽车市场并不是铁板一块。随着经济的发展和人民生活水平的提高，美国人的消费观念和方式正在发生变化。在汽车的消费观念上，美国人民已经摆脱了把汽车作为身份象征的消费观念，而是逐渐把汽车作为一种单纯的交通工具。并且，由于当时发生了石油危机，再加上交通堵塞，停车困难，从而引发出对价格低、节能车型的要求。而美国则是继续生产高耗能、体积宽的车型，这显然已经不满足消费者的需求，无意中又给了丰田公司一个机会。丰田公司定位美国小型车市场后发现德国大众牌小型车在美国很畅销，通过利用政府、商业企业和美国市场研究公司搜集信息，了解美国经销商和消费者的需要，发现大众牌的缺点，暖气设备不好、后座空间太小、内部装饰差是美国众多客户对大众牌的抱怨。丰田公司研究竞争对手产品的不足和缺陷，丰田公司在市场调研中发现底特律汽车制造商骄傲自大，因循守旧、墨守成规，甚至面对竞争者的挑战、政府的警告信号、消费者拒绝购买和库存量的直线上升的时机。在市场调研的基础上，丰田公司精确地勾画出了一个按人口统计和心理因素划分的目标市场，设计出满足美国顾客需求的美式日制小汽车。花冠（corona）以其外形小巧、购买经济、舒适平稳、维修方便的优势敲开了美国市场大门。

设计思维的开始离不开对用户的深入了解。为了获得这些见解，我们必须与想要设计的对象产生共情，这样才能理解他们的需求、想法、情感和动机。只要我们有足够的专注力和经验，通过掌握各种各样的方法，任何人都可以成为与人共情的大师。

与人交往能直接了解用户的思维方式和价值观。有时候，这些想法和价值观对持有它们的人来说并不明显。深入的观察会让我们感到惊讶，用户所说的与实际所做的不同，会产生意想不到的洞见——这是他们对世界现状根深蒂固的信念的有力指标。设计思维过程的第一阶段（或模式）涉及对用户产生同情心，了解他们需要什么，他们想要什么，他们如何表现、感觉和思考，以及在现实环境中与产品互动时，他们如何展示这种行为、感受和想法。

设计思维的五个阶段并不总是连续的，它们不需要遵循任何特定的顺序。我们会发现它们经常可以并行地发生，并且可以迭代重复。因此，每个阶段都应该被理解为对创新项目有贡献的不同模式，而不是具有一定顺序的步骤。大多数创新项目都是从移情阶段开始的。

为了获得对人的同理心，我们也会在自然的环境中被动地观察用户，或者在访谈中与他们互动。同时，作为设计思考者，我们应该试着想象自己面临同样的环境时会出现什么样的行为。正如俗话所说，站在他人的立场上，以便更深入地了解他们的情况。

一、什么是同理心

同理心（Empathy），又叫换位思考、共情，指站在对方立场设身处地思考的一种方式，即能够体会他人的情绪和想法、理解他人的立场和感受，并站在他人的角度思考和处理问题，主要体现在情绪自控、换位思考、倾听能力以及表达尊重等与情商相关的方面。

基于这个概念，同理心会在创新中起到什么样的作用呢？在以用户为中心的设计原则下，同理心，顾名思义就是，要充分地理解用户的情绪。用户因什么而喜？因什么而悲？这个时候要学会设身处地站在用户的角度上想问题，与对方同喜共悲，知晓对方的难处痛点并尝试去提前理解对方。

我们所说的“同理心”，最直接的理解就是用户研究的部分。用户研究的首要目的是明确目标用户群、细化产品概念，并通过对用户的任务使用特性、知觉特征和认知心理特征的研究，使用户的实际需求成为产品设计的导向，使产品更符合用户的习惯、经验和期待。设计思维是从“人本设计”演变而来的，强调以人为本。同理心研究的主体正是人本身，通过设身处地对他人情感进行认知、把握与理解，实现换位思考、倾听以及尊重。而用户研究的方法则是经过用户访谈、情景实验、问卷调查和数据分析等多种步骤，建立用户画像，从而指导设计。

以色列研究人员进行过一项有趣的实验:他们将37位母亲和不同年龄段的宝宝安排在一个大房间里并全程录像亲子互动过程。其中一名母亲假装受伤,并避免与宝宝进行目光接触,以免对孩子的反应产生干扰或诱导。研究人员观察发现，所有的宝宝都表现出对母亲受伤的同理心：婴儿的面部表现出关注的表情。婴儿们试图弄清楚发生了什么事情，他们的目光在母亲受伤的身体部位和母亲的面部表情之间来回地切换。有些婴儿发出像是在询问的声音。年纪大点、身体协调性较好的婴儿试图靠近母亲并给予安慰和帮助，轻轻地拍拍母亲，并发出舒缓的声音。

这个实验说明人类从婴儿时期就有同理心——感知他人的情绪和感受并做出反应的能力。这些情绪决定用户行为，而用户无法像专业的产品经理那样，分层次说出他的体验和感受，他所能展现的就是用户情绪。用户情绪不能直接成为创新的灵感，但通过观察结合推理可以产生灵感。推理也被称为“加法推理”，推理可基于概率、经验和直觉。

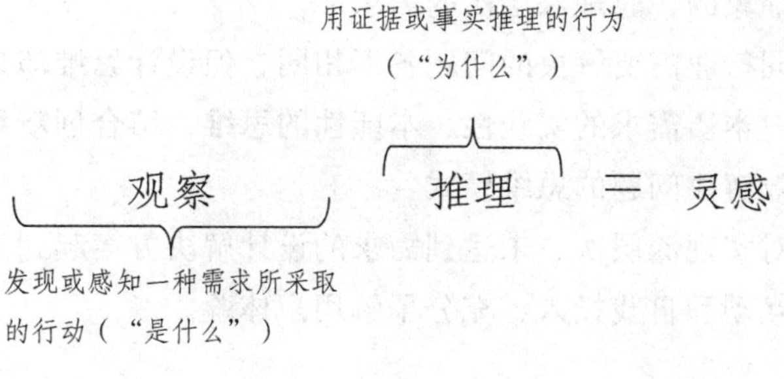

图 5-1　灵感推理

在对用户展开观察的时候,“同理心”就非常重要了。只有我们真的尝试去体验和感受用户，通过感受用户的生活方式，换位思考、“将心比心”地去理解用户的感受，才能挖掘到用户的真实需求。例如，要做儿童平板电脑，一方面可以回忆自己孩子时期的感受和体验，另一方面就是跟孩子一起生活一段时间，了解他们现在的困惑和烦恼。这与调查孩子每天怎么生活、上学，怎么做作业、玩耍得到的东西是完全不同的。

同理心可以让我们更自然、更真诚地去思考怎样帮助用户解决他们的实际问题，使我们的设计决策能更好地聚焦于用户需求。同理心可以帮助我们与用户、团队成员及利益相关者共同构建更好的人际关系，为人与人的交流打下开放、互信、更具建设性的基础。同理心不仅仅是一项职业技能，在工作中逐渐培养和挖掘出来的同理心同样可以运用到生活的其他方面。

二、理解用户需求

在设计思维的背景下，同理心被视为以人为本设计的核心，包括理解用户的需求和体验。需求是指个人或组织在身心或文化方面缺失或现存方案未能满足而产生的要求。需求不是解决方案，但能够驱动人们的积极性和情感。用户需求包括两层：显性的功能性需求、隐性的情感性需求。功能性需求反映了用户的基本需求，是理性的、具体的、表面的，如点外卖看餐品、价格、送餐速度等；而情感性需求反映了用户内心深层的需求，是感性的、抽象的、心理深层次的需求。

虽然不同行业需要解决的问题各不相同，但设计思维却是大同小异，都是基于用户本质需求的实践性、本能性的思维，结合创新和分析能力，帮助我们高效解决问题的思维模式。

同理心对实现深层次、未达到需求的设计解决方案起到了关键作用。通过观察、互动和自我投入，充分了解用户体验。

（一）理解用户的情绪

为什么要研究用户的情绪和情感？从心理过程看，用户购买商品的心理过程不可能是单一的心理活动过程，它既是一个认识过程，又是一个情绪过程，还是一个意志过程。从实际情况看，消费者的购买行为并不都是理智的，消费者的情绪很多时候在起主要作用。

著名市场营销学家菲利普·科特勒把人们的消费行为大致分为三个阶段：第一阶段是量的消费阶段；第二阶段是质的消费阶段；第三阶段是感性消费阶段，这一阶段消费者所看重的已不是商品的数量和质量，而是最能体现自己个性与价值的商品，为了追求一种情感上的满足或自我形象的展现。一次国际广告研讨会上，一位专家甚至提出这样的观点："现代乃至将来都是一个过剩的消费时代，在一个相对富裕的社会里，消费者的目的，不再是只为需要而消费，而更多的是为消费而消费，为感觉而消费。"

用户对商品、商店等客观事物在认识的基础上初步形成好或坏的印象，流露出喜欢或不喜欢、满意或不满意的倾向性。用户若对商品或某商店产生良好印象，可以激起强烈的购买欲望和购买热情。若受到周围环境的感染或自身情感的促动，可以迅速地发展为采取购买行为。若因为不良感受触发强烈的消极情感，就会中止购买行动。因此，在做创新产品之前，我们大有必要尝试着先去理解用户的情绪。在这个维度上，我们讲的用户情绪大致分为：愉悦、不爽、愤怒、恐惧。

1. 愉悦与不爽

讲愉悦和不爽时，离不开一个关系密切的词。这个词是可以用来衡量很多东西的刻度，这就是"满足"。需求被满足，这种感觉就叫愉悦。人不仅需要生存条件被满足，还需要在社会关系中被确认。

比如，度假的时候吃饱喝足、住的环境好，就会让人感到愉悦，这就是生存条件被满足。自己被尊重、被接纳、被重视，感受到别人的善意，这就是在社会关系中被确认。

〖**案例**〗

中国首次打"温情牌"的南方黑芝麻糊

"小时候，每当听见黑芝麻糊的叫卖声，我就再也坐不住了。"1992 年，中国的电视观众都被这一句充满怀旧的旁白和那个可爱的小男孩舔碗底的镜头感染了，无数观众沉浸在一片脉脉温情中，南方黑芝麻糊成为中国温情电视广告的鼻祖，获得空前成功。

该广告视听配合相当完美，采用了统一的暖色调，配合演员的恰当表演，强化了情感诉求的效果。中心画面表现小孩舍不得放下碗而不断地舔碗，镜头用了大特写，将主题展示得令人动情。芝麻糊的卖主给小孩添半勺芝麻糊的镜头进一步强化了观众心中情感的涌动。买卖一碗芝麻糊看似极其简单，但额外地添加一勺，却蕴集了多少人间真情——母性怜爱、邻里乡情、仁义宽厚、不屑蝇利……中国人的传统美德和真挚情感，真是挥不去，化不开……这则广告最大的特点就在于打出了一张温情牌，遵循中国的传统，以情感诉求方式达到吸引消费者的目的。

与愉悦相对的就是不爽了，不满足就会不爽。我们会用一堆词来形容不爽的感觉，比如：生气、烦躁、痛苦、厌倦、悲伤、烦恼、茫然，等等。本质上，这些不爽的感觉都是某个需求没有被满足。比如，你工作上挨领导批评了，想找朋友聊聊，寻求安慰。可是朋友听完你的诉说后，却开始跟你讲道理，甚至指出你哪里做得不好。这个时候你就会很不爽了，你想要的只是安慰，不是道理，这时你不爽的感觉源自需求没有得到满足。

满足是度量产品、人与人关系的刻度。当你做一个创新产品，或者使用一个产品，想一下自己有没有被满足的感觉？这基本上就可以判断这个是非常好的产品还是一个勉强的产品。

〖**案例**〗

一年赚走15亿的手游“开心消消乐”

国内从来不缺爆款游戏，从养成系游戏“恋与制作”到“旅行青蛙”，竞技游戏“王者荣耀”到“绝地求生”等，爆款迭出，带起了一阵“养儿子”“吃鸡”的热潮。在用户的新鲜感过去之后，不少游戏在一两个月之内就被“打入冷宫”。那么问题来了，有没有一款游戏能够经久不衰？这个答案可能属于“开心消消乐”。无论是在上班路上还是出门逛街坐地铁的时候，总有一群人一直在“biu、biu、biu”地滑手机，偷偷一看，你会发现50%的人都在玩同一款游戏——“开心消消乐”。这款游戏俨然成为人们打发时间的首选娱乐工具。更神奇的是，“开心消消乐”实际已经上线4年，自2014年年初上线后一直保持较稳定的热度，足见其在玩家中的超强存在感。

消除类游戏需要将混乱的元素重新排列，来达到消除的目的。这种机制抓住了玩家的整理癖和破坏欲心理，让玩家产生消除快感的体验。尽管消除的动作本身是枯燥、重复的，游戏中每个操作都会得到快速的反馈，兴奋点密集，再加上配合视觉和音乐特效后，能给玩家最直接的消除快感体验。“good…great…amazing…”这些音效是不是很熟悉？

2. 愤怒与恐惧

人为什么口是心非？因为人会基于自身所处的角色、所在的场景和个人的认知判断，选择性地说一些他觉得正确的话。用户会说他认为在这个场景中所谓“正确的话”，但这往往并不代表这个用户真实的选择。如果触碰用户的边界，往往会引发愤怒和逆向选择。

〖**案例**〗

重新定位目标群体的公共图书馆

美国弗吉尼亚州阿灵顿县公共图书馆曾向Chuck Appleby博士咨询了一个难题。其实，这是各行各业都碰到的问题，即未能成功地吸引某些用户群。拿图书馆来说，他们发现，十几岁的青少年、30多岁的中年群体和来美国不久的移民群体都很少光顾图书馆。于是，Chuck Appleby 博士组织了 3 个团队分别对上述 3 个群体中的个例进行访谈。值得注意的是，访谈者根本不提图书馆的事，但他们所提的问题都与图书馆的 3 项使命相关联，即唤起对阅读的热爱、找到和利用信息、打造社区。访谈中，3 个群体中的个例都说，“我们喜欢结识做有意思事情的新朋友”。于是，图书馆想了几个点子，其中之一是吸引 30 多岁的中年群体的，具体说来是每年举办一次大型舞会，为提高公众的阅读素养募捐。此举大受欢迎，30 多岁的人蜂拥而来，开始与图书馆发生接触。

〖训练活动〗

请认真观察图片，让学生分组讨论在这张图中观察到了什么。每位学生进行 5~7 分钟的讨论，教师向学生提供指导。

在讨论结束时，让学生讲述讨论中有什么是让他们意想不到的。

〖延伸阅读〗

SONY 的“Boomboxes”事件引发的思考

索尼公司曾开发了一款新的音箱 Boomboxes，于是公司市场部邀请一部分客户去做访谈。在谈到大家对音箱颜色的偏好时，大家纷纷表示，自己喜欢青春靓丽点的颜色，如蓝色、绿色、黄色，等等。这样的说法也得到了在座的各位客户的认同，于是这次访谈在愉快的氛围中结束了。

会后，索尼市场部的同事宣布赠送每人一个音箱作为答谢，有各种颜色，大家可以自行挑选。故事的结果不难猜测，大部分人都带走了黑色的音箱。

如今的时代，是一个开口称产品、闭口谈用户的时代，无数互联网从业人员把用户体验当作至高无上的教条，把用户说的每一句话奉为圭臬。他们有着千变万化的用户调研手段，手里拿着各式各样的行业报告，但是往往在面对用户的七嘴八舌时乱了方寸。

第二节　理解如何准备

> 创新，可以从需求的角度而不是从供给的角度给它下定义为：改变消费者从资源中获得的价值和满足。
>
> ——彼得·德鲁克

〖他山之石〗

高德地图——色觉无障碍设计案例①

颜色，在设计师日常设计工作中经常用来区分信息图形上的数据类别、层级关系和不同维度，是数据可视化中最常用的视觉变量之一。面对庞大的特殊受众，作为负责产品直面用户“第一张面孔”的设计师理应关注其需求，无论是线上还是传统线下设

① 《用这个设计方案，成功解决了为色盲设计的难题》，优设，https://www.uisdc.com/color-blindness-color-design.

计皆是以向用户传递正确有效的信息为目标，更加不能忽视了视觉障碍群体。

视觉障碍主要有两种类型：一类是视力低下造成的障碍，依据其视觉障碍程度分为全盲和弱视；另一类是色觉识别障碍，我们通常笼统地称这个人群为“色盲（Color Blindness）”（也称为道尔顿症、色觉缺失、色觉辨认障碍、色弱等）。色盲人群可以分为：红色盲（P）、绿色盲（D）、蓝色盲（T）和全色盲。其中红色盲和绿色盲最为普遍，合称为红绿色盲。红绿色盲人数占到了色盲总数的99%。有很多人认为色盲看不到任何颜色，但其实是误解，超过99%的色盲人群都是可以看到颜色的。

有两种最常见类型的色盲人群（绿色盲和红色盲），他们看到颜色的方式并没有发生根本性的变化。从色谱上我们不难看出色盲人群在色觉识别上的一些规律：

（1）红绿色盲不能分辨红、紫、青、绿各色，仅能识别整个光谱中的黄、蓝两色。

（2）蓝色色盲不能分辨紫、青、绿、黄各色，仅能识别整个光谱中的蓝、白、红三色。

（3）色盲人群对色相的辨识能力较弱，但却对明度、饱和度非常敏感。

（4）红色在红绿色盲眼中近似于深灰色，而蓝色盲眼中的黄色近似于灰白色。

红绿色盲对于彩色地图的视觉障碍引起了高德地图的重视，高德地图V7.7.8正式版中新增了色觉无障碍设置。用户开启该功能后，路况便会采用色觉无障碍配色显示，清晰明了地向红绿色盲人群标示实时路况。

高德地图色觉无障碍配色完全参照了红绿色盲人群的可视色谱来进行选取制作，建立了方便特殊人群理解与看懂的独特“配色逻辑”。切换了色觉无障碍模式后，色觉无障碍地图在红绿色盲模拟视图中的显示与原始视图并无差别，完美适配红绿色盲人群的阅读使用需求。

一方面，我们时常依赖个人的经验、对世界的认知以及专业生活，当面临产品/服务创新上的挑战时，这些都是对我们非常有价值的资产。另一方面，我们的假设有可能是错误的观念或刻板印象，这些会造成我们在建构真正客观的同理心时遇到困难。我们在构思新的事情时总会遇到困难，因为我们都会被现状限制自己的思维，现状遏制了想象力。如何建立一种尽量客观的初学者的意念呢？

第一，不要批评：在观察或访谈时，对于使用者的行为、状态、决定或遭遇的问题，不要用自己的价值观去评断。

第二，对所有事物保持疑问：对于自己认为已了解的事情仍需保持疑问，透过开放式问题更了解受访者对于事物的感受。

第三，保持好奇心：对于看起来熟悉或不喜欢的事物也要保持好奇心。

第四，找寻脉络：与受访者的互动中，找寻有趣的蛛丝马迹。

第五，真正倾听：抛开既有认知，全神贯注地倾听受访者所说的内容、情绪及肢体动作。

尝试培养同理心，发现日常生活中的痛点，有意识地关注周围的人们，包括你自己在日常生活中所经历到的各种不便。比如我们希望改善学校的教室环境，那么就可以像学生一样，坐在课桌后面上一整天的课。或者，我们希望学生们自己来解决班级纪律的问题，就可以试着让一个学生来做一天老师。关注对象甚至可以突破真实的社会环境，我们完全可以试着对电视剧或书籍当中的角色进行理解与体验。关注这些情境，努力体会这些人当时的感受，想象他们原本的期望以及遇到问题后希望得到怎样的帮助。当这种有意识的关注逐渐转变为一种潜意识中的思维习惯，我们会发现自己在实际的创新过程中也能够更加自然地站在用户的角度去思考他们的目标及可能面对的问题。在正式调研用户需求之前，理解用户需求可以依托以下三个工具：

（一）用户画像

用户画像是一种勾画目标用户、联系用户诉求与设计方向的有效工具，用户画像在各领域得到了广泛的应用。用户画像通常有两个英文词，其中一个叫 PERSONA，也叫用户角色，这是 Allen Cooper 提出来的一种通过调研和问卷获得的典型用户模型，尝试使用一个具象的用户画像来讨论用户的需求（内在与外在），定义用户目标，发现痛点和机会，最后进行设计。其中：

（1）P 代表基本性（Primary）：指该用户角色是否基于对真实用户的情景访谈；

（2）E 代表同理性（Empathy）：指用户角色中包含姓名、照片和产品相关的描述，该用户角色是否引发同理心；

（3）R 代表真实性（Realistic）：指对那些每天与顾客打交道的人来说，用户角色是否看起来像真实人物；

（4）S 代表独特性（Singular）：每个用户是否是独特的，彼此很少有相似性；

（5）O 代表目标性（Objectives）：该用户角色是否包含与产品相关的高层次目标，是否包含关键词来描述该目标；

（6）N 代表数量性（Number）：用户角色的数量是否足够少，以便设计团队能记住每个用户角色的姓名，以及其中的一个主要用户角色；

（7）A 代表应用性（Applicable）：设计团队是否能使用用户角色作为一种实用工具进行设计决策。

另一个单词叫 Profile，是利用已经获得的数据来勾勒用户需求、用户偏好的数据分析方法，是和数据挖掘、大数据息息相关的应用，通过数据建立描绘用户的标签。

这两个词都可以翻译为“用户画像”。按照使用目的来分，第一种是用于创新设计的 PERSONA，第二种是大数据定量描绘的用于精细化运营的 Profile。这里，我们侧重介绍前者的使用。

1. 用户画像的运用场景

用户画像最核心的组成部分其实是其中所包含的用户标签，用户标签其实可以理解成用户特征的一系列符号表示，每个标签可以理解成认识用户的一个角度。用户画像其实是标签的集合，每个标签之间都有一定的联系，整体上看各个维度的标签组合到一起形成了一个完整的用户画像。所以说用户画像其实可以用标签的集合来表示。简单说可以这么理解，用户画像是用户在现实生活中的抽象描述，而画像本身是通过标签来组成的，整个标签的体系构成了用户完整的用户画像。

我们在做产品研发或者内容产出的时候，要最优先设定一个 PERSONA，此后这个用户画像就会不断地出现在脑海中。这个用户角色会指导我们一切工作，我们产品和内容就是为这个人为创造。

比如我们想推出一个少儿英语教程，我们设定的 PERSONA 是什么样子呢？可能是女性、35 岁、本科学历、白领。

但是这样的画像并不清晰，不能准确地帮助我们制定产品策略。所以，用户画像可以通过运用场景来细分。

场景一——按需设计：改变原有的先设计、后销售的传统模式，在研发新产品前，先基于产品期望定位，在用户画像中分析该用户群体的偏好，有针对性地设计产品，从而改变原先新产品高失败率的窘境，增强销售表现。比如，某公司想研发一款智能手表，面向 28 ~ 35 岁的年轻男性，通过在 Persona 中进行分析，发现材质 = “金属”、风格 = “硬朗”、颜色 = “黑色/深灰色”、价格区间 = “中等”的偏好比重最大，那么就给新产品的设计提供了非常客观有效的决策依据。

场景二——精准营销：针对已有产品，寻找所偏好的精准人群分类以及这些人群在信息渠道和购买渠道上的分布比例，来决定广告投放和活动开展的位置、内容等，实现精准营销。

2. 创建用户画像的方法

以“用户为核心”的创新设计关键在于理解用户，用户不应该是一个个标签、数字、设备名称，而是一个真实的人。

创建用户画像的流程可以分为 3 个步骤：获取和研究用户信息、细分用户群、建立和丰富用户画像。我们在使用用户画像时，心中时刻装着这个“真实的人”，与之“共情”，体会用户的喜悦与烦恼，才可以更好地满足用户需求，这正是用户画像的价值所在。建立 Persona 的基本方法是和目标用户一对一地进行深度访谈，并对访谈结果进行整理和分析。

我们先要确定访谈的内容，这取决于我们要描绘一个什么样的 Persona。大体来说，Persona 可能服务于产品设计，也可能服务于市场营销；前者关注用户的行为，后者关注用户的认知。以服务于产品设计的 Persona 为例，为了帮助我们更准确地判断用户需求和痛点，从实用角度，不能缺少以下几项属性：

（1）用户的核心诉求。例如，对于音乐风尚引领者 A 的用户画像，他最关心的问题是“我时刻都在听歌，但很难找到惊艳的新歌”。

（2）关键行为 + 重要场景。例如用户 B，在公交车上 + 用手机听歌。

（3）设备、经验等代表用户在目标领域的技能水平。例如，用户 C，用 iPod 听歌的，是收藏了 2000 首红心歌曲的豆瓣电台用户。

（4）用户的生活状态，尤其是与关键行为相关的部分。例如，用户 D，周末会去咖啡馆看书，享受悠闲的时光，有时也会在咖啡馆邂逅好音乐。对于用户 D，识别歌曲的功能会为他创造愉快的瞬间。

（5）人物角色之间的关系。例如，B 会向 C 传播新鲜资讯，D 积累经验后会成长为 B，在效率属性上 B > C > D，等等。

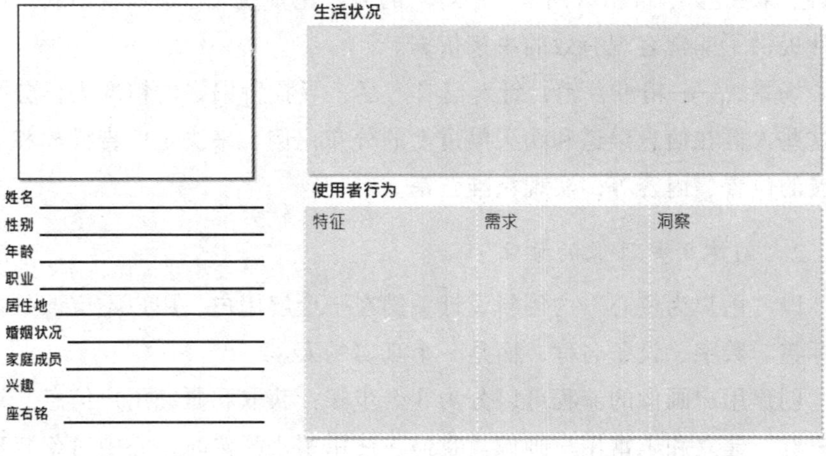

图 5-2　用户画像表

在访谈之前，需要进一步搞清楚的是用户的关键行为，关键行为是指用户行为中与业务紧密相关的部分，Persona 的核心正是每个画像的关键行为之间的差异。

Lene Nielsen 女士在她的书《十步人物角色法》(《10 steps to Personas》) 中讲述了创建用户画像十步法：

（1）收集数据。尽可能多地收集用户的信息。针对目标用户群体进行高质量的用户调研。

（2）创建假设。基于第一阶段的调研，依据项目领域内的不同用户创建一个大致的设想。

（3）每个人都赞同假设。第一个假设是用户之间的差异，你的目的是辨别这些假设正确与否，项目参与者可以通过已有信息与假设的对比来进行判断。

（4）确定一个数据。你需要决定创建多少个用户画像。通常你会希望为每个产品或服务创建多个用户画像，但针对最初的目标只需要创建一个用户画像就足够了。

（5）描述用户画像。用户画像的价值在于根据用户的需求和目标产出解决方案、产品和服务。用户画像的描述一定要基于对用户的理解和共情。

（6）为用户画像提供场景。角色塑造用户画像法用于创建描述问题解决的场景。因此你需要描述一些可能触发使用你正在设计的产品或服务的特定情况。换句话说，情节是场景的不同阶段。你可以依据用户画像中的角色来创造场景，赋予每个角色生命。创建场景通常需要先将角色置于特定的上下文中，然后将其置于他们想要或需要去解决的问题中。

（7）获得团队的认可。十步法中的共同主线就是要让所有的项目成员都参与到构建用户画像过程中。因此，应该让尽可能多的团队成员参与用户画像的开发，并且获得各个步骤参与者的认可。为了实现这个目标，你可以在两种策略中二选一：可以询问参与者的意见，或让他们积极参与到过程中。

（8）传播知识。如果想要其他成员一起参与，就需要把用户画像的创建方法传递给他们。尽可能提前确定如何将相关的信息传递给那些没有直接参与的人、未来的新成员以及可能存在的外部伙伴。

（9）每个人都准备场景。用户画像在成为场景的一部分、进入如何使用未来的产品的故事之前，本身并没有价值。

（10）迭代调整。最后一步是描述用户的未来生活。你需要定期修改用户画像的描述。描述会因为新增的信息和新维度而发生变化。有时你需要重新描述已有的角色，添加新的角色，或者去掉过时的角色。

图 5-3　具象的用户画像

3. 具象的用户画像作用

（1）理解用户。人物角色是海量用户“打包”后的研究结果，是用户研究结果的生动呈现方式，是用户心里模型好的载体，可以让产品经理、设计师进行方便的换位思考。

（2）提高沟通效率。人物角色是用户研究结果的具象化，它不但生动，而且代表着用户真实的目标和动机等信息，基于统一用户认知基础的沟通，可以大大提高团队的沟通效率。

（3）设计依据。人物角色，让设计师找到了“以用户为中心的设计”

的着力点——“用户”，在团队成员间对设计方案存在分歧时，可以依据“人物角色”来选择最佳的设计方案。

（二）关系人地图

关系人地图可以清晰地列出用户使用我们产品时相关的人和物，让我们充分了解用户。在实际运用中，先列出所有利害关系人的名单（Use-Chain：使用者链），对名单上的关系人进行访谈、观察，数据调查，同时找出利害关系人的兴趣、动机和影响力。

利害关系人分为以下六类：

（1）发烧友：对此类产品关注度很高的人群，对细节很注意，但无特殊品牌忠诚度。

（2）重度使用者：天天使用此类产品工作者。

（3）特殊条件使用者：需要对产品进行适当修改的使用者（例如身障者、小孩、老人、孕妇）。

（4）早期使用者、领先用户：在产品开发初期就开始使用此类产品者。

（5）忠诚使用者：极度热爱特定对象的产品或服务，展现出高度忠诚度。

（6）困难使用者：不愿使用特定品牌产品或服务者。

以某家婴儿奶粉为例，如果按照这六类使用者来分析，我们可以绘制出以下这样的一张利害关系人地图。

图 5-4　婴儿奶粉用户的利害关系人图

怎么理解这张利害关系人图呢？特殊条件使用者：婴儿；重度使用者：太太和先生；困难使用者：竞争厂牌；忠诚使用者：有婴儿的邻居；发烧友：柜台销售、垃圾清洁员。

对于超市里推着儿童车去买儿童奶粉的爸爸来说，小孩只是奶粉的使用者，因为他没有收入来源，没有决策能力，只有喝奶即使用的能力。而为小孩购买奶粉的爸爸则是购买者。

但最终决策要为小孩买什么奶粉的可能是妈妈，或者是每天在实际喂小孩喝奶粉的人。因为这个人会对小孩喝奶的情况进行观察，对市面上的奶粉进行甄别和筛选，从而决策要为小孩买什么品牌，什么阶段的奶粉合适。

在妈妈进行选择和甄别的过程中，可能有亲朋好友给出奶粉的建议。那么亲朋好友就是影响者。

假设妈妈在电视上或者其他地方看到某个明星妈妈代言的奶粉广告，出于对这个明星妈妈的信任，她选择了其代言的奶粉。那么这个明星代言人则是推荐者。推荐者一般就是代言人等。

以下两张表可以帮助我们厘清最为关键的利害关系人以及与他们建立访谈的方式。

表 5-1　利害关系人分析表（SAT）

体验流程 / 利害关系人	前（体验前）	中（体验中）	后（体验后）
先生（主要）	亲自到卖场购买尿片	负责包尿片	负责将使用过的尿片丢入垃圾桶

表 5-2　确认访谈人员名单与接触方式（RCC Table）

访谈对象	所需条件	接触方式
1. 父亲（5 人）重度使用者、主要利害人	1. 目前家中有两岁以下的 baby 2. 负责到卖场买尿片	1. 到家访谈 2. 卖场内购买行为观察

〖案例〗

Airbnb 命运转折点——发现设计思维的力量[①]

2009 年，Airbnb 正在破产的边缘。跟大多数创业公司一样，Airbnb 已经成立一段时间了，但还没有人注意到他们。整个公司的营业收入，每周都只是在 200 美元水平上徘徊，而且三个创始人还要分这么一丁点钱，靠这笔钱生活。Airbnb 的增长为零，而且差不多就是亏损状态。风投一般都喜欢呈曲棍球曲线形发展的企业，Airbnb 联合创始兼首席设计师 Joe Gebbia 说，Airbnb 发展曲线一直是水平的，大家不得不靠透支信用卡来维持 Airbnb 的经营。

Airbnb 当时是 Y Combinator 的一个投资项目。一天下午，团队和 Paul Graham 共同研究他们搜索的纽约房间信息，想看看问题出在哪里，为什么 Airbnb 的发展这么缓慢。研究了一段时间 Airbnb 上的房屋后，Gebbia 突然意识到："这 40 个房间的介绍都有一个共同点，那就是照片都烂得不行。照片太垃圾了，用户上传的都是用手机拍的照片，或是从其他分类网站上扒来的照片。所以，人们当然不会在 Airbnb 上预订房间，因为你根本看不清楚你要花钱住的房间是什么样子的。"

Graham 给出了一个完全没有技术含量的建议：亲自去纽约，租一部相机，花一些时间，到现场看看用户放在网站上出租的房间，用漂亮的高分辨率图片替换掉那些业余的照片。这个三人团队立即乘坐最近的一个航班前往纽约，并将所有的业余照片换成了漂亮的图片。他们也不知道为什么要这么做，因为没有什么数据分析能支持这个决定，他们只是去了并照做了。一周以后，成效开始显现：新照片使他们的周营业收入翻倍达到

① 《Airbnb 命运转折点：发现设计思维的力量》，猎云网，https://www.lieyunwang.com/archives/90659.

400 美元。这是公司在过去八个月中首次实现收入的增长。他们知道找对方向了。

这是公司的转折点。Gebbia 分享 Airbnb 的经验时说，他们团队最初相信他们做的每一件事都必须是“高度扩展性”。但是，直到他们开始去做一些看起来没那么扩展性的事情时，他们才从郁闷中走了出来。

“我们都有这样的硅谷心态，那就是你必须以一种高度扩展性的方式去解决问题，因为这是代码之美。对吧？你可以写一行代码为 1 个、1 万个或者 100 万个客户来解决一个问题。公司成立的第一年，我们仅仅坐在电脑屏幕前试图以代码方式解决问题。我们相信这是在硅谷解决问题应该有的方式。直到我们和 Paul Graham 在 Y Combinator 进行的第一次会谈，才第一次有人让我们去做一些不具有扩展性的事情，也正是那个时刻，因为 Paul Graham 的建议，公司改变了发展轨迹。”

Gebbia 改善照片质量的做法，证明了单纯以代码的方式并不能解决客户遇到的所有问题。虽然电脑很强大，但也仅限于软件本身能够达到的程度。硅谷的创业家们只喜欢操作电脑。但是放下电脑，到现实世界中面对客户，解决问题并想出最好的解决方案，才是最好的做法。

Gebbia 还分享过他早期在设计学院的学习经历，这段经历让他形成了如何发展用户的想法：“如果我们正在设计一台医疗器械，我们必须要走进社会。我们要去和所有利害关系人、所有产品的使用者、医生、护士、患者交流，然后我们便能灵光一现，知道我们要将它摆在医院病床的什么位置。我们应该亲自试用这个设备，我们要坐在那里亲身体验作为患者的感受，此时你才真正体会到那真的很不舒服。或许还有更好的方式来解决这个问题。”这个经历使得 Gebbia 将“成为一个患者”作为他们设计团队的核心理念。

（三）同理心地图

首先要说明的是，同理心地图不等于用户画像，同理心地图从所说、所做、所想、所感四个维度去分析用户，帮助我们设身处地地理解用户，与用户建立共情。同理心地图和用户画像都是用户研究的不同工具，应该是相辅相成的关系，目的都是为了更好地完善用户体验。创新的一个良好开端是使用同理心地图（Empathy Map，感同身受之意）。这个工具可以帮助我们超越客户的人口学特征，更好地理解客户的环境、行为、关注点和愿望。

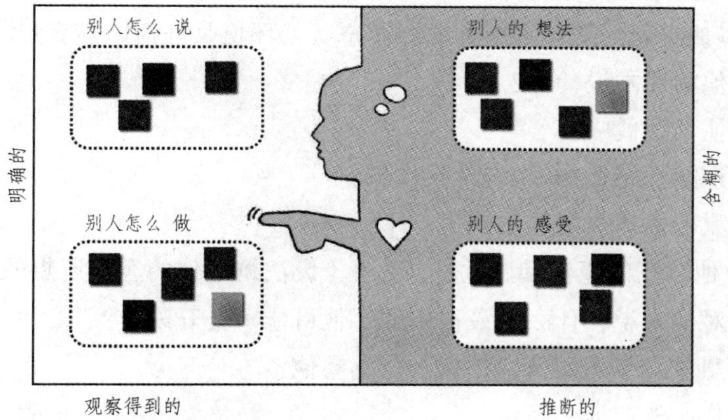

图 5-5　同理心地图

同理心地图是对用户假设的落地练习，这样我们就可以与用户联系起来，从而理解他们的欲望/需求。当基于真实数据并与用户画像、用户体验地图等其他研究工具结合使用时，它可以：

（1）消除偏见，使团队在用户角色理解上保持一致。

（2）发现研究中的缺陷。

（3）发现用户自己都不知道的用户需求。

（4）了解驱动用户行为的因素。

（5）引导我们走向创新。

1. 同理心地图的制作过程

简单地说，同理心地图将帮助你进入用户的头脑。无论他们是潜在客户、目标用户还是产品用户，将他们的想法、感受、所看、所说、所做、所听绘制成一张大图，通过这张大图，我们从以下四个方面去探究用户的痛点，获得潜在的信息。

（1）他看到的是什么？（描述客户在他的环境里看到了什么）

① 环境看起来像什么？

② 谁在他周围？

③ 他每天接触什么类型的产品或服务（相对于所有市场产品或服务）？

④ 他遭遇的问题是什么？

（2）他听到的是什么？（描述客户所处环境是如何影响客户的）

① 他的朋友说什么？

② 他的配偶呢？

③ 谁能真正影响他？如何影响？

④ 哪些媒体渠道能影响他？

（3）他真正的想法和感觉是什么？（设法概述你的客户所想的是什么）

① 对他来说，什么是最重要的（他可能不公开说）？

② 想象一下他的情感，什么能感动他？

③ 什么能让他失眠？

④ 尝试着描述他的梦想和愿望。

（4）他说了些什么，又做些什么？（想象这位客户可能会说什么或者在公开场合可能的行为）

① 他的态度是什么？

② 他会给别人讲什么？

③ 要特别留意在客户所说和他真正想法与感受之间的潜在冲突。

④ 这个客户的痛苦是什么？

⑤ 他最大的挫折是什么？

⑥ 在他和他想要的事物或需要达到的目标之间有什么障碍？

⑦ 他会害怕承担哪些风险？

⑧ 这个客户想得到什么？

⑨ 他真正想要和希望达到的是什么？

⑩ 他如何衡量成功？

⑪ 猜想一些他可能用来实现其目标的策略。

我们以优化头等舱乘客在登机前的体验为例。先总结现有解决方案的流程：订购机票，绕过长队进入头等舱值机柜台与安检通道，托运行李后进入头等舱专属候机室，服务员提醒登机时间快到了，绕过长队从头等舱专用入口进入机舱。

抽取思考、情感、操作、视觉等维度，围绕这些维度进行访谈。将上述流程和受访者分享，询问流程完整性，并就流程中的每一步进行场景还原，询问思考、情感、操作、视觉等方面的细节。以第一步订购机票为例，我们就可以这么问：当你需要订购机票，你会自己订还是让他人代订？有没有临时改签机票的情况发生过，当时体验怎么样？

用便利贴总结用户访谈中的受访者反应，并贴到同理心地图中合适的位置。有选择地针对特定反应进行回访，了解访谈中没有询问的细节。

完成上述工作后，全身心地将自己沉浸在一个发自内心、出于本能的体验当中，想象你的典型用户会如何思考和感受。

迪士尼通过认真访谈度假区和乐园的用户，推出一款被称为魔法腕带（Magic Band）的可穿戴电子腕带，为用户提供无缝式体验，这也是新时期探索体验架构无数可能性的杰出代表。这个设备集中了用户所需的一切（钱、ID、行程路线、快速通行证），用户戴着它，就可以轻松逛迪士尼。

用户可以用腕带让自己的迪士尼之旅个性化。他们可以下载自己想走的线路，以及自己喜欢的食物等，让他们的迪士尼之旅由自己做主。迪士尼也可以根据收集到的数据来统筹安排线下的资源。

腕带使用很简单，从一开始，设备会寄到消费者家里，在家就可以输入自己的各种偏好。这个设备就成了用户的路线、钱包、房卡和地图。这样就无须带着钱包、门票、地图等一堆杂物，轻松享受在迪士尼的时光。

从腕带上收集到的数据，可以让迪士尼世界更好地与用户者互动。比如，由于员工的工作减少了，就有更多的时间与用户互动。同时，迪士尼也可以更好地处理一些问题，例如，当发现游客排队等待太久时，迪士尼就可以在他们的腕带上免费给他们赠送沙冰。

2. 同理心地图的应用

同理心地图可以聚焦问题解决的产品策略，揭示哪些问题需要我们解决，以及如何解决它们。

在确定完业务大方向和用户群体后，即业务具体规划的起始阶段适合第一次运用同理心地图。早期的同理心地图作为从用户画像角度考虑业务的工具，进入用户角度体验问题流程会产生“多米诺骨牌效应”，影响产品需求，影响整个产品为后续设计，为产品、样品、原型、人员岗位设置带来启发。

只有运用真实数据或者访谈结果，同理心地图才能具备有效性。在开始制作同理心地图以前，首先我们应该先完成初步的用户调查（比如 5 个用户访谈、100 份调查问卷等）。如果时间紧张，可以压缩访谈量，但不建议在毫无用户数据或者访谈的情况下制作同理心地图。

在完成产品初步设计，并完成可用性测试并收到反馈后，重新站在受访者角度走一遍流程，特别关注同理心地图中的象限，体会可用性测试中受访者的种种细微反应，并据此重新优化或更新同理心地图。这有助于更加透彻地理解可用性测试受访者背后的动机，发现之前设计中的不便与疏忽。

〖**训练活动**〗

尝试去了解一个与你非常不同的人，并从他的视角看世界。

〖**延伸阅读**〗

不平凡的平凡大众[①]

《蔡莺妹的故事》这个故事讲述的是一位普通老母亲，辗转数千英里，去海外探访女儿。奥美公司取其真人真事，改编成一段广告视频，为台湾大众银行做推广。作为“不平凡的平凡大众”

① 张伟武：《我们能给消费者带来什么——从台湾大众银行广告三部曲说起》，《中国地市报人》，2011 年第 6 期。

概念系列广告片的第一部，大众银行希望借由这样的精神传达人民坚韧、勇敢、真实且善良的一面。在新浪微博，它获得近万次转发。很多网友留言问：这个广告和大众银行的业务有什么关系？谁看完了这段视频能记得大众银行？花那么大价钱拍这个广告有什么意义？2011年大年初二，台湾大众银行再次放出了一段广告：《人为什么活着之梦骑士》。也是根据真人真事改编拍摄，5个老人，平均年龄81岁，1个重听，1个得了癌症，3个有心脏病，每一个都有退化性关节炎，6个月准备，环岛13天，1139公里，从北到南，从黑夜到白天，只为了一个简单的理由。广告播出时，其中2位老人已离开了人世。一位老人在车头挂上妻子年轻模样的照片，背后背着已经去世好友的遗像，向着大海和红日飞驰而去，英雄不老。短短两日数万网友转发，在网络上掀起感人的励志风潮。由真实故事改编，以“人为什么活着”发问，这段广告讲述5个老人环岛旅行实践梦想，感人至深。今年，大众银行推出《梦骑士》同一系列的另2则广告，另一篇为《马校长的合唱团》，也源自真实故事改编，励志人心，感动继续。《马校长的合唱团》里面那个不懂乐理的校长，15年父亲般教导和陪伴学生，最后，当纯朴优美的山歌在赛场上响起，清亮的童音和孩子们乌黑真诚的双眼，赢得了赛场所有人的喝彩。这一刻，观众们的心也跟着热血沸腾。马校长告诉山上的孩子们：要爱你自己的与众不同！从开始到结束，那是我听过最动听的歌声，仿若天籁之音。关注，陪伴，相信，不平凡的平凡大众，如此这般能够承载你的真挚梦想的银行，关注平凡大众的银行，你会没有好感吗？

很快，网友开始讨论奥美，讨论台湾大众银行。这么做有什么意义？大众银行拍精美的故事作为广告有什么意义？没有抽奖，没有促销刷分，没有自身形象植入，这有什么意义？一家银行每年大年初二坚持给观众讲一段美好的故事，这就是全部意义。我和这一家银行在零业务往来的情况下，却建立起了超越业务本身的欣赏和信任，因为它为我讲故事，我赞同这些故事里所揭示的人生理念，赞同它所传达和肯定的价值观。2010 年的广告主题是“坚韧、勇敢、爱”，属于对人性的讴歌。2011 年则更深一层，直面萦绕在所有人心头的终极问题：“人为什么活着？”广告的结尾，屏幕上打出一个“梦”字。因为梦想，所以坚持。

第三节　理解如何操作

你是在看，而我是在观察，这有很明显的区别。

——《福尔摩斯全集》

〖他山之石〗

“社区建设者”与入户体验

名为“社区建设者”（The Community Builders）的非营利组织是美国最大的低收入及混合收入公共住房非营利开发者。在为这个组织所做的项目中，我们成立了一支由一位人类学家、一位建筑师和一位人因研究专家组成的团队。团队成员一起走访了承建商、规划人员、官员以及当地的企业家和服务提供商，但他们并没有就此止步。真正的洞察发生在当团队到三个家庭过夜时，这三个家庭收入不同，生活轨迹也各异，但都住在肯塔基州混合收入社区杜威尔园（Park Duvalle）。

这一方法的效果在后续的一个项目中更为突出，这个项目旨在开发工具包，帮助非营利组织应用以人为本的设计，来满足

① 蒂姆·布朗：《IDEO 设计改变一切》，北方联合出版传媒（集团）股份有限公司、万卷出版公司 2011 年版：42-43。

非洲和亚洲以农田劳作为生的农民的需求。这一次，设计团队与来自国际发展企业（International Development Enterprises）的合作者一起，到埃塞俄比亚和越南的农庄里过夜。这些受访者原来也许会无可厚非地对来访的人类学家或坐着闪亮越野车的救助官员怀有戒心，但随着时间的推移，研究人员在受访者中建立起了某种程度的信任，同时这一点又反过来带来了真诚、换位思考和相互尊重的氛围。

一、什么是深度访谈

我们要了解一个人的想法、情绪及动机，才能知道我们是为谁创新；透过了解一个人的选择以及与人互动的行为，我们才能找到他们的需求并设计出符合需要的解决方案。深度访谈这种方式是指锁定想要研究的目标用户，设计一些个例的访谈问题，并实地深入采访我们想了解的使用者。如果可能的话，我们甚至应该“尾随”目标用户，观察他们在实际生活中是怎样使用产品/服务（或是同类竞品）的。我们可以从身边的人入手，观察朋友或家人是在怎样的情境下如何使用相关产品的。例如提出一些简单的任务让他们完成，观察他们在使用过程中的操作表现。不妨将这种方式想象成非正式的实境调研或可用性测试。深度访谈的要诀是不预设立场，关注用户表现出来的动作、姿态，寻找他内心真正的需求。

二、用户需求的调研方法

好的用户洞察，需要不断抽丝剥茧，用耳听、用眼看、用心感受。

2005 年，贝恩咨询为 362 家企业所做的一项调查中，有 95% 的企业认为自己关注了客户，80% 的企业认为自己向客户提供了优秀的体验。而在这些被调查的企业的客户中，只有 8% 的客户这样认为。

为什么产生如此大的反差？应如何解决这个问题？通过和目标用户谈话与观察来移情，听他们怎么说，更要看他们怎么做。一个设计者需要比用户更了解他们自己。要达到这步，要从他们的习惯、信仰、偏好等方面深度移情。

在做用户调研和用户访谈的时候，要不断刨根问底，有的问题要变着法子地多次问，以获取用户的深层次的需要。如乔布斯所言："我们的任务是读懂还没落到纸面上的东西。"要对客户隐性需求进行深度挖掘，进行客户需求分析。

访谈是设计者与用户产生共鸣的重要组成部分。然而，如果我们不准备带着真正的同理心进行面试，那么访谈只会产生很小的效果。一对一的访谈是与真实的人建立联系并获得真知灼见的有效方式。直接和我们的目标用户交谈可能是了解需求、希望、欲望和目标的最好方式。访谈通过使用非结构化的问题，提供了其他观察方法所不具备的亲近感和直观性。

用户需求调研方法大体可分为两类：定量型调研和定性型调研。

定量型调研，即从大量信息中提炼用户的共性需求，常见方法有问卷调研和后台数据分析。问卷调研的优点是容易上手；缺点是内容单一，不能追问下去，且用户配合度低（容易失真）。后台数据分析的优点是可以通过数据分析用户的行为模式；缺点是受限于技术，且都是行为层面的显性数据。

定性型调研，是从用户视角触发，找到个人内在一些真实想法、情绪、喜好等，追求质量而非数量。常见方法有体验产品和焦点小组。体验产品的优点是可以得到一手的真实反馈；缺点是样本数量有限，且主观性较强，每个人会受限于自己的认知、喜好。焦点小组的优点是可以兼顾数量和质量，一次可得到多人反馈，且彼此间可以互动，容易得到深入的想法；缺点是参与者容易被相互干扰，从而说出"正确的话"而非"真实的话"。

举个例子，新手摄影师将如何控制佳能 EOS 数码单反相机的模式拨盘呢？如果只是从数据上去分析很难得到灵感。设想一下，为了帮助初学者，全自动模式在表盘上用图标表示，这使得非专家很容易猜出他们的意思（例如顺时针、视频、夜间肖像、体育、特写等）。

如果我们想与用户产生共鸣，我们应该始终抱着初学者的心态。这意味着，作为设计思考者，在进行观察和访谈时，我们应该总是尽最大努力把自己的假设和经验抛诸脑后。我们的生活经历在我们的内心创造了假设，我们用这些假设来解释和理解我们周围的世界。我们要时刻提醒自己永远不要评判你所观察到的东西，即使认为自己知道答案，也要质疑一切，并真正倾听别人在说什么，这是很有帮助的。

洞察用户需求有三个关键点：变通方法、意想不到的事情、真正在乎的事情。变通方法，指原本的产品无法满足用户的需求，他们只好自己想办法；意想不到的事情，用户体验产品时的感受；真正在乎的事情，不是用户说的事情，而是看他们具体做的事情。

三、深度访谈的步骤

创造用户喜欢的创新产品的前提，是要准确地分析客户需求。很多企业不能做到准确地分析客户需求，这是造成企业创新失败的主要原因。怎样才能获悉客户真正的需求？

〖案例〗

团队去做客户拜访，每次去都受到热情的款待，老板反馈员工使用这个软件反馈良好。相关用户一致反馈这个软件非常好，帮他们解决很多问题。还专门预定“会议室”用 PPT 向大家展示这个多好多好。问他们有没有什么需要改进的，反馈永远是没有。

后来再次拜访这个客户的时候，客户还是老套路来接待大家。设计思维中强调观察客户的实际工作状况，要深度挖掘。于是这个项目组就想让客户演示他实际工作中是怎么使用这款产品的。

客户这个时候就不太乐意地说：“会议室已经订好了，会议室比较安静方便……”反正客户是百般不愿意去自己办公桌上演示他的日常工作。团队只去了两个人，大家坚持去他位置上瞧瞧这款产品怎么帮助了他。最终，他把那两位兄弟带到他办公室说：

“这个软件我实际基本上不用的。”为什么呢？因为他不会用，以前没学过，来了公司也没培训，帮助文档看不懂，所以后来就不用了。那他平时的工作是怎么做的呢？用 Excel 来管理，月末手动整理个报表给老板。

结果老板又不是产品使用者。他觉得员工用这个产品用得很好，因为他要的报表什么的都能很及时地看到。老板可能都会觉得自己是一个英明的领导，帮员工解决了一个大问题。

这个事情显然也在别的公司发生过。我们只通过简单的市场调查和用户调研就能挖掘出来客户需求吗？显然是不行的。除了市场调查、用户调研和用户访谈外，观察更强大。要观察用户的工作环境、用户的喜好、用户每天不断重复的行为、用户之间的动态互动等。

设计者要深度访谈目标客户、产品使用者，向他们确认信息，观察他们，挖掘他们的隐形需求。设计者要思考三个问题：用户是谁？他们有什么问题？如何帮忙解决？要记住四字诀：听、看、做、想，即聆听客户的心声，观察用户的行为，做用户在做的事情，想用户所想。

（一）事前准备工作

与受访者相处的时间非常珍贵，设计者需要做万全的准备，永远不该忽视访谈准备的重要性，应该制订完整的访谈计划。

1. 决定访谈的对象

用户访谈是采用与用户进行一对一的谈话的方式，通过跟用户面对面的交流来认识和了解用户的一种方式。

对访谈者进行用户细分，就像建立用户画像一样，决定是否能达到访谈目的的一个最重要因素就是受访者是否合适。受访者首先应当是当前产品的使用者或者当前问题的参与者。最好去继续了解一下他们的个人信息并获悉其所代表的细分市场，综合这些信息对他们的回答进行甄别。使用上一节介绍的用户画像和利害关系人图，可以帮我们找出要访谈的对象。

2. 决定访谈的类型

明确访谈要达到的目标。访谈可以分为两种，一是针对特定的问题进行访谈；二是发散性访谈，在谈话中逐渐和用户一起探讨，说出重要的优点或者缺点，发现问题。无论怎么样，在这之前，要把将要进行访谈的内容和问题列出来在一张纸上，并且保证有足够的条理性和逻辑性，这样才能够达到访谈想要的目标。在这之外，也应该做好应对用户可能谈到这条逻辑主线之外开放性问题的准备。将具有启发意义的话题及时记录下来并在必要的时候将用户带回问题主线。访谈过程一般包括以下几个环节：

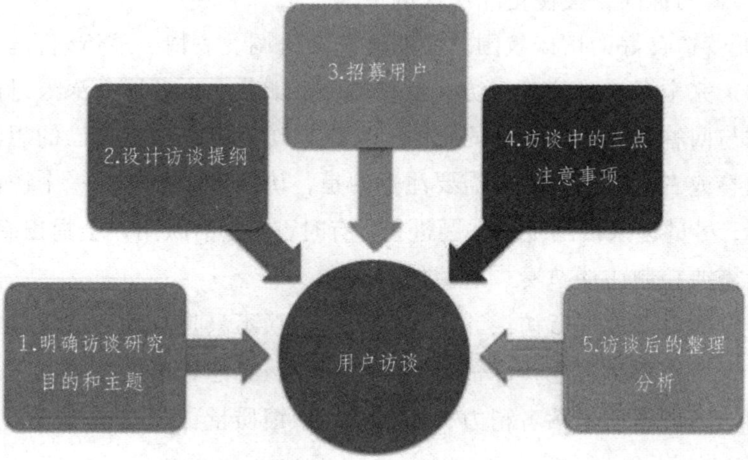

图 5-6　访谈过程的环节

（1）结构式访谈：访问者抛出事先准备好的问题让被访者回答。为了达到最好的效果，访问者必须有一个很清晰的目标，提出的问题也需要经过仔细推敲和打磨。为了准备足够高质量的问题，可以列出所有问题让有经验的研究员评估，甚至小范围地找用户做一轮预访谈都是有必要的。由于在结构式访谈中提出的问题都是固定的，所以回答也必须清晰，可以对比并分析不同被访者的答案，但很难有更深入的发现。

（2）半结构式访谈：半结构式访谈融合了结构式访谈和完全开放式访

谈两种形式，也涵盖了固定式的和开放式的问题。为了保持研究的一致性，访问者需要有一个基本的提纲作为指导，以便让每一场访谈都契合主题。在访谈之前认真地准备甚至学习一些访谈技巧也很重要。以下是访问者需要掌握的几点访谈技巧及注意事项。

① 在访谈前做好充分的准备（包括明确目标、访谈对象、工具、地点、时间等）。

② 避免提有诱导性或暗示性的问题。

③ 避免提封闭性问题。

④ 避免使用专业术语。

⑤ 适当追问，关注更深层次的原因。

⑥ 营造良好的访谈氛围，注意语气、语调、表情、肢体语言。

（3）完全开放式访谈：访问者和被访者就某个主题展开深入讨论。由于形式与回答的内容都是不固定的，所以被访者可以根据自己的想法进行全面回答或者简短回答。但需要注意的是，访问者心中要有一个访谈计划和目标，尽量让谈话围绕着主题进行。有时，一些活跃用户会提出新点子，访问者需要控制访谈节奏，避免偏离主题。

尽量面对面地进行访谈。一次有效的访谈不只是从谈话获取信息那么简单。正所谓察言观色，评估一个问题还应该考虑到谈话者的姿态。而且面对面访谈能够使谈话者精力更为集中，回馈质量更高。

（二）制定访谈大纲

不可否认，即使制定详细的访谈提纲，真正访谈的场景仍可能完全超出预料。用户可能在某一个问题上滔滔不绝，我们也可能会发现某一个重要观点是之前没考虑到的，想要深入问下去。访谈大纲只是帮助我们在访谈时想研究的问题都能收集到足够的答案，至于问题顺序完全可以随机应变，遇到一些新的观点也可以继续深入问下去。

1. 访谈准备

（1）脑力激荡：写下所有你的团队想出来的问题，并尝试利用其他人的创意，延展出更多有意义的想法，让访谈计划的问题更加全面。

（2）定义并归纳主题：与分类动作类似，你与你的团队需要用想出来的创意定义主题。当你完成定义并建构出问题数据库后，你需要决定问题顺序，以使整个访谈过程顺畅进行，上述事项可以让你的访谈更有结构，并减少漫无目的的互动。

（3）调整问题：当你将所有的问题定义与分类后，你可能会发现有些问题分类重复或是无法归纳。记得在你的访谈规划中留下足够的时间问“为什么？”“请跟我分享上次你……”以及能引导出使用者感受的问题。

2. 制定访谈提纲

在设计思维的模式下，用户无疑是幸福的。可能连用户自己都还没意识到的问题，设计者们已经悄然解决了，而且还不断创造出新的生活便利，给用户带来惊喜，但对于设计者来说却是充满挑战的。面对的问题域从原来确定的服务范围变成了现在前后延伸的探索，有着更多的不确定性。

学会发散思维（理解问题本身、持续发散可行设计并持续验证），能够帮助一个团队去认识这个时代的不确定性，而正是这样的发散思考才会产生创新的解决方案。

如果你是在一个团队中工作，那访谈提纲中的问题一定是团队成员都参与过且充分沟通过的，这样访谈后带回来的信息才是对团队最有帮助的。

访谈提纲也不是一成不变的，决定访谈范围，尽量思考想访谈的议题，以最适当的顺序安排主题。想一想受访者可能会如何回答，确认问题的完整性，追根究底。

（1）通过网络调查研究，收集信息和数据。

（2）进行专业知识收集。

（3）查阅文献资料。

（4）挖掘朋友或认识的人中可能有相关领域知识的人。

表 5-3　访谈提纲样表

流程 访谈目标	使用前	使用中	使用后
TASK： 如何达成任务			
Pain： 去除痛点			
Concern： 去除疑虑			
VA： 附加价值			

（三）进行模拟访谈演练

访谈者很多时候都是第一次跟受访者见面，这个时候如果想创造一个轻松的环境，让对方放下防备，可以先问一些容易回答的问题，比如每天的工作内容、喜欢的休闲活动等，一来一往的对话建立起来后，再上“硬菜”。

很多人刚开始进行用户访谈时，总是不由自主地看提纲。问完第一个问题，不管对方的回答是什么，紧接着就问第二个问题，生怕提纲上的问题问不完。但这只能创造一场生硬的对话，让受访者提不起兴趣。多问问跟上个问题相关的问题，能让整场对话更自然。试想，下图两种访问，你更接受哪一种呢？

表 5-4　用户访谈样表

（1）访问者：“您住在哪个区域？” 受访者：“我住 A 公园附近。”	（2）访问者：“您住在哪个区域？” 受访者：“我住 A 公园附近。” 访问者：“听说那边有很多好吃的日料餐厅，有什么推荐的吗。” 受访者：“有啊，你可以试试这家……”

不要过分担心问了“冒犯”的问题，研究表明只有极少数的问题让人感觉被冒犯，所以多问“可以接下去的问题”对访谈的顺利进行很有帮助。

当我们的目的性特别强时，我们会不由自主地变成“销售模式”，不断地给对方灌输自己的观点，把自己“销售”给对方，但很多时候反而会引起对方的不适。这个时候不妨停一停，倾听对方的观点和反馈，让对方多说话，会增加受访者对提问者的好感。

在受访者发表一番言论后，我们可以说“哦，之前从来没考虑过”或者“原来是这样，又学到了新知识”。这些反馈都可以增强受访者的成就感和感到“被需要”，你也会听到更多有价值的内容。

（四）实地访谈演练

简单地为用户透露一下接下来将要谈到的内容和你要问的问题，强调访谈的目的,使受访者保持良好的心态并为接下来的谈话进行深入的思考，就像学校语文考试刚发下试卷大家会先去浏览一下最后的作文题目一样。

尽量让用户以讲故事的方式来回答你的问题。用户只是产品的使用者，他们无法从专业的角度去回答你的问题。最好的方法就是让用户以讲故事的形式将在使用产品中遇到的问题和他们的需求说出来。如此一来，你就可以了解产品的具体细节和使用情景，对问题有更深刻的理解和把握，这样的经历对你以后工作中从用户角度考虑问题也大有裨益。

让受访者将已有的或者挖掘出来的问题进行排序。整理一下你提出的或者你们一起挖掘出来的问题并复述给他。让受访者根据重要度对这些问题进行排序。都说对于产品经理最困难、最重要的事情是对于功能优先级的排序，这也是你后期和团队讨论问题重要度的依据之一。

让受访者试着说出问题的解决方案。按重要程度将问题排出次序后，我们可以要求受访者给出他们认为可行的解决办法。让他们畅所欲言，在这个过程中你要时时记录并表示赞许或者微笑点头，即使你并不赞同。尽管用户提出的解决方案多数并不现实，但是我们还是需要这些记录。原因有两点：一是为我们后期的执行方案提供参考；二是可以通过受访者提出的解决方案来猜测他们的潜在动机。比如一个受访的老年人一边埋怨孙子太淘气，一边又充满爱意地抚摸孙子的头，那么这正是我们引出故事并探索受访者真实情绪的绝好时机。

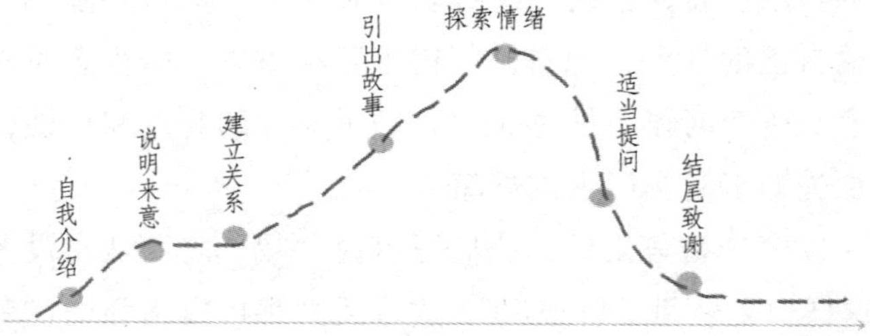

图 5-7　访谈发展曲线

（五）避免引导受访者

揣测别人想要听我们说些什么。受访者会下意识地去猜测你希望他说些什么，并从蛛丝马迹中得到暗示。比如带有明显倾向性的措辞，例如“你是否觉得这个功能非常棒……”就是这样一种暗示。这会导致默许偏差的形成，受访者会试图认同积极的陈述。我们的问题之中应该避免一些主观的词汇。

在特定问题访谈刚开始的时候不要直入主题。在这之前适当提一些开放性问题，等待用户在各个方面给出自己的答案，然后再逐渐进入问题，这能减少对后面谈话内容的暗示。

将你自己巧妙地隐藏起来。首先我们不应该过多地透露出自己的信息，比如你的个人喜好和你的职位等，把谈话机会留给受访者。在访谈过程中尽量保持平静，不要出现太多不必要的表情和动作，以免对访谈结果产生影响。

打破砂锅问到底。在访谈的过程中针对一个话题我们可以连续地询问对方为什么给出这样的答案，让受访者解释他们为什么会做出这样的回答。你得到的答案往往会让你觉得前后不一致或者自相矛盾。这是一件好事，能够帮助了解到人们实际的做法和说出的理由之间的差距。受访者给出的各种理由远没有真实的想法和动机那么有趣。

（六）整理方案内容

在访谈时，要适当地重复对方刚刚说过的话，在长段的对话结尾要做总结性的概括。这样做一是保证我们真的理解谈话内容；二是让对方感受到“他有在听我说话，他听明白我说的话了”。受访者感受到了被尊重、被理解，就会为你提供更多的信息。

当我们通过发散思维找到可行解决方案后，就需要真正着手设计出用户可以使用的产品和功能了。假设我们对设计问题本身的认知是准确的，这个时候设计是否成功就取决于用户体验了。谈到用户体验，仿佛人人都能谈出一些自己的观点甚至原则，但体验本身却是非常主观的。在进行具体设计选择时，我们必须想办法梳理用户体验，识别需求和痛点，这是一个梳理和收敛过程。

〖训练活动〗

1. 拥有初学者的心态是什么意思？

2. 为什么设计思考者会与困难使用者互动，即使他们不代表客户群？

〖延伸阅读〗

德堡医疗中心与亲身体验

2000 年，圣路易斯德堡医疗中心的首席执行官罗伯特·波特找到了 IDEO 公司。波特希望设计一个新的医疗中心。他们选择了急诊室作为洞察用户需求的切入点。设计团队的核心团队成员之一克利斯蒂安·西姆萨里安打算凭借自己在技术及复杂系统人种学研究方面的高度专业特长，着手改善病人的就医体验。要做到这一点，他得有比像病人那样登记入院、经历从被接收到检查的一系列急诊经历更好的办法吗？克利斯汀假装脚受了伤，将自己置身于普通急诊室患者的位置。他亲眼看到了登记的过程是多么令人迷惑，并将其用塞入病号服的摄像机拍了下来，以一种外科医生、护士、救护车司机都无法做到的方式，捕捉到了病人的经历。藏在病号服里的摄像机就像是一双病人的眼睛，从拍摄的录像中看到的都是无聊的天花板、看起来都一样的走廊和没有任何指示标志的等候区。当被告知需要等候、但却没人告诉他在等什么或者为什么要等时，他感受到了烦躁。当被一位不知是谁的医院工作人员用轮椅推着，沿一条不知通向哪里的走廊穿过一扇令人生畏的双开门，进入令人眩晕、喧闹的急诊室时，他体会到了由此而引起的焦虑。

当克利斯蒂安完成这项秘密任务回来后，设计团队回放了未经剪辑的录像，发现了许多可以改善病人体验的机会。当耐着性子看完没完没了的吸音天花板、看起来都一样的走廊和毫无特色的等候区时，团队成员越来越清楚地知道，这些细节有可能才是他们所要讲述的新故事的核心。

录像上令人窒息的沉闷，把设计团队带入了病人对不透明就诊过程的体验。这让团队中的每个人都体验到了无聊与焦虑的混合感觉，当感到迷失、处于信息不全且局势不能掌控的情况下，这种感觉就会袭来。

设计团队意识到，在这个情景中有两种相互抵触的描述：医院看到的是用保险确认、医疗优先和床位分配来描述的“病人经历”。而病人的亲身经历则完全不同：本来就因生病而紧张的感觉会在治疗过程中变得更糟。

克利斯蒂安对急诊室的造访暴露出患者就诊经历的多个层面。设计团队意识到，在这个情景中有两种完全不同的描述：医院看到的，是专业设备布置井然、医护人员高效协同工作的急症室。而病人的亲身经历则完全不同：本来就因生病而紧张的感觉会在治疗过程中变得更糟。根据这些观察结果，设计团队得出了结论：医院既要考虑从医疗和管理角度提出的合理化要求，又要考虑与关注在此情境中病人的体验与感受。

06 第六章

设计思维之需求

需求反映用户的目标和期望，对用户需求的定义是设计思维后续工作开展的基础。梳理用户研究结果，推断出用户的想法和感受，基于用户需求定义问题，激发灵感展开创新设计，并了解到一些最佳的构想方法和指南，这些方法和指南有助于帮你和你的团队创新。

第一节　挖掘真实用户

我们之前有许多突破性的机遇，都被伪装成为不可解决的问题。

——约翰·加德纳

〖他山之石〗

旭辉：挖掘客户真实需求①

2019年12月12日，“致敬追梦人 致远中国梦——2019（第三届）中国地产新时代盛典”在北京雁栖湖国际会展中心盛大开幕。旭辉集团副总裁、产品中心总经理范逸汀女士在现场接受乐居财经专访。

范逸汀表示，旭辉一直着力于打造产品的竞争力，而产品的核心竞争力是综合外围的环境和内在企业发展现实的需求之后，最终聚焦在客户对于生活的美好愿望之上的：“客户所有的需求往往都跟社会发展进步息息相关，所以核心的竞争力归根到底还是对客户在住宅、空间、场景的真实需求的实现，要能够满足和挖掘客户对于生活的真正要求。”

在产品研发上，旭辉每年都在迭代，最新的CIFI-6产品更是注重客户价值在居住上的体现，着力塑造城市的活力、社区的活力。“在研发上，我们所有的空间场景都服务于客户需求的转变。第六代产品做了方厅的户型，主要为了满足客户不同的生活状态的需求，可能是一家三代同堂，也可能是朋友聚会，现在很多家庭有小朋友时会有一些新的需求，”她说道，“现在客户越来越趋于年轻化，

①《中国经济导报》，http://www.ceh.com.cn/syzx/1199307.shtml.

对于家的概念和传统家的概念已经不一样了,他更多关注的可能是自己生活的趣味性和多元性,所以我们方厅是多方位地满足不同客户群对于不同家庭结构和个人诉求之下做的研发。”

谈及当前行业以及市场环境下房企进行产品创新的痛点时,她发表了自己的看法:需求本身有一个表面的需求和内在的需求,产品创新的痛点在于这个创新到底是不是客户的真实需求。

“福特汽车发明前做客户需求调研时,问客户需要什么样的交通工具,客户的答案全是想要一匹更快的马。这表面上听着是客户的真实需求,但一定不是他的本质需求,他真正的需求是尽快到达目的地,而不是一匹马。”她用一个非常形象的案例向我们解释道。

“所以我们要挖掘客户真实的需求,回归到生活本身,”她说道,“对于客户来说,想要家能变得好看一点,整齐一点,但对于我们来说,要从收纳环节上去满足对于家的好看与整齐的诉求。”

“很多人都谈面子上要好一点,面子如何体现呢?就是厅要够气派、空间够大,整个装修能够满足他对时尚和生活美好的愿望,所以还是要回归到客户真实的、本质的需求上去,这是产品研发的前提。”

在设计思维的这个阶段,我们关注人们的真正需求,整理出思路。我们需要专注于一件事情。通过前面的理解和观察的发散后,我们重新聚焦,做出决策,将我们的发现归纳成使用者的需求以及洞见,并定义出某个特定且有意义的设计目标,这就称为定义,即将用同理心思考所得到的用户意图和信息转化成更为深层次的用户需求以及对于它们的见解,目标是生成用户所面临问题解决方案的描述。这种描述将指导我们做出让用户获得更好体验的行为。在经历共情阶段之后,就需要重新审视一开始的挑战,重新定义问题了。在定义阶段我们所要做的是收敛而非发散,此阶段有两个重要目标:第一是深入地了解使用者并定义出设计的目标;第二是找出可执行的问题叙述,也被称作 Point of View (POV)。POV 是依据前一阶段同理心思考的结果，撰写出一个完整的叙述，不仅仅是定义出你想要解决的问题，更是创造出成功的解决方案不可或缺的要素，其内容包含特定的使用者、需求以及洞见。

一、为何使用 POV

定义阶段对于设计流程是至关重要的阶段，因为在此阶段我们需要明确地定义出要解决的问题。为了让我们的设计能够解决使用者面临的挑战，我们需要定义出一个明确的问题叙述，作为后续找出解决方案的重要燃料。

关于用户需求，有个案例非常有名。“客户不是要买电钻，而是要买墙上的那个洞。”这句话太经典了，只要提到用户需求，估计都会想起这个案例。在与用户建立了共情、充分了解了用户之后，就应该用清醒的头脑去定义用户的问题了。我们需要定义出用户真正的痛点和需求到底是什么。

在上一章里，我们通过访谈可以了解人们在特定活动中实现的实际需求。定义需求：找到真正的痛点，因为有的时候客户说不清他具体的要求。我们将分析收集到的各种需求，提炼成要解决的问题。定义需求 = 用户 + 需求 + 洞见。

用户：定义目标群体。通过观察、访谈、实地考察等调研方式创建一个或多个用户画像，通过使用同理心地图来分析归纳、具体化研究结果。

需求：明确核心需求并满足。再次强调，从观察、访谈、实地考察等调研中分析提取用户需求。注意，需求必须是动词。比如说，一位女孩走进餐厅，对着客满的座位区东张西望，她的需求是什么？你可能会“她需要一张椅子”“她需要一张桌子”，但这些答案都是名词；你可以尝试用动词来代替，此时她的需求可能就是“她需要坐下来”“她需要找个地方休息”。借由动词挖掘使用者需求，你就可以进一步思考帮助她“休息”的方法，不会被原本自己预设的解决方案（椅子、桌子）所局限。

洞见：通过综合收集的信息来表达见解。见解不是用户需求的理由，而是可以应用在设计解决方案中的综合陈述。

在“定义需求”阶段，我们要对上一阶段采集到的信息进行整理，并用“动词”总结出用户表达出来的需求，例如“放更多卡”“放更多钱”“不易丢失”“查看照片”等。这些需求来自与使用者的交谈和观察，是直观得到的。然而，它们可能并不是用户真正想要的。所以我们需要洞察隐藏在这些信息背后的真正需求，生成一份 POV。

POV 是一个重要的工具，帮助我们将设计上遇到的挑战转换成可执行的问题叙述，并作为我们后续进行创意发散的重要燃料。一个好的 POV 会让我们有系统地进行创新，借着 POV 产生 How Might We（HMW）形式的问题来达成。

二、如何使用 POV

POV 的叙述包含三个元素：用户、需求以及洞见。利用白板或白报纸写下一些可能的选项，需求以及洞见应该源于你的观察。

(用户) ______________________ 需要一个方法，

(用户需求) ______________________，

因为 (用户洞察) ______________________。

图 6-1　POV 样表

通过需求访谈我们可以了解人们在特定活动中实现的实际需求。一种方法是对受访者在谈论他们的问题时提到的动词或活动进行重点分析后，制定一个问题陈述，比如：“个性低调的女孩 Nini 需要一个方法来让她在吃健康食品时感觉到被社会接受，因为对她而言，不被社会接受比起不健康更加令她感到危险。”这是一种很清晰的叙述，因为这样的叙述是一个可以执行激发创意的问题叙述，可以指引我们去发展出解决方案。

（一）直接询问法

如果说重要的事情说 3 遍，那么重要的“为什么”就要问 5 遍。5 个“为什么”提问方法是丰田公司首先提出的，用来探求问题的根本原因。由于“5 问法”的简单实用能够帮助使用者迅速求解，故已被广泛应用到各种持续改善法、精益生产法之中。比如滴滴打车的案例：“客户在晚上 12 点的郊区打不到出租车，而出租车可能就在附近，可能是信息不对称导致的，为什么会导致这样的情况？能不能有一个软件可以解决？怎么解决？”

（二）三角测量方法

如果用户不能很客观地陈述自身需求，询问法可能无法有效探知用户的真实需求，那么企业可以借助第三方来更公正准确地了解用户需求，并寻求相应的解决方案。比如，近年来成长迅猛的跨境电商“小红书”通过深入研究发现其主要客户群体是比较爱购物而并非是特别喜爱购物的女性用户。比较爱购物的女性用户群往往有购物的意愿，但并没有足够的时间或能力去识别要买哪些具体品牌系列的产品。她们的需求往往是需要通过社区中的意见领袖（即特别爱购物的用户）表达出来。根据这个特点，小红书通过作为第三方的意见领袖和多维度社区数据筛选好产品，进而对用户进行个性化推荐。

（三）移情法

以上两种方法是从与用户的沟通交流中了解用户思维的局限。但如果我们的用户无法很好地将自身需求表达出来怎么办？甚至是用户周边的人群，可能也会因为自身的局限，无法探察出用户的深层需求。比如说，婴幼儿产品企业就无法单刀直入地质问，因为可能会将孩子吓坏；而孩子的父母也并非育儿专家，很难精准地描绘出孩子的需求。这就需要企业细致观察，进行换位思考，剥茧抽丝地挖掘用户需求。

移情法是设计思维的常用方法，通过移情或同理心来体察用户的需求，设身处地地感受痛点产生的原因并为用户提供帮助和解决方案。比如，Keep 运动瘦身 App 的创始人王宁就是通过其自身的瘦身经历和需求开发了 App，在产品开发中一直坚持用这种移情的方法来满足用户在健身方面的细腻需求，使得 Keep 在不到 300 天的时间就拥有了 1000 万的用户。

（四）溯因法

如果说移情法是通过换位思考感性地体察用户需求，那么溯因法就是像侦探一样去洞察捕捉用户隐藏的需求。溯因法不同于大家熟知的归纳推理与演绎推理。演绎推理是基于已知的前提和情形进行的推理；归纳推理是根据一类事物的部分对象具有某种性质，推出这类事物的所有对象都具有这种性质的结论。溯因推理是从某个观察到的现象出发，通过生成假设，为所观察的现象做出最佳诠释。比如，麦当劳经过认真观察用户，惊奇地发现：购买奶昔的用户，大多是在早上 8 点前，原因是为打发早上开车上班的无聊时间。然而由于这些行为动因十分隐秘，所以用户自身不会刻意地去分析需求真相。意识到这一点后，麦当劳让奶昔变得更浓稠些，这样既可以更好地帮用户填饱肚子，又可以让用户吸奶昔的时间更长。套用溯因法，麦当劳首先观察到用户的行为（在早晨开车上班的路上喝奶昔），再推出用户行为的原因（上班开车比较无聊），从而探求到用户需求的深层次原因。

（五）引领法

亨利·福特曾说过“如果你问你的顾客需要什么，他们会说需要一辆更快的马车。因为在看到汽车之前，没人知道自己需要一辆汽车。”用户无法先知先觉，故企业往往须跳出时间的局限，引领用户需求。

“立足未来，创造未来”不单单是科幻小说中的情节，也是很多新创企业的座右铭。越来越多的高科技企业尝试在未来学家的帮助下跳出用户思维的局限，从而更好地预知并引领用户未来的需求。比如，英特尔的未来学家 Brain Johnson 在接受《福布斯》杂志采访时表示：“我的工作是往后看 10 年、15 年，然后拿出一个人与计算机互动的方案。”

预知未来的作用并非为了构建一部精彩好看的科幻小说，也不是基于精密的思想实验，而是需要企业在对未来科技进步进行探索的过程中，融入用户的需求作为变量。同时，在与用户互动的过程中，能够植入基于科技进步的前瞻性引导。

预知未来需求依靠的并不是水晶球,而是基于大数据分析和科学方法。要想预知未来，企业须大胆假设，小心求证，随时获取用户对未来需求的反馈，并结合高科技手段，不断修正对未来的预期，并将其与未来需求相结合，从而创造新的风口，引领潮流。

在设计思维过程的第二阶段，我们可以使用多种方法来进行设计思维过程的第一阶段即共情阶段的定义、综合、组织和主题化研究。

这些定义方法将帮助我们讲述正确的故事，映射和挖掘用户的想法和需求，构建角色并将其沉浸到场景和故事中。这些定义方法将打开创建设计挑战的全面视图。一旦我们对设计挑战有了初步认知，我们就可以开始构建基本的问题陈述，帮我们明确了核心的设计挑战、用户的需求以及对我们对与这些需求的见解。

三、评测 POV 的可行性

通过将用户、需求和见解这三个元素结合起来，我们可以清晰地表达 POV 并将其作为可操作的问题陈述来驱动接下来的设计工作。例如：据欧美的一些统计，工作在都市的年轻人每周都会使用共享汽车 1 ~ 4 次，使用时间大概在 10 ~ 60 分钟。共享汽车便宜环保的特性让他们愿意与更多的人共享汽车。Google 无人驾驶电动汽车是应对这一设计挑战的解决方案之一。然而，在建立观点阶段，产品设计者并不打算准备寻找解决方案，而是通过一份准确的 POV 去帮助产品设计者确保观点是否具有可行性：

（1）聚焦和界定问题，不应太狭小，或者太宽泛。

（2）作为评价多个创意的标准。

（3）授权给团队，独立进行决策。

（4）记录用户的心理和想法。

（5）避免不切实际的情况，即为所有的人实现所有的需求。

〖**案例**〗

百事大挑战

20多年前百事可乐公司为了冲破可口可乐的市场垄断，一位名叫鲍勃·斯坦福的广告人想到了一招：味道盲测。在公众场合，邀请路人在不知道品牌的情况下，品尝百事可乐与可口可乐，选出自己喜欢的味道。然后将整个过程都拍摄下来，作为广告播放了出去。而且为了更真实，他们还故意让镜头显得原始粗糙。盲测结果是：哪怕是喝了一辈子可口可乐的消费者，也更喜欢百事可乐的味道。广告播出之后，立刻引起饮料界的轰动，百事的销量开始大幅飙升。各个地方都发起了盲测活动，掀起全国热潮。这就是著名的“百事挑战”,甚至后来有一本书就叫作《百事挑战》。

但是，接下来发生了一件更广为人知的事情。可口可乐犯了史上最大的一个错误——更改配方，推出“新可乐”。这件事情的背后，就是因为“百事挑战”的火爆，让可口可乐必须做出反击。而且百事的实验也证明了,消费者其实更喜欢喝口感偏甜的可乐。于是可口可乐做出了看似顺理成章的决定，设计出口感偏甜的新可乐，然后模仿“百事挑战”，也将这款新可乐拿到市场盲测，结果表明消费者确实更喜欢这种新配方。因此，他们满怀信心地将新可乐正式对外推出。

结果这成了可口可乐最大的失败经历。消费者之所以喜爱可口可乐，就是因为熟悉的味道、熟悉的品牌。

这个案例告诉了我们两个道理：

第一，洞察用户的需求很重要。

第二，洞察用户的不同需求，并且选择出对自己有利的那个，也很重要。

〖训练活动〗

请站在你的同学旁边，其中一人先说一个词，另一个人再说一个词，然后第三个人再说一个词。这样反复循环，试着讲述出一个故事。

〖延伸阅读〗

从小数据挖掘用户隐藏的真实需求①

大数据的研究已经在互联网时代展现了巨大的优势，在商业、科研甚至美国总统竞选等方面都引领了新的潮流。在企业的需求分析、产品设计、精准营销方面，大数据的成功案例也有很多。大数据的能量固然不可忽视，小数据也同样有其独特的研究价值。一些大数据无法解决的问题，小数据却刚好能够巧妙地解决，比如挖掘用户隐藏的需求。马丁·林斯特龙在《痛点：挖掘小数据满足用户需求》一书中就通过许多真实案例，深入讲述了他如何应用高度个性化、深入化的研究——小数据的研究——来成功挖掘用户痛点背后的真实内在需求。

马丁·林斯特龙是品牌营销方面的专家，迪士尼、百事可乐、雀巢、红牛等多家著名企业的品牌顾问。他入选了美国《时代周刊》评出的"全球最具影响力人物 100 强"。2015 年，在一项涵盖 3 万名营销人员的独立调研中，林斯特龙被誉为全球首席品牌营销专家。在"全球最具影响力的 50 大商业思想家"

① 《从小数据挖掘用户隐藏的真实需求》，简书，https://www.ianshu.com/p/98390d739bfb?utm_campaign=maleskine...&utm_content=note&utm_medium=seo_notes&utm_source=recommendation.

（Thinkers 50）排行中，他位列第18位。

马丁·林斯特龙做小数据研究的方式，很有启发性。他通常都会深入实地，对用户进行深入的调研。这里强调他研究的“深入”没有半点夸张成分。他所选择的用户数量通常是千人、百人甚至是十来个人，这是实实在在的小数据。而他作为研究者和旁观者，会尽量全面地观察和了解调研用户的细节信息，他们的表情、动作，他们的穿戴喜好和风格，他们的说话方式、沟通方式，他们如何使用手机和各种日常用品，还有他们的汽车内部环境，他们的厨房、浴室甚至是卧室的细节……他全部会仔细观察。

他的观察几乎是事无巨细的。这样做的结果是，他能够全面了解用户文化上的特色、民族特性、生活习俗、工作和生活状态、心理状态等。这些信息早已融入用户的日常行为。多数时候，由于身处其中习以为常，用户反而不太容易用语言表达出来。这也是马丁·林斯特龙作为旁观者来进行观察的好处，别人习以为常的甚至完全忽略的事情，他能够敏锐地捕捉到。

做了这么多的信息收集，马丁·林斯特龙最终要做的是潜台词研究，从小数据中挖掘出用户真正的痛点——潜在的需求。很多时候，用户实际上不能非常清晰地表达出自己的内在需求。人们有意无意地掩饰了真实的自我，同时掩饰了自己内在的习惯和欲望。人们内在的真正需求，很可能藏在潜意识当中，比如一种未达成的愿望、一种无理由的迷信、缺失的群体归属感、因文化习惯被压抑的需求、一种代表特定含义的仪式感、一种特别情感需求的渴望，等等。那些未被表达出来的、未被满足的、缺失的、不平衡的，才是用户真真切切的需求。痛点就是用户潜藏的未被满足的欲望。捕捉到这些用户的欲望，才能直击要害，创造出补偿或者满足这一缺口的产品。

产品的功能当然重要，但产品与用户之间的情感联系也不可忽视。就像希区柯克的两个剧本，“蓝色剧本”完全是功能性的，满足观众的理性的需求；“绿色剧本”则关注内容细节、情感主线等，关注观众的感受、情绪，满足观众的感性需求。好的产品，应该在理性（功能）和感性（情感需求）上同时抓住用户。许多不成功的产品忽视了用户的情感需求。马丁·林斯特龙正是善于从小数据中挖掘出用户内心情感需求的专家，善于挖掘“绿色剧本”的内容。

产品的用户都是活生生的人，要设计受欢迎的产品，首先要了解用户个体。马丁·林斯特龙提倡的高度个性化、深入化的人种学研究——小数据的研究，的确是挖掘潜在需求的好方法。

第二节　识别用户需求

通常，问“为什么”会产生抽象的陈述，问“如何”将会得到具体的陈述。通常，抽象的陈述更有意义但无法直接执行，而具体的陈述则相反。

——彼得·德鲁克

〖他山之石〗

盒马鲜生：致力给用户“一个完整的‘吃’解决方案”①

在新零售属性逐渐成熟后，盒马鲜生正在重新定义餐饮行业，将触手伸向这个万亿级市场。

盒马鲜生 CEO 侯毅认为，盒马 App 解决的不是“买菜”问题，不是“午餐外卖”，而是一个完整的“吃”解决方案。

2018 年 3 月 31 日，盒马的品牌标语由此前的“有盒马购新鲜”升级为“鲜·美·生活”，标志着盒马正向社区生活服务品牌

①《盒马鲜生：致力给用户“一个完整的‘吃’解决方案”》，品略，http://www.pinlue.com/article/2018/06/0716/286552915651.html.

转型升级。4 月起，上海北京的 25 家盒马门店也全部实现“24 小时服务”，在晚间闭店时用户依然可以用 App 下单，享受最快 30 分钟的配送到家服务。这将盒马与生鲜电商以及其他的生鲜超市区分开来。

除此之外，盒马更明显的转变在于 SKU 的扩展。以前很多用户在盒马上购买的都是水果或者食材，如今还可以看到很多品牌为盒马工坊的半成品，例如已经处理好的食材、现做馄饨等。这些半成品最主要的功能就是为用户节省了前期处理食材的时间，将准备一顿家庭晚餐的时间大大缩短。

当然，要想给用户“一个完整的‘吃’解决方案”，自有的盒马工坊是远远不够的。因此，盒马在不断尝试餐饮品类的线上拓展，目前已经与全国 200 多个餐饮品牌进行联营合作，线上占比超过一半。

盒马 CEO 侯毅提出了他对餐饮零售化的新构想:“餐饮品牌在盒马开出的档口就是一个迷你中央厨房，我们将产品从原来的成品变为工业化半成品，并通过线上、线下多个渠道销售，提供一个家庭的晚餐整体解决方式。”也就是说，餐饮品牌商在盒马店内开出档口，盒马则负责统一收银、统一配送，实现“盒区范围”内最快 30 分钟送达。这样不仅可以满足外出就餐和在家用餐两种需求，还能让消费者买到外卖的同时，同步买到半成品和原材料。

不难看出，新零售场景的新餐饮是对传统餐饮的功能、品类、销售渠道、消费场景整体的重新定义。与餐饮品牌的合作，让用户有了更大的选择范围。而对于盒马来说，更大的“新餐饮联盟”意味着更高的市场地位、更低的边际成本、更高的用户黏性，等等。与常见的避风塘门店不同的是，这个门店只有 20 平方米左右，仅有一个前场门面和一个迷你小厨房，商品也大多是一人份的套餐和小份点心。

将中央厨房“移”到盒马，除了重要的配送物流问题，很多其他的问题也得到了不同程度的解决。成本控制方面，盒马作为大体量的餐饮平台，拥有对供应端的议价权，为入驻品牌降低成本；销售方面，盒马线上线下相结合，加大了用户触达品牌的可能性；技术方面，阿里巴巴的技术可以保证平台分配效率极优，减少物力人力中间环节的消耗，为合作商家成长护航。

在“定义”阶段，设计者将试图定义问题，一般都会使用询问“为什么”的方法来达到所谓的“为什么—如何”的顶端，最终目标是想出如何解决一个或多个问题。我们可以怎样（“How Might We”）问题将帮助设计者从定义阶段进入设计思维的下一个阶段，即构思阶段，在此阶段设计者也将开始寻找特定的创新解决方案。

一、用“我们可以怎样”来构建你的 POV

设计者已经从启发性的共情研究活动中收集了成堆的数据，却茫然地盯着数据思考：“从哪里开始……？”“我将如何处理这些信息？”现在是时候将设计者收集到的所有研究汇总在一起。在设计思维过程的第二阶段（即定义阶段），设计者将掌握多种明确、综合和总结设计对象及其核心需求的方法。因此，在定义阶段，设计者试图定义问题时通常会问“为什么”。阶梯式的提问有助于找出如何解决一个或多个问题的灵感和想法。“我们可以怎样”问题将帮助设计者从定义阶段进入设计思维的第三阶段即构思阶段，在这个阶段设计者将开始寻找具体的创新解决方案。

从 POV 中创建“我们可以怎样”，细化特定情境下的需求，从而开始下一步骤。当我们在 POV 中明确了设计挑战之后，就可以开始提出解决设计挑战的想法了。我们可以通过问一个具体的问题来开始使用 POV，该问题的开头是“我们可以怎样”或“我们如何”。例如“我们如何设计一辆环保、便宜、方便更多人分享的无人驾驶汽车？”

“我们可以怎样”的问题是开启头脑风暴和其他创意发散的最佳方法，我们可以在其中探索解决设计挑战的灵感。通过将挑战框定为可能会提出的问题，我们将为第三个设计思维阶段——构思阶段的创新解决方案做好准备。“我们可以怎样”式的提问为新想法打开了广阔的视野，虽然我们目前还不知道如何解决问题，但我们会采取团队协作的方式一起来构建解决方案。例如，如果我们的 POV 是“十几岁的女孩需要吃有营养的食物，才能健康茁壮地成长”，“我们可以怎样”问题可能如下：

（1）我们如何使健康饮食对年轻女性具有吸引力？

（2）我们如何鼓励十几岁的女孩选择更健康的饮食？

（3）我们如何使健康饮食成为青少年向往的东西？

（4）我们如何使营养食品更经济实惠？

这些问题间的差别将会导致构思阶段产生不同的解决方案。我们将通过一个或多个问题来打开思维，这些问题会激发我们的想象力，让我们调研综合的核心见解与用户需求保持一致。

“我们可以怎样”这种提问式方式确保我们正在使用最佳的措辞提出正确的问题,且这个短语中的每个词都有助于激励创造性的解决方案的产生。我们不会提出一个特定的解决方案，但会给出一个创新思维的完美框架。

（一）为何使用“我们可以怎样”

20 世纪 70 年代初，宝洁的市场团队正为与高露洁棕榄的一款新品香皂竞争而拼命。[①] 这种名为“爱尔兰春天”的香皂以其绿色条纹和诱人的“提神醒脑”的效果为承诺的卖点。

当商业咨询顾问 Min Basadur 受邀协助该项目时，宝洁已经测试了 6 版自行研发的山寨版绿条纹香皂，但没有一款能胜过“爱尔兰春天”。Basadur 认为宝洁团队问的问题本身就不对（“我们怎么才能做出一款比 XX 更好的绿条纹香皂呢？”），然后很快就让他们问了一系列野心勃勃的“我们可以看样”问题，并最终以“我们可以怎样创造一款属于我们自己的更加令人神清气爽的香皂？”结束。

这个方法开启了创意的闸门，Basadur 说，接下来的几小时里诞生了

① 搜狐财经，https://www.sohu.com/a/66507150_136506.

成百上千个关于令人神清气爽的香皂的可行方案。最终团队将寻找神清气爽的主题聚焦于海滨。据此团队开发出了一款海洋蓝的白色条纹香皂并命名为“海岸”。它凭借着自身优势迅速成为一个明星品牌。

就像“海岸”的故事告诉我们的，“我们可以怎样”这种方法远不止这三个词的运用，它还有更深的内涵。Basadur 采用了一个更庞大的流程来引导人们提出正确的“我们可以怎样”问题，这包括提出很多“为什么”问题，例如，“为什么我们这么拼命去制造另一种绿条纹香皂？”。同时他鼓励宝洁团队不要执迷于竞争对手的产品，试着站在消费者的角度看问题。对于他们来说，归根到底，一切与绿条纹无关，只与他们想要的神清气爽这种感觉有关。

为了填补这一空白，Basadur 开设了一家咨询公司——Basadur 应用创新公司，主要以“我们可以怎样”问题法为中心，发展他的“单一的”、有创意的流程来解决商业问题。

“我们可以怎样”的提问方式故意保持一定程度的模糊性来扩展探索空间的可能性。这种形式的提问几乎适用于任何领域的挑战，尤其适合那些雄心勃勃但依然可以实现的挑战。但它并不适用于范围过大的问题或过于狭隘的问题。找到合适的“我们可以怎样”问题来问需要一个过程，我们可以在定义和构思阶段找到问题的最佳点。

“怎样（How）”这个词代表了解决方案是存在的。它提供了创造的自信。帮助我们探索各种可能，而不仅仅是执行我们认为的解决方案。

“可以（Might）”意味着我们可以把想法抛出来，可能有用也可能没用。无论怎样都没关系。

“我们（We）”则意味着团队要一起做这件事，相互补充相互促进。

“我们可以怎样”问题是用来开启脑力激荡的简短问题，它像一个源自 POV 叙述或设计准则的创新种子。这个创新种子拥有广度，且可以包含许多解决方案，但同时又可帮助团队聚焦在某个范围内。

举例来说，一个太过聚焦的“我们可以怎样”问题，例如“我们如何创造出一个用来吃冰淇淋但不会滴出来的甜筒”，设定太过广泛则会变成“我们如何重新设计甜点？”。建议一个正确的“我们可以怎样”问题应该像是“我们如何重新设计冰淇淋让它容易携带”，同时具有让团队伙伴有广泛发想新点子的可能性，也帮助团队聚焦在某个范围内。

（二）产生“我们可以怎样”问题

“我们可以怎样”的使用被看作是语言具有激发创意思考和促进协作的力量的有效证明。这种方式确保我们正在使用最佳的措辞提出正确的问题，带有非常强烈的正面心理暗示。从 POV 或问题叙述开始，先将我们所面临的较大的挑战分解成较小且可执行的区块，并且寻找叙述里面的内容来让我们完成整个句子，例如：“我们如何重新设计冰淇淋让它容易携带？”通常在针对解决方案进行脑力激荡前，借由“我们可以怎样”的问题协助团队聚焦进行脑力激荡会非常有帮助。

“我们可以怎样”提问的最佳步骤如下：

（1）从你的 POV 或问题陈述开始。在开头添加“我们可以怎样”来将你的观点转变成几个问题。

（2）将较大的 POV 挑战拆分成一些可执行的小任务。寻找问题陈述的多个方面，来填充“我们可以怎样”这个问题。

（3）在头脑风暴解决方案之前，集体讨论“我们可以怎样”问题将会非常有帮助。

（4）检查“我们可以怎样”问题，并询问自己是否能产生各种各样的解决方案。如果没有，就扩大你的思考范围。“我们可以怎样”问题应该产生许多答案，并将成为创意发散的启动板。

（5）同时，“我们可以怎样”问题需要足够宽泛，包罗一系列广泛的解决方法，但是又要足够狭窄，使得团队的讨论有一个约束的边界。可以按以下步骤进行提问：

① 我们如何帮助用户解决____________？

② 我们如何帮助用户解决____________？

③ 我们如何帮助用户解决____________？

④ 我们如何帮助用户解决____________？

⑤ 我们如何帮助用户解决____________？

（三）创建以人为中心的 POV 陈述

创建 POV 将有助于用以人为本的方式定义问题陈述。以人为本的问题陈述在设计思维过程中很重要，它不仅可以指导我们专注于未发现的特定需求，还可以帮助我们在构思阶段和定义阶段产生想法，提高我们创造的信心和参与的积极性。因此，好的问题陈述应具有以下特征：

（1）以人为本。这意味着你要根据特定的用户、他们的需求以及你的团队在共情阶段获得的见解来构建问题陈述。问题陈述的关注重点在于团队试图帮助的人，而不是技术、金钱回报或产品规格。

（2）有足够的创意自由。这意味着问题陈述不应该过于狭隘地关注解决方案实现的特定方法。问题陈述也不应该列出技术需求，这将会限制和阻止团队成员探索给项目带来意想不到的见解和价值。

（3）足够窄，以使其易于管理。像“改善人类状况”这样的问题陈述太宽泛，很可能会让团队成员感到无处下手。问题陈述应具有足够的约束条件，以使其易于管理。

花时间仔细研究 POV 和“我们可以怎样”式提问方式，你将通过一个或多个“我们可以怎样”问题来打开你的思路，这些问题会激发你的想象力，让你调研发现的核心见解与用户需求保持一致。创建 POV 可以帮助你以以人为中心的方式定义问题陈述。

二、再次确认用户需求

在设计思维过程的定义阶段，以观察阶段（即“移情”阶段）的数据来定义设计问题和挑战。通过使用将原始数据综合成有意义和可用的知识体系的方法，我们能够创建一个可操作的设计问题陈述或观点，激发解决问题的想法。可用性测试专家尼尔森曾提出这样的观点：不仅要听用户是怎么说的，更要看用户是怎么做的，要去观察用户的行为。当用户提出一个需求的时候，我们需要去思考用户的特征、使用场景和行为，以及用户期望得到什么效果。我们不仅要了解用户的需求，更要去观察用户的行为，挖掘用户背后的动机是什么。

（一）确定目标用户群及其特征

目标用户群是产品的直接受用对象群体，他们的重要性不言而喻。目标用户群贯穿于产品的生命周期内，设计者要时不时地问自己："这是不是目标用户群想要的？""这么做有没有偏离目标用户群？"

要确定产品的目标用户群以及目标用户群的特征，通常需要明确以下内容：

（1）产品的使用场合：目标用户群在什么时间、什么地点，如何使用产品？

（2）目标用户群体所处的地理位置：是农村还是城市（一线城市还是其他城市）？

（3）目标用户群体的生活方式：确定他们的价值取向以及态度。

（4）目标用户群使用产品的行为：使用产品的频率如何？他们的决策过程是怎样的？他们的消费渠道是什么？购买时产生的费用支出是多少？

（5）目标用户群体的人口特征：性别、年龄、受教育程度、收入情况。

（6）产品通过目标用户群获得利润的潜力估计：获取利润的成本如何？提供服务的成本如何？

（二）确定目标用户群的痛点

通常，用户真实想要的产品或服务与他们实际购买到或使用的产品或服务间总会用一些差距，这个差距就是用户需求的痛点。我们举个例子，网红写手"年糕妈妈"[①]从 2014 年账号创立以来，"粉丝"增长速度一直很快，其文章的阅读量也一直很高，现在几乎是篇篇 10 万次以上，很大一个原因就是其内容选题基本都是它的目标用户群体——年轻妈妈们普遍关心的痛点话题。

① 简书，https://www.jianshu.com/p/ec40a009a7d2.

比如《早教班要不要上？我们一口气问了 200 个妈妈》，几乎所有妈妈都想让自己的孩子赢在起跑线上，大家都关心孩子早期教育问题，所以要不要上早教班成了年轻妈妈的一大痛点，这样的选题点击率就会很高。

《几岁上幼儿园最合适，早入园还是晚入园？》也是适龄宝妈的普遍痛点，普遍纠结到底应该几岁让宝宝去幼儿园，早一年、晚一年差别有多大？

《宝宝多大喝牛奶，怎么喝，怎么选，这一篇都全了》，孩子健康大于天，涉及宝宝饮食健康、食品安全的话题都年轻妈妈关心的痛点话题。只要做这样的选题，文章点击率都不会差。

这个案例告诉我们，评估出痛点，才能使产品为用户带来真正的价值。

（三）挖掘与评估真实的用户需求

在介绍挖掘真实用户需求的方法前，有三点需要注意。

第一，用户认为习以为常的需求在诉说时就会被忽略，用户表达的需求有时是失真的。

第二，由于用户认知和本身能力有限，所以表达不准自己内心真正想要的需求，他们不知道答案是什么。

第三，在特定的场合下，用户会说出违心的需求，我们会被用户所欺骗。

由此可见，想要挖掘出真实的用户需求是需要费一些心思的。当然，有的用户会直接说出想要什么，但是大多是情况用户说的只是解决方案，并不是问题。

所以，我们要学会洞察人性，从人的本性去挖掘出最真实的需求，这也是挖掘用户真实需求的第一种方法。以下罗列几种主要方法。

（1）洞察人性法：通过人性去判断用户内心最真实的需求。实现一个功能之前，看这个功能是否符合人性，是否跟具体的人性表现相匹配，如果匹配就值得去做。人性的主要表现有：追求快乐、追求高价值、爱美、懒惰、喜欢猎奇、追求有趣好玩、逃避恐惧、建立存在感等。

（2）马斯洛需求层级法：越是上层的需求被满足，产品越能展示出高的价值，用户也越愿意为之付出更高的代价。看要做的功能是马斯洛需求层次的哪一层，从而来判断是不是该做。对应底层需要的功能应该做，同时挑一些对应的中层或高层需要的功能。

（3）观察法：既然用户表达出的需求并不靠谱，那么我们可以观察用户，观察他们的言行举止、行为。推断出用户的内心世界，判断他们真正想要的是什么。

（4）KANO 模型法：将需求归类到基本型需求、期望型需求和兴奋型需求中。基本型需求的功能必须要做；期望型需求的功能选择性做，提高产品质量；兴奋型需求选择 1 ~ 2 个去做，达到让用户尖叫的效果。

（5）产品定位法：根据产品定位来评估需求是否要满足，评估该需求是否符合产品定位。与产品定位比较远的功能就不需要做。

（6）使用场景法：根据用户的使用场景评估需求是否要满足。罗列目标用户群的主要使用场景、次要使用场景，基于罗列出的使用场景判断在不同场景下的不同需求是否要满足。

〖训练活动〗

设想一下：你在东非的一个组织工作，该组织向当地农民出售脚踏泵（用于农田灌溉）。经过多年的运营，你注意到在某些地区，脚踏泵的销售情况非常好，而在其他地区则根本卖不动。

你的任务是在那些业绩不佳的地区把水泵销售出去。你该怎么做？

〖延伸阅读〗

看乐高如何被粉丝带着玩①

20 世纪 90 年代以来，视频游戏和其他电子产品对儿童的吸

① 搜狐网，https://www.sohu.com/a/232108457_465378.

引力越来越大，给传统玩具制造商带来了很大的挑战。2004年，乐高公司就出现了巨额亏损，几乎接近破产。在这种情况下，乐高开始转变思路，更多地从客户角度出发考虑产品创新。

由于乐高的积木玩具是带回家玩的，所以乐高没有在门店与客户建立和深化关系，而是在销售以后，客户把玩具买回家以后，再持续地深化关系。其深化关系的手段是告诉你怎么玩。2004年开始，通过关注“迷乐高”的人群，乐高公司按不同的程度对其进行了区分：玩乐高、迷乐高、乐高控。

1. 乐高“粉丝”第一个层次——“玩乐高”

乐高的第一代掌门奥勒定义了乐高的使命——“让孩子享受建造的快乐和创造的骄傲”。通过积木玩具，让孩子体验到通过动手、动脑而实现自己的理想的乐趣。乐高的商标（好好玩）准确地表达了这种理念。

被称为“乐高教授”的沃顿商学院戴维·罗伯逊教授写道：“乐高公司在用一种理想的、富有想象力的企业精神打造积木，让它的产品永远引人注目，很少会闲置在孩子们的柜子里。”

乐高积木所不断追求的就是“好玩”，让孩子们玩起来。

2. 乐高“粉丝”第二个层次——“迷乐高”

由于乐高玩具的吸引力，世界各地都产生了很多乐高迷，他们是乐高真正的“粉丝”。他们开始自发地组织活动，相互交流玩乐高的经验和体会。如荷兰的“乐高世界”每年吸引75 000名儿童和他们的家人参加；慕尼黑的“乐高涂鸦大会”则是以积木为主题的街头艺术家的聚会。互联网来了，乐高迷们聚会就更方便、更多样。20世纪90年代中期，乐高“粉丝”网站不断涌现。1999年有11个乐高用户群，到2006年为60多个。Lugnet.com（乐高用户群网络）是乐高“粉丝”的一个大型论坛，“粉丝”们在这里分享他们的乐高作品；Brickshelf有200万幅乐高相关的图片，“粉丝”在这里可以看到乐高套装拼砌指南（也是“粉丝”免费上传）；Bricklink.com（“粉丝在线”）出售了250多万块乐高积木；

Brickipedia像一个乐高百科，包含2.2万页评论和讨论；Youtube上还有“粉丝”上传的大约75万个拼砌乐高积木的视频。

直到2005年8月，乐高才真正重视起乐高“粉丝”来。这是在克伊尔德和克努德斯托普参加了乐高“粉丝”的“积木盛宴”聚会之后发生的。这次，克伊尔德和克努德斯托普与500名乐高成年“粉丝”做了3小时的问答互动。他俩最后的结论是：要想找回乐高真正的核心，必须与核心“粉丝”建立起联系。这个活动促使乐高发生了根本的变化。乐高开始和粉丝互动了。2005年乐高就推出了很多与“粉丝”群体互动的项目。

3. 乐高“粉丝”第三个层次——“乐高控”

乐高控都是成年乐高“粉丝”，是玩乐高的行家里手，能将生活中的某一个概念引入玩乐高的过程中，形成自己独特的积木体系。他们已经具备乐高概念设计师的能力，而且有更强的意愿参与到乐高产品的设计中，或者直接把他们“玩的产品”推向市场。

2004年开始，乐高发现了一个很重要的现象：为什么会有成年的乐高“粉丝”？

自积木出现以来，许多乐高的儿童“粉丝”快到10岁的时候就不再玩了。但从20世纪90年代末以来，相当多的男性成年人，再次把兴趣移回到了乐高积木玩具上，不惜花费时间玩玩具，并且乐此不疲。

乐高深入观察后发现，原来是网络的力量！是网络把各种兴趣的人连接了一起，组成一个具有共同消费理念的社区。全世界的乐高迷们就是这样走到一起的，因为积木成了某种承载——童年共同的记忆！没错，大家自动自发、不约而同地把当年玩乐高积木的乐趣又捡了回来！

成年的乐高迷玩起来，会有意想不到的创意出来。乐高由此开始关注成年“粉丝”，并从他们那里直接获得授权，出版他们的产品。如从乐高“粉丝”丹尼尔·西斯金德手里购买了“打铁铺”的授权。西斯金德本是一名美国的设计师，曾在网站上提供乐高积木套装。后来自己设计乐高主题套装，如火车和城堡。“打铁铺”是他以中世纪的铁匠铺为主题设计的乐高积木套装，共由622块积木组成，零售价39.99美元。这是乐高发布的第一款“粉丝”作品。

乐高重新定义了公司面临的焦点问题，把问题从“孩子们想要什么样的玩具”，变成了“孩子们的需求是什么，以及游戏在儿童生活中发挥着怎样的作用”。结果发现，游戏对孩子来说，实际上是一种逃避现实的途径。在游戏中，他们可以大大方方地投入一种避开父母随时监管的活动，并体验个人的成就感。这个发现给乐高提供了一个全新的视角。在调整了产品线之后，乐高先后超越了另外两大玩具制造商“孩之宝”和“美泰”，成为行业领头羊。

第三节　提升识别能力

> 想要找到好点子，首先你得有一大堆点子。
>
> ——莱纳斯·鲍林

〖**他山之石**〗

盖莫里公司的创造小组

盖莫里公司是法国一家拥有300人的中小型私人企业，有许多厂家和它竞争市场。该企业的销售负责人参加了一个关于发挥员工创造力的会议后大有启发，开始在自己公司谋划成立了一个创造小组。

在冲破了来自公司内部的层层阻挠后，他把整个小组（约10

人）安排到了农村议价小旅馆里。在以后的3天中，每人都采取了一些措施，以避免外部的电话或其他干扰。

第一天全部用来训练，通过各种训练，组内人员开始相互认识，相互之间的关系逐渐融洽，开始还有人感到惊讶，但很快他们都进入了角色。

第二天，他们开始进行创造力技能训练，涉及智力激励法以及其他方法。他们要解决的问题有两个，在解决了第一个问题，即发明一种拥有其他产品没有的新功能的电器后，他们开始解决第二个问题——为此新产品命名。

在两个问题的解决过程中，他们都用到了智力激励法。但在为新产品命名这一问题的解决过程中，经过2个多小时的热烈讨论，共为它取了300多个名字，主管暂时将这些名字保存起来。

第三天一开始，主管便让大家根据记忆，默写出昨天大家提出的名字。在300多个名字中，大家记住20多个。然后主管又在这20多个名字中筛选出了3个大家认为比较可行的名字。再就这些名字征求顾客意见，最终确定了1个。

结果，新产品一上市，便因为新颖的功能和朗朗上口、让人回味的名字受到了顾客热烈的欢迎，迅速占领了大部分市场，在竞争中击败了对手。

一旦确定了设计服务对象，就从定义阶段进入形成概念（Ideate）阶段，我们通过诸如“头脑风暴”和“最坏的可能构想”等富有创意和新奇的活动，以问题和解决方案的形式激发创意。构思阶段的主要目的是利用创意和创新来开发解决方案。通过扩展解决方案空间，设计团队能够超越通常的解决问题的方法，以便为影响用户对产品体验的问题找到更好、更优雅、更令人满意的解决方案。可能的问题，会有很多可能的解决方案。目标是产生大量的想法，这些想法可能会激发更新、更好的想法，然后我们可以将这些想法精简为最好、最实用和创新的想法。我们可以将这些创新思法与终端用户的真实需求联系起来，形成新的概念。

形成概念阶段在整个设计流程中的作用是创造出新的想法，这个步骤代表一连串激发创意与发散的过程。形成概念阶段的目的是创造出大量异质的想法，以供未来与使用者进行原型试做与测试使用。这个阶段也可以看作头脑风暴的阶段。围绕定义的需求，我们可以跳出局限，打破惯性思维，天马行空地提出各种各样的点子。不用担心你的想法会被人取笑，比如“让学校生活有趣，小学生可以带玩具来上课”，也许这就是一个全新解决方法的开始。

一、为什么要形成概念？

透过形成概念，你可以帮你的使用者将遇到的挑战转换成解决方案，许多不同形式的概念可以在此阶段被应用。形成概念可以协助你达成以下目标：

（1）团队共创。

（2）抛开一些显而易见的解决方案，并增加创新的元素。

（3）探索未知的领域。

（4）创造出大量异质的创新想法。

（5）提出正确的问题并进行创新。

（6）超越显而易见的解决方案，从而增加解决方案的创新潜力。

（7）将团队成员的观点和优势结合起来，发现意想不到的创新领域。

（8）从多样的创新想法中进行选择。

二、依据“我们可以怎样”产生创意点子

（一）让右脑产生创新的想法

头脑风暴是无限制地自由联想和讨论的代名词，头脑风暴的力量在于让参与者在自由思考环境中与吸引他们的想法之间建立联系，从而扩大解决方案空间。这些想法不是你坐下来拿着纸和笔就可以产生的。

相较于自己拿着笔跟纸坐在位子上，头脑风暴能够让我们想出更多想法，其用意是通过与他人互动、倾听或在其他人想法上继续延伸想法，来达到团队共创的目的。头脑风暴在整个设计流程中都可以使用，除了帮助我们想出解决方案，也可用来思考如何进行同理心的工作，或是思考与项目有关的产品或是服务。形成概念的过程确实可以是有趣和令人兴奋的，但需要大量的准备和团队成员的专注，以取得丰硕的成果。在形成概念阶段，重要的是要创建合适的环境，帮助团队成员创建友好氛围，以使各抒己见。

头脑风暴的特点是让参会者敞开思想使各种设想在相互碰撞中激起脑海中的创造性风暴，可分为直接头脑风暴法和质疑头脑风暴法。前者是在专家群体决策的基础上尽可能激发创造性，产生尽可能多的设想的方法；后者则是对前者提出的设想、方案逐一质疑，发现其现实可行性的方法。头脑风暴一种集体开发创造性思维的方法，如何激发创新思维的？主要有以下几个途径：

（1）联想反应。联想是产生新观念的基本过程。在集体讨论问题的过程中，每提出一个新的观念，都能引发他人的联想，相继产生一连串的新观念和连锁反应，形成新观念堆，为创造性地解决问题提供了更多的可能性。

（2）热情感染。在不受任何限制的情况下，集体讨论问题能激发人的热情。人人自由发言、相互影响、相互感染，能形成热潮，突破固有观念的束缚，最大限度地发挥创造性的思维能力。

（3）竞争意识。在有竞争意识的情况下，人人争先恐后，竞相发言，不断地开动思维机器，力求有独到见解、新奇观念。心理学的原理告诉我们，人类有争强好胜心理，在有竞争意识的情况下，人的心理活动效率可增加 50% 或更多。

（4）个人欲望。在集体讨论解决问题的过程中，个人的欲望自由不受任何干扰和控制，这是非常重要的。

（二）创意发散的规则

头脑风暴是设计思维过程的构思阶段所采用的主要方法之一。集思广益是通过利用团队的集体思维，相互参与，倾听并基于其他想法来产生许多想法的好方法。这时团队的目标是尽可能地想出更多的想法，并不否队和批评他人的想法。头脑风暴的模式需要一段时间的全神贯注，例如 15 ~ 30 分钟，找一块白板或是一个圆桌，但随时保持站立或是身体向前倾地坐着，并且与你的团队成员坐得越近越好。

写下你进行头脑风暴的对象，使用“我们可以怎样”问题对于勾勒出脑力激荡的框架非常有帮助。至少有两个方式协助捕捉头脑风暴所产生的想法：

（1）抄写（Scribe）：清晰且可视化地纪录团队伙伴所想出来的想法，把所有的想法都记录下来，无关点子本身的重要性，也不管你对这个想法有何感觉。

（2）全数纪录（All-in）：每个人记录下来自己的想法，并且通过对话分享给其他成员。使用便利贴是很好的方法，因为你可以将你的想法写下来并贴在白板上。

我们总结了斯坦福大学设计学院和成功的设计公司 IDEO 的最佳实践和头脑风暴规则：

（1）设定时间限制。设计学院强调，主持人必须给参与者留出充分的时间进行头脑风暴。在此时间范围内，尽可能地提出更多的想法，并且禁止对这些想法进行判断。通常，头脑风暴需要 15 ~ 60 分钟。它可以更短或更长，这取决于问题的难度与参与者的默契度。

（2）从特定的问题/观点开始。头脑风暴技术之父亚历克斯·奥斯本强调只针对一个特定的问题或观点进行头脑风暴，因为同时讨论多个问题的头脑风暴效率低下。从一个好的问题陈述开始，通过构建“我们可以怎样”问题锁定讨论范围而不至于偏离主题。

（3）推迟判断或批评。头脑风暴的讨论建立在成员间的相互尊重上，在讨论的过程中保持克制，不评价、不质疑其他成员的想法。每一个成员都有责任促进会议的关系。由于这个原因，判断是后来才会出现的，所以与其阻止一个想法的产生，不如鼓励团队成员提出自己的想法，这些想法是从团队成员提供的想法中萌发出来的。

（4）疯狂想象。再次强调，集体讨论是一项创造性的活动，每个成员都应尝试鼓励其他成员，并营造一个让他们随意表达自己想法的环境。自由思考可能会产生一些偏离主题的想法，但头脑风暴就是尽可能多地提出一些想法，然后将其缩减，直到保留最佳选择。

（5）重量不重质。头脑风暴实际上是一种创造性的练习，鼓励设计思考者发挥他们的想象力。这个阶段的重点是数量，而不是质量。

（6）延续他人的想法。一种观点通常会从另一种观点引出；在头脑风暴过程中，通过接收其他团队成员的观点和想法，可以获得新的见解和观点，从而形成自己的想法。因此，团队将继续建立各种想法，希望这些想法能逐渐变得精练，更具针对性。

（7）利用图像视觉化。写下一些东西或绘制图像，以栩栩如生的图像帮助人们思考新想法或以不同方式查看相同想法。如果团队成员能够将想法形象化并付诸实践，而不是仅仅依靠讨论，那么头脑风暴会议才有更多可能产生可被理解、可被讨论的创新想法。

（8）尊重每个人的想法。各种设想，不论大小，哪怕是最荒诞的设想，记录人员也应认真地将其完整记录下来。只有每一位成员都自由地、自信地贡献创意和观点，头脑风暴才会取得真正的成功。

为了产生好的构想，有必要让想象力更充分、更自由地发挥。《把事情做完》（*Getting Things Done*）一书的作者戴维·艾伦（David Allen）把头脑风暴当作一种释放精神能量的自由思考方式，不必担心自己的想象能不能实现，这是以后的事。在思维发散时，任何想象都是受欢迎的，即使自己认为是荒谬可笑的想象也请记录下来。这种方式也非常适合不善言辞的参与者。

（三）选择想法的构思方法

形成概念阶段通常是设计思维项目中最令人兴奋的阶段，因为，在这个阶段可以产生大量的想法，这些想法可能会激发更新、更好的想法，然后团队可以过滤并缩小到最佳、最实用或最创新的想法。

一旦形成概念，就必须收集、分类、细化和缩小范围，以便团队能够从候选列表中选择最佳解决方案、想法和策略。以下这些方法可以帮助我们在形成概念结束时选择最佳想法：

（1）便利贴票选。在便利贴投票中，所有成员都有一定的票数（3～4票）来选择自己喜欢的想法。构思环节中产生的想法会被写在独立的便签纸上，成员们可以用贴纸或记号笔在便签纸上画一个一个与自己喜欢的创意相对应的点来投票。这个过程使每个成员在选择可行想法时都有平等的投票权与发言权。

（2）四种类别方法。这个方法鼓励你注意那些疯狂但有意义的想法。四种类别方法包括：最理性的选择、最使人愉悦的选择、最受人欢迎的选择、最令人感到不可能的选择。然后，成员们为每个类别决定一到两个想法。这种方法可确保团队覆盖所有领域，从最实用的到最有潜力提供创新解决方案的想法。

（3）六顶思考帽。六顶思考帽是“创新思维学之父”爱德华·德·博诺博士开发的一种思维训练模式，或者说是一个全面思考问题的模型。它提供了“平行思维”的工具，避免将时间浪费在争执上，强调的是“能够成为什么”，而非“本身是什么”，是寻求一条向前发展的路，而不是争论谁对谁错。运用六顶思考帽，将会使混乱的思考变得更清晰，使团体中无意义的争论变成集思广益的创造，使每个人变得富有创造性。

（4）宾果挑选法。如同四种类别方法，宾果挑选法帮助团队保存创新的想法，选择那些能够激发你创造以下原型的想法，包括：实体式原型、数字式原型、经验式原型。

（5）KANO 模型分析方法。KANO 模型分析方法是狩野纪昭基于 KANO 模型对顾客需求的细分原理开发的一套结构型问卷和分析方法。KANO 模型分析方法主要是通过标准化问卷进行调研，根据调研结果对各因素属性进行归类，解决产品属性的定位问题，以提高客户满意度。

〖训练活动〗

在你熟悉的组织中选取一个问题（例如你的大学、你曾经工作过的公司或者某个志愿者组织）。运用所学的设计思维技巧去发现客户/用户或员工的痛点。

为了完成项目，你需要：

1. 开展访谈：至少进行四次访谈。总结访谈内容，与项目一同上交。

2. 绘制一幅客户体验图。

3. 想出至少一个“我们可以怎样”的问题。

4. 根据你的“我们可以怎样”的问题，利用头脑风暴至少找到三个解决方案。

〖延伸阅读〗

皮肤“拉链”问世，无创愈合来了[①]

日常生活中的磕磕碰碰、划伤擦伤还好说，贴个创可贴就能搞定，一旦遇到需要手术、缝针的情况还是必须去医院。

但凡开刀、缝合，又免不了受皮肉之苦，最重要的，只要是缝针，术后就不可避免地会在身体上留下疤痕，有些甚至会成为永久性疤痕。

如今，美国一家公司发明了神奇的皮肤“拉链”——Zip，颠覆了世人对于伤口愈合的认知。Zip作为一种高强度无创皮肤缝合器，只需要轻轻一拉，就能够将伤口合在一起。不仅提高手术的效率，而且能帮助患者的伤口快速恢复。

Zip操作起来非常简单：只需要贴合后在伤口处轻轻一拉，受伤的地方就能闭合在一起，为缝合手术带来巨大的便利，极大

① 搜狐网，https://www.sohu.com/a/276735068_505837.

降低了风险，大大加强了可控性，医生的心理压力也会明显降低。

其主要运用于手术切口和裂口，只要根据实际的伤口大小组合相应大小的拉链，然后粘贴在伤口的周围，再通过器材独特的结构为切口提供轻微的压缩，就能使伤口愈合。其无创缝合伤口原理和我们生活中用到的束线带原理很相似：齿条扣紧后只能一直收紧向前进而不能后退。

与传统手术使用的缝针或钉合器相比，Zip 的优势还在于拥有较强的可扩展性。传统手术缝线技术会让患者术后活动时对伤口产生牵拉张力，影响伤口愈合，并导致疤痕产生，而 Zip 的可扩展性从根本上减少了这个问题的发生。

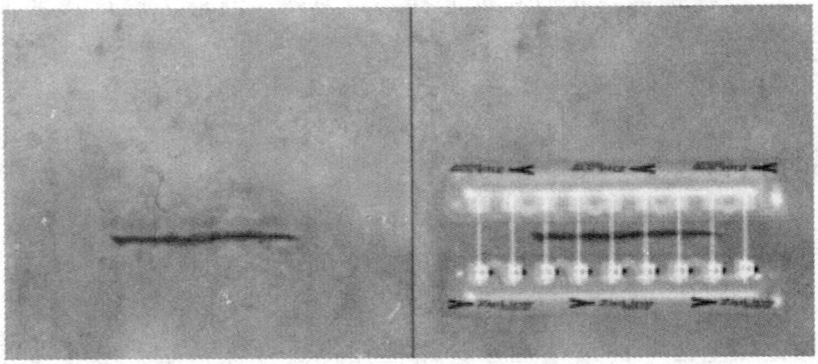

在齿条收紧时，Zip 的力量分解系统可以在切口周围创建隔离区，提供均匀的缝合力，防止牵拉力作用在伤口上。这样既保证了伤口的闭合度，又不会让患者因为伤口而妨碍生活，最大程度减少病患的痛苦，伤口周围无任何疤痕。使用 Zip 时，即便伤口处于需要活动的关节处，伤口也不会轻易被拉扯开。

更颠覆的是，Zip 不光使用方便，极大减少了伤口对生活的影响，而且在伤口愈合之后不需要拆线。材料上，Zip 利用了亲肤的水胶体黏合剂，使用 7～14 天后，就可以从伤口周围的皮肤上剥离下来。患者视自身情况征询医生，得到允许的话，自己都可以在家拆掉它。

Zip 和传统的缝合手段相比，最大的优势还在于：使用 Zip

时不需要在身上扎孔，所以愈合后不会在受伤部位留下明显的疤痕，受伤部位和周围的皮肤相比，几乎看不出异样。

2014年，Zip获得了美国医疗杰出设计金奖和美国骨科周脊柱技术奖，并于2016年获得了德国设计特别奖。

目前，Zip已经获得FDA审批和欧洲CE认证，在全球30多个国家被10万多患者使用，此后，在获得CFDA的认证并颁发注册证后，它将顺利进入中国市场，预计会为4000多万台手术提供服务。

第四节　运用需求工具

想要找到好点子，首先你得有一大堆点子。

——诺贝尔奖获得者 Linus Pauling

〖他山之石〗

旭辉：挖掘客户真实需求[①]

任何一个创新产品都会涉及很多的需求，我们经常常遇到这样的情况：调研用户的需求时，总能得到一大堆新奇的想法或者建议，然而哪个需求对用户来说最重要，用户对我们的新功能是否满意？开发产品资源有限，开发、设计、测试都需要投入人力物力资源。我们应该如何通过优化产品设计，提炼出正确、有效的需求，尽量避免在后续的设计、开发中临时改需求，至少要做到框架级的需求不大改，那么如何真正从用户需求出发来梳理出需求层次以及需求优先级，并能进一步判断需求实现对用户的影响程度呢？

KANO模型是一个典型的定性分析模型，KANO模型分析法

① 《中国经济导报》，http://www.ceh.com.cn/syzx/1199307.shtml.

并一般不直接用来测量用户的满意程度，主要用于识别用户对新功能的接受度，帮助我们了解不同层次的用户需求。使用 KANO 模型，能够有效帮我们系统地梳理需求，做需求的分析和提炼，提高效率。

一、什么是 KANO 模型分析法

KANO 模型是东京理科大学教授狩野纪昭发明的对用户需求进行分类和优先排序的有用工具，以分析用户需求对用户满意的影响为基础，体现了产品性能和用户满意之间的非线性关系。KANO 模型分析法则是授野纪昭基于 KANO 模型对顾客需求的细分原理开发的一套结构型问卷和分析方法。KANO 模型是一个典型的定性分析模型，KANO 模型分析法并一般不直接用来测量用户的满意程度,主要用于识别用户对新功能的接受度，帮助企业了解不同层次的用户需求，找出顾客和企业的接触点，识别使顾客满意的至关重要的因素。

二、KANO 模型的属性分类

在 KANO 模型中，将产品功能/需求和服务的特性分为 6 种需求，其中最重要的只有 3 种：M 基本型需求、O 期待型需求、A 魅力型需求。

M 基本型需求：当优化此需求，用户满意度不会提升；当不提供此需求，用户满意度会大幅降低。

A 魅力型需求：用户意想不到的需求，如果不提供此需求，用户满意度不会降低；但当提供此需求，用户满意度会有很大提升。

O 期望型需求：当提供此需求，用户满意度会提升；当不提供此需求，用户满意度会降低。

另外三种需求分别是：

I 无差异需求：无论提供还是不提供此需求，用户满意度都不会有改变，用户根本不在意。

R反向需求：用户根本没有此需求，提供后用户满意度反而会下降。

Q可疑结果：表示有疑问的结果，一般不会出现这个结果，除非这个问题的问法不太合理，受访者没有很好地理解问题，或者是填写问题答案时出现了错误。

根据KANO模型，我们将其属性分类与用户需求优先级进行对应，便于实际应用，主要定义了三种：M基本型需求、O期望型需求、A魅力型需求，这三种需求根据绩效指标分类就是基本因素、绩效因素和激励因素。优先度：M > O > A。

根据分析结果进行改进时，我们首先应该注意到用户的基本型需求，重视用户认为我们有义务做到的事，保证用户提出的问题得到认真解决，尽量满足用户最基本的需求。

其次，我们应在此基础上尽力满足用户的期望型需求，这是质量的竞争性因素。提供用户喜欢的额外服务或者产品功能，使其产品/服务优于竞争对手。

最后，争取实现用户的魅力型需求，建立最忠实的顾客群。

三、KANO模型实际操作流程

设计问卷调查表并实施。

（1）KANO问卷中每个属性特性都由正向和负向两个问题构成，分别测量用户在面对具备或不具备某项功能对所做出的反应。问卷中的问题答案一般采用五级选项，按照“喜欢、应该如此、无所谓、能忍受、我不喜欢”进行评定。

例如：针对使用手持电的XX功能，问卷设置正反两题：

① 正向问题：如果我们使用手持电吹风的XX功能，你的感受是：

A. 我很喜欢 B. 应该如此 C. 无所谓 D. 能忍受 E. 我不喜欢

② 负向问题：如果我们不使用手持电吹风的XX功能，你的感受是：

A. 我很喜欢 B. 应该如此 C. 无所谓 D. 能忍受 E. 我不喜欢

在让受访者填写表单的时候，需要特别对受访者说明：

① KANO 问卷中与每个功能点相关的题目都有正反两个问题，正反问题之间的区别需注意强调，防止用户看错题意；

② 简单描述该功能点，确保用户理解；

③ 由于用户对“我很喜欢”“理应如此”“无所谓”“能忍受”“我很不喜欢”的理解不尽相同，因此需要在问卷填写前给出统一解释说明，让用户有一个相对一致的标准，方便填答。比如可以向受访者这么介绍标准：

a. 我很喜欢：让你感到满意、开心、惊喜。

b. 理应如此：你觉得是应该的、必备的功能/服务。

c. 无所谓：你不会特别在意，但还可以接受。

d. 能忍受：你不喜欢，但是可以接受。

e. 我很不喜欢：让你感到不满意。

（2）问卷填完回收后，可以对照“KANO 评价结果分类对照表”进行分析，每一张问卷都会取得一个英文代号（需求类型）。问卷设置可以在实际项目中进行调整。

表 6-1　KANO 评价结果分类对照表

产品/服务需求		负向问题（没有）				
	量　表	喜　欢	应该的	无所谓	能忍受	不喜欢
正向问题	喜　欢	Q	A	A	A	O
	应该的	R	I	I	I	M
	无所谓	R	I	I	I	M
	能忍受	R	I	I	I	M
	不喜欢	R	R	R	R	Q

A：魅力型需求
O：期望型需求
M：基本型需求
I：无差异需求
R：反向需求
Q：可疑结果

要将质量特性区分为基本型需求、期望型需求和魅力型需求，然后按照正向问题和负向问题的回答对属性进行分类，请参照具体分类对照表6-2。当正向问题的回答是“我喜欢”，对负向问题的回答是“我不喜欢”，那么 KANO 评价表中，这项质量特型就为“O”，即期望型需求。如果顾客对某项特征正负向问题的回答结合后，分类为“M”或“A”，那么该因素分别为基本型需求或者兴奋型需求。R 表示用户不需要这种质量特型，甚至对该质量特性有反感；I 类表示无差异需求，顾客对这一种因素无所谓；Q 表示有疑问的结果。

（3）评价结果。根据整理出来的问卷数据，算出每个英文代号的百分比。如电吹风 XX 功能评价结果（%）。

表 6-2 功能评价结果表

质量特性	A	O	M	I	R	Q	分析结果
××功能	30	10	10	40	10	0	1

（4）敏感性分析结果。这个步骤计算分数，取得××能满意、不满意的影响力数据。对照“功能评价结果”的百分比数据，套用以下公式计算。

$$SI = (A + O)/(A + O + M + I)$$

$$DSI = (-1) \times (O + M)/(A + O + M + I)$$

电吹风××功能敏感性分析结果如表 6-3：

表 6-3 敏感性分析表

质量特性	SI	DSI
××功能	0.44	−0.22

SI：满意影响力
DSI：不满意影响力

（5）KANO 模型分析结果。Better，可以被解读为增加后的满意系数。Better 的数值通常为正，代表如果提供某种功能属性的话，用户满意度会提升；正值越大/越接近 1，表示对用户满意上的影响越大，用户满意度提升的影响效果越强，上升的也就更快。

Worse，则可以被叫作消除后的不满意系数。其数值通常为负，代表如果不提供某种功能属性的话，用户的满意度会降低；值越负向/越接近－1，表示对用户不满意上的影响最大，满意度降低的影响效果越强，下降得越快。

参考图 6-2，原点落在左上角，对照敏感性分析结果把每个功能坐落的位置表示出来。由此可以看出电吹风××功能落在了靠右的位置，说明该功能比较具有创新性，受到了受访者的欢迎。

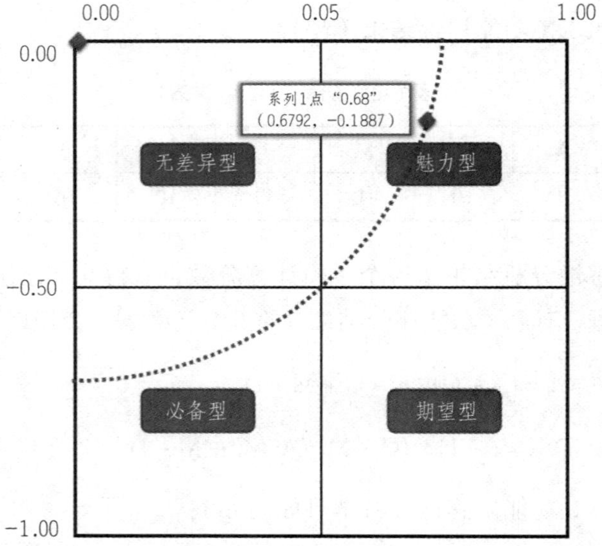

图 6-2　KANO 模型

（6）决定行动方向。根据 KANO 模型建立产品需求分析优先级，运用到产品设计中就是要抓住用户的核心需求，解决用户痛点，在确保基本需求解决的前提下，给用户一些兴奋点。但是，我们也要清楚地认识到，需求会因人而异，我们要做的是满足目标用户人群中多数人的需求；需求也会因为文化差异而不同。需求还会随着时间变化，昨天的期望型需求甚至魅力型需求，到今天可能已变成了必备型需求。所以需要持续调研需求，产品也需要持续迭代。

四、探索 KANO 模型在大数据的应用[①]

目前已经有一些学者在探索利用网上产品评论数据来构建 KANO 模型，即通过抓取网络上产品的评论，并对评论进行主题分类，从而区分出不同产品功能的评论，并对每类功能的网上评论进行正负面的分析，结合特定的规则来判断不同功能的需求属性。

比如，有学者认为，用户对期望型属性的关注程度最高，而这类产品属性也最能让用户特意在网上发表信息进行分享，评论正面和负面均有；基本型属性是客户关注的，但该类属性的实现并不能激起用户在网上发表评论的热情，反而是当这类质量没能实现时，客户会在网上抱怨，评论绝大部分是负面评论；魅力型属性是客户意想不到的，用户较少在论坛上发表评论，但一旦该类质量得到满足，会引起客户很大的惊喜和满意度，网上的评论绝大部分是正面的。

我们认为 KANO 模型定义了一套关于用户需求收集、分析与指导工作的方式，但是在实际工作中，这种方式太过于复杂，并且往往受环境的影响因素较大，所以很容易得出错误的结论。随着大数据、MVP、敏捷开发的崛起，这种过于复杂的用户需求满意度收集方式也要慢慢地退出历史舞台了，但是，也正是伴随着数据挖掘的崛起，建立用户满意度分析，让 KANO 模型又开始慢慢回归，我们也可以运用更精准的大数据来判断客户的需求属于哪种 Kano 需求属性。

〖**延伸阅读**〗

估值 90 亿的喜茶：一家以产品为驱动的公司[②]

喜茶是一家什么样的茶饮店呢？喜茶在官网上是这么介绍自己的：喜茶起源于一条名叫江边里的小巷，在这家只有 20 平方米

① 《人人都是产品经理》，http://www.woshipm.com/user-research/571308.html.

② 鸟哥笔记：http://www.niaogebiji.com/article-25823-1.html?utm_source= tuicool&utm_medium=referral.

的小店里，我们专注于创造出自己真正喜爱的茶饮。喜茶从2012年创办第一家门店到现在，门店数量已经达到了381家。

据统计，喜茶门店平均出杯量为2000杯/天，单店每月营业额平均在100万以上。估算下来喜茶一年销售额可达到35亿元。其中净利润为3.85亿元，体量已经与香飘飘这个中国奶茶第一股打平。而在2019年最新一轮融资时，喜茶估值更是高达90亿，成为新茶饮领域迄今为止最高估值的企业。

喜茶是一家以产品为驱动的公司，主要有两个板块：每一个门店都是一个大产品，而门店内每一款销售的茶饮都是一个小产品。

打造门店这一个大产品。很多人可能无法理解，门店只是一个待客的场所而已，怎么能叫作产品呢？又怎么以产品化的方式打造呢？字面意思来看，产品就是生产出来的物品，但是更深一层来说产品是以使用为目的有价值物品和服务。门店有两大作用，首先门店作为用户的消费场所，精心打造的门店能给用户带来良好的消费体验，其次它更是一个能让我们直观感知品牌文化的场所。

可能很多人对于奶茶店的认识还停留在上学时期学校附近的奶茶店，门店不大，装修一般。但是喜茶的出现彻底打破了这一种传统认知，喜茶的门店面积多在100～400 m^2，每一家门店都极具设计感，喜茶门店虽然千店千面，但是产品设计内核是一样的，那就给用户传达喜茶的茶饮文化。

喜茶借鉴了两种互联网产品研发的方法论：一是产品上市前进行灰度测试，二是对已经上市的产品进行迭代更新。

一、灰度测试。这个是互联网概念，百度解释为："灰度测试，就是在某项产品或应用正式发布前，选择特定人群试用，逐步扩大其试用者数量，以便及时发现和纠正其中的问题。"

喜茶做完新品研发之后，上市当天会在门店外面摆一张新品海报。除此之外不会再做任何宣传推广。既不发公众号，也不会有店员主动推荐。至于用户会不会点这款新品，真的只能靠缘分了。

等新品卖个三五天之后，喜茶把消费者反馈进行汇总，然后再进行配方调整。比如说很大比例消费者认为口感太淡了，喜茶就会想办法提高茶饮香味；如果是太甜了，就调整配方使得口感达到满意。

至于能不能最后上市销售，还得看消费者对调整之后的产品评价高不高。如果评价好的话就做宣发，评价不好的就下架。喜茶每年上市的新品有20余种，但是很多人不知道喜茶其实每年研发的产品超过了上百种。这些没能上架的产品都在做灰度的时候被撤下了。

这样偷偷摸摸上市的好处是能够提前收到反馈，避免上市后产品出现硬伤。灰度测试给予了自己产品修改的空间，同时试错成本也比较低。

二、反复迭代。产品上市之后，这件事还没结束。喜茶的产品会像软件一样一版一版进行反复迭代。就拿喜茶的经典饮品金凤茶王为例，金凤茶王是喜茶13年研发的产品。产品上市之初就备受好评。但是聂云宸觉得还不够，产品还有瑕疵，因为这款茶太涩了。因此喜茶每年都会为这款茶重新调整制作工艺，以降低茶的苦涩味，进一步提高它的茶香味。所以聂云宸敢打包票："今天的金凤茶王肯定比上一年的金凤茶王要好喝。"

很多人对餐饮行业是否要进行迭代持有不同的意见："上市的产品都是经典产品，不能随便改动。"不过我认为这显然不切实际，这种想法的误区在于除非你能从上市之初就确保已经给用户提供尽善尽美的产品，然而产品受限于设备条件以及成本代价是永远无法达到完美的。基于反馈不断迭代原有产品，这才是低成本高效率的产品打造方法。这样才能不断提高自己的产品力，给用户提供高价值的产品。

07 第七章

设计思维之原型

荀子曰："不闻不若闻之，闻之不若见之，见之不若知之，知之不若行之。"当创意产生时，不如亲自动手去制作，让创意变得可见、可感。

蒂姆·布朗曾说："通过花时间去塑造我们的想法，我们避免了代价高昂的错误，比如过早变得过于复杂，以及长期坚持一个薄弱的想法。"原型，顾名思义就是产品的雏形，它是介于创意和产品之间的一个过程。制作原型可以促进用户和设计团队之间的沟通理解，可以尽早发现问题。

第一节　原型试做

当测试原型时，测试用户更倾向于关注和评论表面特征，而不是内容。

——罗杰斯

〖他山之石〗

分镜头让电影拍摄更有计划①

说到拍电影，项目前期的沟通不畅往往会导致后期执行的混乱和严重的团队内耗，甚至预算超支，这也是为什么一个大的电影项目需要一个具有绝对掌控能力的导演。而有些时候单单一个导演也很难去掌控一个复杂系统的运行，这个时候电影故事板的重要性就尤为突出。制作故事板不需要什么高配置的硬件设备，也不需要用多少年月来学习软件，更不需要培养了多年的绘画功底，也没有固定死守的规则。

故事板可以直观地指导电影场景的选取或搭建、整个剧组对剧本的理解、摄影师的整体把控，保证了镜头绝大部分情况下不被白白弃用。其作用体现在对影片规模和预算的控制上，故事板中多一辆车少一辆车、多一个建筑少一个建筑都会影响影片的成本。

在电影数字化大行其道的今天，有越来越多的特效和数字场面，每一秒的镜头都代价不菲，后期剪辑就会显得非常不明智。于是更多影片采用了前期剪辑。前期剪辑的概念对摄影、美术、置景、服装各个部门的创作进行指导、设计，预览各种特效段落，以便于导

① 搜狐网，https://www.sohu.com/a/161544093_656990.

演执导和后期团队的制作，使所有工作人员对电影的美学风格达成共识，统一创作思路。而你在前期的故事板预览中就可以决定这些物件是否必要。分镜故事板能够让影片创作者得以预先将他的意念显现出来，并且可以像作家一样，通过连续的修稿来发展意念。同时，它可作为与整体制作组成员沟通意念的最佳语言。其沟通价值会因为制作的复杂程度而增加，但它并不局限于动作场面和高成本的制作，即使是小规模的、戏剧性的影片也能受益于分镜头剧本。

一、什么是原型试做

在设计思维过程中获得真知灼见的最好方法之一是进行某种形式的原型设计，这种方法包括生产早期的、廉价的、按比例缩小的产品版本，以揭示当前设计中的任何问题。原型设计为设计师提供了将用户的想法付诸实践的机会，测试当前设计的实用性，并潜在地调查用户对产品的想法和感受。

制作原型是一种极低成本的试错方式。不需投入太多的资源，它就可以以极快的方式测试数个点子，将想法与发现从创意变成创新，并实际落实到真实场域中。由于产品上线以后修改错误的成本通常会急剧上升，因此通过原型试做提前给产品预留了失败的空间，能够节省上线后失败的巨大开支。在原型试做这个步骤，我们做出的可以是粗糙、简单的产品或产品中的特定功能的原始模型，用于测试上一阶段提出的解决方案。这个阶段制作的原型可以是一个具体的产品的模型，也可以是对一个小规模的环境或过程的简单模拟。比如，改良火车订票系统，我们就可以模拟一个微型的购票厅，让测试者来模拟购票。

原型试做是为了让我们能够以一种不同的方式思考解决方案，同时也为了快速且廉价地失败，这样就可以减少花在一个最终被证明是糟糕的想法上的时间和金钱。在迭代初期，制作快速、便宜的低保真原型；在迭代后期，需要精致、逼真的高保真原型，从而能够获得用户真实的情感反馈。

例如，在开发软件时，设计团队可能会产生大量纸质原型，以向用户清晰地展示他们如何处理某些任务或问题。当开发有形设备时，例如鼠标，设计师则会使用许多不同的材料来测试产品的基本技术。随着3D打印技术的进步，制作原型现在往往是一个更快捷、更低成本的过程。因此，这使设计师可以在着手进行特定设计之前为利益相关者提供准确和可测试/可用的复制品模型。

事实上，原型试做是因为以下四个原因被广为使用：

（1）获取同理心：产品/服务原型让你更了解你的用户以及产品/服务本身，尽管在项目初期也可发挥此功效。

（2）探索：透过思考，发展出更多的解决方案。

（3）测试：借由创造产品/服务原型与使用者互动，以测试并调整解决方案。

（4）激励团队：透过产品/服务原型来诉说愿景，以激励团队。

原型还能帮助我们更好地思考，当我们开始构建一个可互动的产出物时，自然而然地，很多之前在设想阶段被忽略的细节，就在我们构建一个体验故事的过程中，逐一浮现出来。所以说，制作原型，就是"在构建中思考"。

1. 原型阶段的输入（Input）

原型阶段的输入，来源于设想阶段发散出来的点子。这个阶段需要我们开始聚焦，通过改善、重构，连接其中的某些想法，向更精确的方向去发展设计概念。但我们也不必太过拘泥于来自设想阶段的想法，一旦有新的火花在制作原型的过程中迸发，就可以迅速将其融入，用低成本的方式实现出来，去看效果如何。

2. 原型阶段输出（Deliverables）

项目的演化程度和设计概念的成熟程度决定了原型阶段的输出的形式。项目初期，当设计概念相对模糊的时候，我们可以用海报、宣传单的形式，将产品想法大致描述出来，来试水目标用户群体反应①。

① 简书，https://www.jianshu.com/p/0f5554a72610.

二、呈现原型的方法

原型制作方法通常分为两大类之一：低保真或高保真。前者制作简单的版本，有时使用任何可用的材料便可以立即进行测试。相比之下，高保真度方法通常在外观、感觉和交互方式方面更接近最终产品。

虽然高保真原型可以帮助设计团队获得有价值的见解，了解产品在分发时将如何被接收，但高保真原型的生产可能非常耗时，而且如果需要进行更改，可能会延迟项目完成时间。因此，设计人员可以使用不同的原型方法。这两种广泛的测试方法都有缺陷，在决定如何在指定的时间框架和预算内最好地改进设计时，必须考虑到这一点。

（一）低保真原型

低保真原型包括使用被测试产品的基本模型或示例。例如，模型可能是不完整的，并且只使用了最终设计中可用的部分功能，或者可能使用了非最终产品所用的材料（例如木材、纸张或塑料用金属）构造模型。低保真度的原型可以是廉价且容易制作的模型，也可以只是简单地描述或可视化它们。

低保真原型被广泛运用在设计思维这个阶段的原因主要有以下几点：

第一，设计思维：主张“用双手思考”的方式来建立有效满足用户情感化需求的方案。

第二，精益创业：依赖于早期产品验证和最小可行性产品的开发迭代。

第三，注意力从工具的技术问题上转移到设计的基本要素上，使设计师能够释放 95% 的时间用于思考设计本身而只花 5% 的时间在技术问题。

第四，以用户为中心的设计，要求协同设计的过程中，用户提供他们对于产品原型感受的持续反馈。

1. 低保真原型的示例

（1）实体模型：让创意、概念、解决办法从 2D 变成 3D。用手边现有的材料制作低保真的原型。

（2）故事板：用一连串的图片或手绘稿说一个关于使用者经验的故事。

（3）图标：透过图表（流程图、状态图、关联图等）表达这个产品或服务相关的"人""环境""对象""时间"。

（4）角色扮演：通过扮演使用者，去想象并体会使用将要提供的产品或服务所会有的情绪反应。

（5）混搭：将以上各种形式混合使用，妙用无穷。

2. 低保真原型的优点

（1）快速且便宜；

（2）适用在早期检测和修复主要问题；

（3）更有迭代的动力和意愿；

（4）易于携带和展示；

（5）快速建立起的原型帮助用户传递有价值的反馈。

3. 低保真原型的缺点

由于低保真原型的基本性质，有时甚至是粗略的性质，涉及产品的简单早期版本的测试所产生的结果的适用性可能缺乏有效性。低保真原型的生产可能不适合目标用户。

（二）高保真原型

高保真原型是指外观和操作更接近成品的原型。例如：一个带有可移动部件的 3D 塑料模型（允许用户以与最终设计相同的方式操作和与设备交互）与木块相比具有很高的保真度。同样，使用设计程序（例如 Sketch 或 Adobe Illustrator）开发的软件系统的早期版本与纸质原型相比具有很高的保真度。

1. 高保真原型的优点

（1）吸引人：利益相关者可以立即看到他们的愿景实现，并能够判断它在多大程度上满足他们的期望、愿望和需求。

（2）高保真原型的用户测试中将使评估人员能够以高度的有效性和适用性来收集信息。原型与成品越接近，设计团队对人们如何回应、互动和理解设计就越有信心。

2. 高保真原型的缺点

（1）与低保真原型相比，它们的生产时间通常更长。

（2）在花费数小时的时间来制作产品外观和行为的精确模型之后，设计师往往不愿意做出改变。

（3）对原型进行更改可能会花费很长时间，因此会延长整个项目的过程。低保真原型（草图或纸上原型）则通常可以在几小时内进行更改。

用户反馈访谈需要回答的两个核心问题：

第一，这些反馈有没有回答我们一开始提出的问题？

第二，反馈中有没有提出我们的方向是否正确？

如果这两个问题的答案是“是”，那么我们才可以考虑做高保真原型。如果有一个问题的答案是“否”，那么我们依然要进行低保真原型的测试调研。

（三）原型试做的设计准则

原型应该是设计解决方案的快速和简单的测试。这里有一些指导原则可以帮助我们进行原型设计。

1. 刚开始建造

设计思维偏向于行动，即使我们不确定自己在做什么，拿起一些简单材料也足以让你进行下去。

2. 不要花太多时间

原型必须重视速度。我们花在构建原型上的时间越长，对现在产生的想法就会产生越多的情感，从而阻碍我们客观地判断它的价值。

3. 记住测试目的

所有原型都应有一个集中的测试问题，确定每个原型正在测试的内容、在测试原型时应该解决的特定问题是什么。

4. 牢记用户需求

根据预期的用户行为和用户需求测试原型。然后，从期望和现实的差距中学习并改善我们的想法。

雪子寿司[①]的案例可以给我们提供一些启发。日本大分县本匠村一位名叫高桥文子的妇女本来是开理发店的，“建设丰之国学校”给了该村三个参加培训的名额，其中要一名妇女，村里就让她去，培训结束后，她回到村里，组织部分村民成立了一个“家乡本匠会”，准备做点什么有创意的事情。一开始他们想到的是组织“元祖/家乡特产邮寄”活动，即将当地出产的农产品包装装箱后邮寄给在外地工作的同乡，可以借此宣传本地的农产品。但这只是一种简单的包装装箱，高桥文子觉得很不满足，她想利用这些材料加工制作成美味食品应该更有意思。

于是，“家乡本匠会”成员反复思考、试验，试做了“香鱼寿司”“竹笋寿司”这样一些以前没有过的寿司，但并没有名气。2001 年，一个香菇种植者提出可否利用当地产的香菇制作成什么食品，还有人建议将制作的食品再送到林业厅举办的食品竞赛去参加评比。高桥文子采纳了他们的建议，用萝卜、大叶和香菇混合制作成寿司饭，取名“雪子寿司”，并参加了林业厅的食品竞赛，夺得第一名。后又被选送代表大分县参加全国竞赛，又夺得第一名，立即引起了媒体关注，被媒体大力宣传报道。从此，毫不知名的一种寿司便成为本匠村乃至大分县的名牌产品，被摆放到高速公路休息区、铁路站点和高级百货店作为名特产品销售，还吸引了很多旅游者慕名前来当地旅游观光，不仅增加了村民的收入，同时也增加了就业岗位。

① 简书，https://www.jianshu.com/p/0f5554a72610.

〖训练活动〗

现在花一点时间思考一下我们的想法如何适应人们的实际生活，如何勾勒出一个可视化的解决方案，并设计制作出一个最小可行产品（MVP），以进行测试。

注意事项：

1. 与用户面对面访谈时切记不要给用户过多的指导。

2. 最开始一定要告诉用户，如果无法完成任务，不是用户的问题，是产品的问题，访谈是为了测试产品，而不是测试用户。

3. 用户的情感反馈和无所适从是需要重点收集的，用户提供的优化建议可以暂时过滤。

〖延伸阅读〗

将精益创业嵌入精准扶贫①

2014 年 10 月，国务院扶贫办启动了贫困村创业致富带头人“闽甘宁”培育工程试点，从甘、宁的贫困村选送有创业条件、有带动贫困户增收意愿的培养对象，到福建省南安市蓉中村学习培训。这是 2017 年国务院扶贫办发布的精准扶贫典型案例中的一个。

北京林业大学教授李华晶、陈建成认为，精益创业与精准扶贫融合之路具有旺盛的生命力。他们立足中国扶贫开发实际，在剖析精准扶贫典型案例的基础上，分析了创业扶贫的关键点和行动路线，从创业与脱贫融合的模式出发，将精益创业与精准扶贫紧密结合，创新性地提出了嵌入精益创业的扶贫实践架构。

① 科学网，http://news.sciencenet.cn/htmlnews/2018/2/402387.shtm.

近年来，“创业”进入了专家学者反贫困研究的视野，越来越多的人视其为解决贫困的有效途径，也开始认识到贫困背后可能蕴含的创业机会。中国政府于2016年底印发的《“十三五”脱贫攻坚规划》中，有20余处提到了创业。

在李华晶、陈建成看来，创新创业与精准扶贫是当今中国政府顶层设计的两个重要主题，二者在许多领域出现了交叉甚至融合。社会上已形成了一些创业扶贫联盟或机构，用创业助力精准扶贫。

针对上述“贫困村创业致富带头人培训”案例，他们将过程细分为六步，认为其较好地体现了精益创业与精准扶贫的融合。

第一步创意，点燃创业激情。将现场学习和跟踪指导服务有机结合，让学员从“不想、不敢、不会创业”到“想创业、敢创业、会创业”。

第二步开发，选准创业方向。根据学员自选创业方向，分小班学习专业课程。组织学员到对口的专业合作社和小微企业参观，让学员有针对性地了解创业过程、启迪思路。

第三步编码，帮助制定创业计划。聘请中小企业高管任扶贫创业导师，指导学员设计创业计划书。

第四步测量，企业高管导师对学员进行实地跟踪。

第五步数据，学员接受1个月技能培训毕业后返乡开展创业实践，导师对学员进行不少于11个月的跟踪辅导，获得各种反馈数据。

第六步学习，激活学员本土创业致富的内生动力、提升“造血”水平。

据了解，目前学员创业成功率达50.6%。每人带动了5～10个贫困户，最多的带动了上百户，累计带动了2000多个贫困户参与创业行动。专家称，该创业活动促进了当地特色产业发展，为脱贫攻坚培养出了更多的乡土人才，有利于实现精益创业促进精准扶贫的良性循环。

李华晶、陈建成认为，精准扶贫主张破除“输血式”的被动扶贫，强调扶贫先扶志、扶贫必扶智，将创业视为一种积极的解决方案。“创业实践领域新兴的精益创业理念，契合了精准扶贫的核心要义。”

这项精准扶贫案例借鉴精益创业理念，在创业过程机会开发主线的基础上，构建精益创业与精准扶贫融合框架，从而形成“创意—开发—编码—测量—数据—学习”的六步模式。还要抓住以下关键：

首先是对金字塔底端市场的机会开发。创业扶贫首先要对金字塔底端市场边界有科学的认识，需要重视开发底端市场。

其次是对贫困创业者创业精神的激发。驱动贫困者创业的重要决定作用，并非物质贫困导致的生存压力。有必要激发物质贫困者在心理和行为层面上形成对创业机会的感知，强化他们进行价值转化的精神动力。

再次是对扶贫融资和制度体系的优化。当前研究通常将融资定位于反贫困创业伊始重要的有形要素，将制度视为影响创业活动的前置变量，且二者与不同经济主体如金融机构和政府部门分别对应，从而被分立为两类资源。值得注意的是，小额贷款背后潜藏无形的信任机制。小额贷款不只是获取启动资金的一种渠道，也已成为带来社会变革的经济力量。创业与贫困碰撞所衍生出的公益创投和社会企业等新的组织形式及其新的管理范式成为新型的制度规范，推动公众认知结构的变化和演进。

最后是重视国际创业扶贫研究成果的转化。虽然创业与贫困关系研究属于新兴主题，且未来发展方向呈现多元态势，但当前学术研究案例证明了针对贫困者的创业活动已成为解决经济社会可持续发展的重要社会创新过程。有必要结合国际前沿研究发现、吸纳各国实践探索的科学做法，为中国创业扶贫实践提供参考借鉴。

第二节 原型测试

创新，可以从需求的角度而不是从供给的角度给它下定义为：改变消费者从资源中获得的价值和满足。

——彼得·德鲁克

〖他山之石〗

腾讯产品成功的10/100/1000法则①

在研究用户需求上没有什么捷径可以走，不要以为自己可以想当然地猜测用户习惯。产品研发中心最容易犯的一个错误是：研发者往往对自己挖空心思创造出来的产品像对孩子一样珍惜、呵护，认为这是他的心血结晶。好的产品是有灵魂的，优美的设计、技术、运营都能体现背后的理念。

有时候开发者设计产品时总觉得越厉害越好,但好产品其实不需要所谓特别厉害的设计,因为觉得自己特别厉害的人就会故意搞一些体现自己厉害但用户不需要的东西，那就是舍本逐末了。

腾讯也曾经在这上面走过弯路。现在很受好评的QQ邮箱，以前市场根本不认可，因为对用户来说非常难用。后来，我们只好对它进行回炉再造，从用户的使用习惯、需求去研究，究竟什么样的功能是他们最需要的。在研究过程中，腾讯形成了一个“10/100/1000法则”：产品经理每个月必须做10个用户调查，关注100个用户博客，收集反馈1000个用户体验。这个方法看起来有些笨，但很管用。

我想强调的是，在研究用户需求上没有什么捷径可以走，不要以为自己可以想当然地猜测用户习惯。比如有些自认为定位于

① 《马化腾在腾讯研发部关于“产品设计与用户体验”内部讲座》，简书，https://www.jianshu.com/p/fa0e4b198f0d.

低端用户的产品，想都不想就滥用卡通头像和一些花哨的页面装饰，以为这样就是满足了用户需求；自认为定位于高端用户的产品，又喜欢自命清高。

其实，这些都是不尊重用户、不以用户为核心的体现。我相信用户群有客观差异，但没有所谓高低端之分。不管什么年龄和背景，所有人都喜欢清晰、简单、自然、好用的设计和产品，这是人对美最自然的感受和追求。

一、为何要原型测试？

原型测试透过反复快速产生产品/服务原型，来说明设计师探索设计出来的解决方案的各个面向。最基本的测试产品/服务原型的方式是让使用者直接体验并与原型互动，通过与使用者进行原型测试，我们有机会仔细检视我们的解决方案并感受使用者的需求。

与设计思维过程中的每个阶段一样，测试应该提供新的见解，以帮助我们理解、定义或重新定义用户可能面临的各种问题。

因此，我们必须尽可能寻求反馈，与真实的人进行测试，并分析结果以确定哪些方法有效，哪些问题会导致问题。

二、如何进行原型测试？

原型测试是设计思维的最后阶段，也是一个迭代过程。测试阶段所产生的结果常常被用来重新定义一个或多个问题，告知对用户、使用条件、用户思维方式、行为和感觉的理解，并产生同理心。即使已在这个阶段，为了排除一些问题，解决方案也还会进行更改和改进，并尽可能深入地了解产品及其用户。

从原型测试中，初期保持产品/服务原型虽然是低保真的，但可以让我们尝试许多不同的想法而不需要太早决定明确的方向。原型测试的目的不只是建构出解决方案的雏形，而且是创造出一个使用者可以与之互动的体验。我们可以将产品/服务原型中特别想要测试的部分精致化，其他部分维持粗糙。除此之外，我们还需要先思考测试的情境与内容，这样才能得到有意义的回复。永远不要只是拿着产品/服务原型站在街头，而是要到这个产品/服务实际发生的场景中去。举例来说，如果我们在创造一个食物储藏的系统，让用户在他们的厨房里测试，因为很多重要的难题都会在这里发生。

由于显而易见的原因，多数模型制作都是关起门来进行的。通常有必要保护想法的绝密性，并只让有限范围内的人知道这一想法，这样，竞争对手（甚至管理层）就都不知道发生了什么。传统企业也许会组织客户调查小组或顾客通过会诊来测试产品，例如：移动电话技术公司需要凭借用户之间以及用户与电信系统间无形的互动方式来做出决定。而像游戏公司这样的前卫企业，也经常会找来游戏玩家，在游戏开发阶段对游戏进行测试。这样的可控环境用来评估产品的功能特性就已经足够好了。通过原型测试来检验这些功能特性，比如：是否可用？掉到地上会不会打碎？各部件连接得好不好？普通人能否找到开关？

对一个创意项目进行原型测试，需要将原型投放到用户真实使用的现场，从而观察它们如何存活下来并适应不同的环境。

使用者测试是以人为本的设计方法的基础。借由使用者测试，我们可以凭借更新的对使用者的了解重新修改解决方案。当我们在测试产品/服务原型的时候，我们需要留意使用者对于解决方案的反馈，并且利用测试的机会得到更多使用者的同理心。当我们利用原型测试与使用者互动时，我们可以回到最当初学习与同理心的模式，再次深入了解使用者。

进行使用者测试时，有些需要注意的事情：第一是产品/服务原型，第二是测试的内容与情境，第三是测试时与使用者的互动，第四是我们如何观察、访谈并记录用户测试时的反馈。前面两个部分，我们需要规划测试的内容，让测试给我们有意义的反馈，试着思考原型本身与测试的情境之间是如何进行互动的。当原型测试本身是一个情境，试着思考如何找到正确的使用者（与我们的 POV 相关）并且帮助他们建立正确的观念，我们才能得到真实的反馈。

（一）原型测试的规则

如同同理心一样，也要事先规划测试工作中所有参与的角色。

（1）让你的用户比较备选方案。创建多个原型，每个原型都更改一个变量，这样用户就可以比较原型并告诉你他们更喜欢哪个或不喜欢哪个。当用户对两个原型进行比较时，他们更容易说明自己喜欢和不喜欢的原型，而不是仅与之交互。

（2）显示，而不是告诉。让你的用户体验原型。避免过度解释你的原型如何工作，或者它应该如何解决用户的问题。让用户体验使用原型本身，并观察他们的反应。

（3）请用户谈谈他们的体验。当用户在探索和使用原型时，让他们告诉你他们在想什么。对于大多数用户来说，这可能需要一些时间来适应，所以最好是聊一个不相关的话题，然后问他们一些问题，比如“当你在做这件事的时候，你在想什么？”。

（4）观察。观察用户对原型的使用方式（“正确”或“不正确”），当他们误解了原型应该如何使用时，试着抵制纠正他们的冲动。用户的错误是宝贵的学习机会。

（5）提出跟进问题。即使你认为你知道用户的意思，也要经常提出问题。提出诸如“您说……是什么意思？”“您的感觉如何？”。最重要的是“为什么……”这样的问题。

请记住，我们是在测试原型，而不是测试用户。在设计原型时，应牢记一个核心问题——在测试阶段将要进行测试的问题。确保用户知道原型和测试的内容，但不要过度解释原型的工作原理。

（二）原型测试的流程

（1）让测试者体验原型。以展示取代说明，把原型交给测试者并利用最少的信息让测试者了解需要做什么，不要过多解释我们对原型的想法。

（2）测试过程中让测试者多说话。举例来说，可以在适当的时候问测试者：“当你在做这件事情时，你脑中在想什么？”

（3）积极地观察。观察测试者是如何使用原型的，不要马上指正测试者的行为。

（4）提问。提问是最重要的部分，建议可以多问，例如：“请告诉我为什么这个对你有帮助（或没有帮助）？”“请多告诉我这个东西带给你什么样的感受？为什么？”当测试者提问时，记得利用问题来回答问题，例如：“既然如此，你可以跟我说说你认为这个按钮有什么功能吗？”

（三）原型测试的工具

（1）反馈统整四宫格（Feedback capture grid）

反馈统整四宫格是被用于纪录用户测试状况的窗体，说明访谈者实时记录的所有测试者的反馈。除了可以作为团队间进度的重要反馈，也可以作为测试者对于产品/服务原型的反馈，使用反馈统整四宫格的目的是将使用者的反馈系统化，并且更有系统地在四个不同维度中捕捉想法。

将空白页或白板分成四个象限。在第一象限画一个三角形，在第二象限画一个加号，在第三象限画一个问号，在第四象限画一个灯泡。

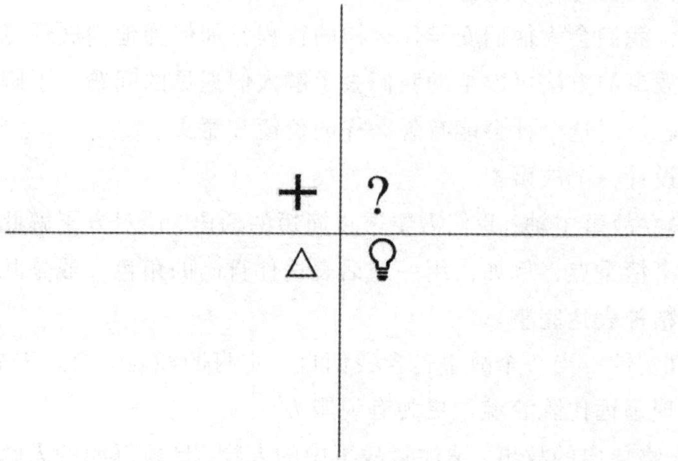

图 7-1　反馈统整四宫格

用你或客户的反馈填充四个象限：建设性的批评在第一象限；基于喜欢或发现值得注意的事物，位于第二象限；基于经验提出的问题出现在第三象限；基于体验或陈述激发的想法出现在第四象限。

设计思维的核心原则是与真实的人，特别是与用户进行交流。对用户的深刻理解带来了新的视角，反过来又产生了新颖的解决方案。

设计思维的特别之处在于，设计者的工作流程可以帮助系统地提取、教授、学习和应用这些以人为本的技术，以创新的方式解决问题。所有文学、艺术、音乐、科学、工程和商业方面的伟大创新者都曾实践过它，并仍在实践它。

（2）说故事

讲故事的方式可以用在产品设计的任何一个过程中，也可以用在问题解决的过程中，它非常有效。每个人都可以通过故事感受到真实的场景和问题，我们可以通过讲述一个故事来发现一个真实用户会经历的过程，帮助我们去建立对用户的认知，发现他们面对的问题。每个人都会变得感同身受，会联想到自己的亲身经历。比如我们会去想一些新的功能，这个时候也许我们想到了一个点子，而这个功能创意是从未有过的。那么，我们要将这个想法更好地表述给大家，就可以用讲故事的方式。

假设我们设计一个旅游产品，设计的时候我们会问问自己，如果我带父母来玩，我们会为他们安排什么样的行程？如何为他们展现更真实的目的地。说故事的方法可以帮助我们去了解人们遇见的问题，了解我们产品对这些问题、对这个社会能有怎么样的价值和意义。

如何设计一个故事？

① 确立故事主轴：我们需要透过简短的话语，让对方了解此故事叙述欲表达的事情重点，例如：用一句话表达你自己的角色，或是几句话将整个故事的精神表达完整。

② 真实性：当一个故事包含我们自己本身的经验，会显得更有力量。诚实的表现远远比陈腔滥调更为有说服力。

③ 人物导向的故事：请注意故事中的人物，形象鲜明的人物对于人们需求的表现以及激起听众的同理心与兴趣是非常有帮助的。

④ 戏剧化：我们设计的故事需要包含三种要素：行动、冲突、转换。

⑤ 行动：故事中的人物想完成什么？他们透过什么行动来完成呢？

⑥ 转换：洞见是什么？行动是如何化解冲突的？

⑦ 细节：所有人类的行为背后都有情感因素，我们能够分享你的人物与他们的情况，并导引出背后的情感因素吗？

⑧ 设计流程与说故事流程相同：使用你在设计流程中所学到的同理心地图类似人物，需求（Need）类似冲突，洞见（Insight）类似于解决方案，三者之间的相互转换与对应有一定的相似性。

〖训练活动〗

1. 判断正误，并对错误的进行更正。

（1）原型化的原因之一是激励他人。

（2）每个原型都应该用于测试特定问题。

〖延伸阅读〗

乐高：分布式共同创造

乐高创意平台（Lego Ideas）于2008年在日本推出，2011年推出全球版。在网站上，用户可以方便地注册，提交方案说明（通常提交的方案需要非常详细，包括图片、说明）。粉丝对业余设计师的新套件创意进行投票。任何获得10 000张选票的创意都会进入审核阶段，然后乐高会决定哪些可以进入生产阶段。所以前期的这个方案征集也是产品上市前的用户互动、市场调研、预热工作。到目前为止，该流程已创作出十几个可用的套件，包括由女性科学家组成的模型试验室和大爆炸理论公寓。

乐高也积极和外部合作，如MIT media lab，借助外部的研发力量缩短开发时间。而要促成更大幅度的开放式创新，则不得不提到“破坏规则者”这个顾客族群。当时乐高公司与MIT合作开发的Mindstorm机器人玩具，一推出没多久，就被这类型的顾客公开程序代码，起初乐高公司暴跳如雷，但后来乐高公司选择开放平台，果然创造出更多更有创意的点子。

自此之后，乐高公司便利用这一类型的顾客进行新点子或机会的探索，同时也成立乐高Mindstorm的交流社群，也积极和教师们共同开发。现在Mindstorm已经是许多学校老师教学用教材，借以启发学生更多的创意。乐高、MIT和使用者社群共同形成了一个包含供应者、合作伙伴顾问、外围制造商和教授等的完整生态系统。而乐高也借由利润共享、智财保护等配套措施完善了开放式创新。

乐高也建立了“Design by me”的设计平台，让顾客下载软件，使顾客也可将自己的创意上传到乐高的平台，然后再经过顾客票选，胜出的概念可进入乐高的新产品开发中，最后进行商品化上市贩卖。“Design by me”是一个利用群体智慧集结创作的平台，配合开放式创新的政策与相关的知识产权保护，让每一个人都有可能是产品设计师。乐高运用开放式的顾客共创平台，成功地将产品开发时程由原来的24个月缩短至9个月，同时也大大提升了顾客的满意度。

同时，乐高开放创新也有利润共享模式，并且成功应用在多个项目中。为了保证利润共享模式的顺利完成，乐高采用了知识产权保护等配套措施，通过分布式共同创造的形式，把志趣相投的各方力量汇聚起来，乐高公司是这种创新模式的典型代表。

第三节　原型迭代

创业公司应该集中精力到一个关键指标。所以你需要决定是哪个指标和忽略其余的不确定因素。

——Noah Kagan

〖他山之石〗

开放式创新促进产品迭代升级：海尔天樽空调①

在互联网时代，海尔的理念便是"世界是我们的研发中心"，研发的过程要让用户参与进来，也要让全球创新者参与进来。基于此，海尔开放创新平台于2013年10月正式上线，2014年6月进行了改版升级，新增的海尔生活创意社区也将成为用户全流程参与研发设计的线上互动平台。

海尔开放创新平台遵循开放、合作、创新、分享的理念，整合全球一流资源、智慧及优秀创意，与全球研发机构和个人合作，为平台用户提供前沿科技资讯以及超值的创新解决方案，最终实现各相关方的利益最大化，并使得平台上所有资源提供方及技术需求方互利共享。目前，海尔开放创新平台上成功达成的技术合作已有200余案例。

天樽空调的空气射流送风方式颠覆了传统"在房间内混合冷热空气制冷"的原理，实现"在空调内进行冷热混合，吹出混合好的凉爽气流"，让吹出的风由冷风变成了凉风，终结了"空调病"的困扰，2013年11月26日一经推出，单日网上交易量突破1228套，创下空调线上销售史单价最高、销售最快、销量最大的多重纪录。

① 海尔官网，http://www.haier.net/cn/open_innovation/successAnli/201508/ t20150810_279618.shtml.

天樽一代问世后，用户提出“可否实现摆风的功能”的新需求。HOPE 平台发布了与流体技术相关的需求。HOPE 随后对接到了多家国内外研发机构，听取各家的技术建议，最终得以顺利实现摆风的功能。2014 年 9 月，天樽二代成功上市，并且继续和用户交互，不断地进行产品优化。

我们已经按顺序讨论了设计思维的不同阶段，理解设计思维是一个迭代的非线性过程，这意味着设计团队不断使用他们的结果来审查、质疑和改进他们的初始假设、理解和结果。初始工作流程最后阶段的结果告知我们对问题的理解，帮助我们确定问题的参数，使我们能够重新定义问题，也许最重要的是，为我们提供新的见解。

当我们考虑创新的时候，我们其实更多是在考虑如何解决问题。简单地说，设计就是要去关注问题，试着解决问题，关注点放在用户身上。在迭代创新环节，我们会用迭代化设计和协同设计的方法去解决问题。

（1）迭代化设计：是一种设计方法，通过建立原型、测试分析、确认问题，然后再重复以上过程。每一次都根据上一次的结果改进，检验。

（2）协同设计：协同设计法可以采取比如头脑风暴、体验地图等多种方式，集合协同的人员来拓展思维，最后主持者收集所有想法并且找到核心问题、挖掘问题。

当我们需要去做这样一个高风险项目时，只能通过不停地迭代反复测试（也许是无数个原型的测试）来降低风险，找到正确的解决方案。通过前面几个阶段，我们已经做好用户研究，搞清楚用户是谁。接下来，我们需要学会运用快速迭代方法，用制作出来的一个简单的低保真原型实现用户的想法，然后进行测试。

也会有紧张和害怕的时候，幸运的是我们处在一个数字化的时代，我们可以收集数据观察反馈，并且快速地修改迭代。对设计者来说，原型产品满含着他们的心血，但是也不得不面对用户根本不喜欢这样改版的可能性。但是如果我们不做任何尝试的话，就永远不可能得到正确的答案。我们可以通过设计流程将这一风险最小化（协作设计和快速迭代重复验证），到最后我们才信心认为这样的方案是正确的。但是，我们必须谨记：产品迭代的本质是用户体验的迭代。

一、商业画布（Business canvas）

（一）什么是商业画布

商业画布，是一个视觉化的商业模式分析工具，用来进行发展预测分析，进行商业模式创新，以及确定战略规划。商业画布对于初创期的创业者具有特别的重要性：催生创意、降低猜测、确保能找对目标用户、合理地解决问题。

“商业模式”是个老生常谈但含义模糊的词。有人把它理解成盈利，有人认为是产品、技术、流程、策略，或者是销售渠道。商业画布将这一概念清晰化，并使得整个制定过程更为生动。商业画布由 9 个方格组成，每一个方格都代表着成千上万种可能性和替代方案，你要做的就是找到最佳的那一个。

如图 7-2 所示，商业模式画布的 9 大元素的使用并不是随机的，而是按照以下步骤进行：首先要了解目标用户群（客户细分），然后确定他们的

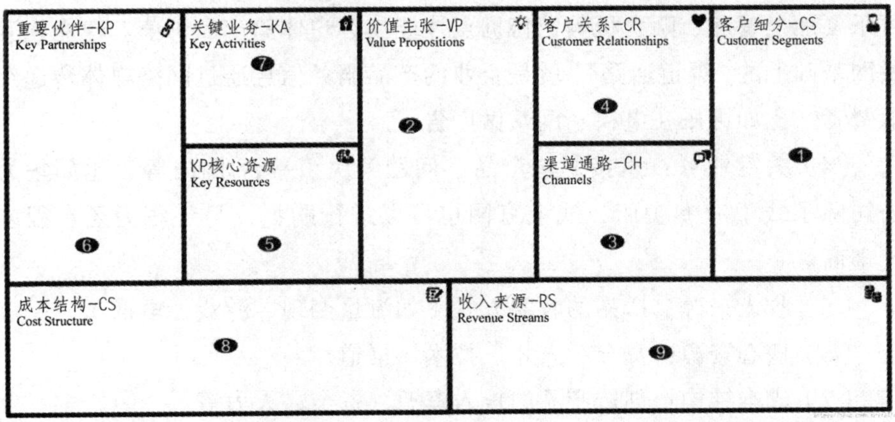

图 7-2 商业画布

需求（价值主张），思考我们如何接触到用户（渠道通路），制作怎样的业务（关键业务），怎么使产品盈利（收入来源），凭借什么筹码实现盈利（核心资源），投入产出比是怎样的（成本结构），能向你伸出援手的人（重要伙伴），以及维护客户关系。简单说明如下：

（1）客户细分：产品的核心用户群体，客户细分的主要方式有：大众市场、小众市场、求同存异的客户群（有部分区别需求的多个细分市场）、多元化的用户群（新的用户群体）、多边平台（两个或多个相互独立的客户群）等。

（2）价值主张：主要描述的是能为不同客户群体创造什么价值的产品和服务，是客户选择一家公司、放弃另一家公司的核心原因，这些原因包括创新、性能、定制、极致服务、设计、品牌、价格、减少成本（时间、金钱）、降低风险、便利性、可获得性等。价值主张需要考虑的问题有：我们要向客户传递怎样的价值，在客户的问题中我们要帮助解决哪一个，我们需要满足客户哪些需求，面向不同的客户群体我们需要提供什么样的产品组合或服务等。比如最常见的鸡蛋，有四五元一斤的，提供的价值主张是：便宜、吃饱。而 15 ~ 20 元一斤的，提供的价值是：高端、健康。

（3）渠道通路：渠道通路是公司走向客户的接口界面，包括沟通、分销和销售等。传统的“渠道通路”就是产品接触消费者的实体通道，比如可乐要加上餐厅、贩卖机等销售据点才能使客户体验产品价值。建立在互联网基础上的“渠道通路”，就是企业的产品服务信息通过网络媒体传递给消费者。比如可乐在电视、网站做广告。

（4）关键业务：直接制造产品、问题解决、平台/网络等。比如华为公司除了线下有专卖店，线上官网也可以进行购物，另外华为还有很多代理商。

（5）收入来源：产品的收益方式（如流量变现、游戏、电商）。

（6）核心资源：资金、人才、技术、渠道。

（7）成本结构：创造产品的投入资源，资金、人力等。

（8）重要伙伴：商业链上的伙伴，如产品方和渠道方。

（9）客户关系：产品和用户的关系。比如，会员积分是最常见的一种客户关系维系手段，比如航空公司的里程累积可以兑换机票；超市里的购物积分可以换取小礼物。

商业画布的作用是把完整的产品分解成一个个未经测试的猜想。在每一个方格内，我们都不停地叩问自己——我们所坚持的信念能否实现？这些是我们想服务的目标用户吗？这确实是用户想要的产品吗？产品渠道到底对不对？价格定得合不合理？商业画布将会系统地组织上述猜想，使之方便研究和检验。

〖**案例**〗

我们以 Nestle 旗下的 Nespresso 为例[①]，解释商业画布的妙用。一提起 Nespresso，人们立刻想起的就是便携的咖啡机和圆形的咖啡粉囊，人们将粉囊丢进咖啡机，便可以快速冲出一杯无杂质的高品质丝滑咖啡。虽说卖咖啡机是公司的一个重要的利润来源，但这笔钱多数流进了咖啡机生产商的腰包。而 Nespresso 另辟蹊径，转从获得专利并能够自行量产的咖啡粉囊盈利。因为，用户一旦买了咖啡机，就要不断地去买 Nespresso 特有的咖啡粉囊，从而被牢牢地绑住。

在 Nespresso 的生意经里，获得专利的咖啡粉囊便是源源不断的利润资金流。如果公司没有发现这棵摇钱树，他们就不会申请专利，而且极有可能被其他品牌抢占先机。如果没有商业画布，Nespresso 也不会意识到面向消费者的重要性。尽管公司需要为此考虑包装和分销咖啡粉囊的成本，但商业画布证明了这份付出的确有回报。

在使用这种商业模式前，Nespresso 一直把工作的重心放在销售机器上，而且把写字楼的办公室设为首选，可惜销售业绩不尽如人意。首先，白领们无意购买机器，所以目标客户定义失败；

① zhengdl126：《Business Model Canvas（商业模式画布）：创业公司做头脑风暴和可行性测试的一大利器》，CSDN 博客，https://blog.csdn.net/zhengdl126/java/article/details/84624613.

其次，他们颇有信心的销售渠道收效也并不理想。冷静地想想，他们唯一也是最重要的资源便是数目庞大的咖啡机。于是，机器便成为突破口，敦促他们将工作重心放在咖啡粉囊的营销上，并以此切入家庭消费者。

（二）如何使用商业画布

商业画布最基础的属性是检查清单，它确保创业者想尽了商业运营的各处细节。在填充表格时，可以迅速察觉、改正逻辑上的漏洞，最终实现收入大于成本支出。然而，这还仅仅是最初级的层面。再向上一层，就需要真正理解不同格子间的联系。微软便是极好的例子——比尔·盖茨最大的贡献不是技术，而是巧妙运用分销渠道和定价，找寻竞争对手忽视的区间。

使用商业画布的具体操作步骤如下：

（1）先将猜想和计划写在便签纸上，展开最基本的商业模式；

（2）仔细想想每一个方格背后的含义和假设，哪一个是促成全局的最重要因素，哪一个能够带来盈利；

（3）规划未来的路线，从而确保重要格子的内容能不断推进，并且方向正确；

（4）设计实验，验证猜想。为每一个格子设置参数，比如目标用户数目、他们所能承受的价格等。

牛顿曾经说，如果说我看得比别人更远些，那是因为我站在巨人的肩膀上。商业模式画布就是前人留给我们的阶梯，就是巨人的肩膀，合理运用这个思维工具，能让我们事半功倍。

小米公司在2010年横空出世，且自创办以来保持了令世界惊讶的增长速度，小米公司在2012年全年售出手机719万台，2013年售出手机1870万台，2014年售出手机6112万台，2015年售出手机超过7000万台，2017年售出9240万台。

我们通常看小米，只看到了卖这卖那，却很少仔细思考这些眼花缭乱动作背后的商业模式和运作战术，通过商业模式画布的9大构造来分析小米的商业模式以及他们的战略。

按照商业画布解决的5个问题，以下我们对小米逐一进行分析：

（1）提供什么价值？（画布中的价值主张）

小米的标志语是为发烧而生，提供的价值主张主要是产品差异化、服务差异化、形象差异化，既要做顶级品质，又只卖一半价钱。

（2）为谁提供？（画布中的客户细分、客户关系、渠道通路）

小米的客户细分群体主要以需要高配置、低价格的数码产品的年轻客户为主，并切入特定的需求定制的利基市场，比如与移动、联通、电信运营商合作，然后迎合不同客户的需求，在手机周边产品上铺展多元化市场。

在互联网时代，技术更迭太快，用户的需求更容易被收集和更新，各类同质产品层出不穷，所以同大多数互联网公司一样，小米的客户关系以提供友好的服务和提高客户黏性为主，主要策略包括提供个人助理（基本互动）、自动服务（客服机器人）、专用个人助理（高价值客户），以及利用客户社区和MIUI系统与潜在客户群体建立联系，采用CBMCE模式让用户在小米社区参与小米生态系统的开发，让客户感觉小米生态系统的开发有自己的一份功劳，这个模式在MIUI系统上体现得淋漓尽致。

互联网公司的产品销售渠道以电商为主，同时现在新零售概念异常火爆，因此小米的渠道通路上包括自有渠道（线上小米商城、线下小米之家）和合作伙伴渠道（合作电商、批发商、运营商），在渠道及营销上可能会经历这么几个阶段：通过系列活动展示公司的产品和服务，并在线上或线下对公司产品进行宣传，且引导购买，通过产品和服务向消费者传递价值理念，之后便是完善的售后服务。

（3）如何提供？（画布中的关键业务、核心资源、重要伙伴）

小米的关键业务是经典的“铁人三项”——硬件、软件、服务，硬件包括手机以及其周边产品（比如平板、移动电源、电视、机顶盒、路由器、手环等）；软件包括MIUI系统以及一些小米应用；提供的服务主要是互联网相关服务，比如小米云服务、MIUI社区、娱乐等。

不同于传统手机零售商，小米是一家用互联网思维创立的公司，支撑小米的核心资源有实体资产、金融资产、人力资源、知识产权；实体资产包括不动产、生产线、电商平台；金融资产包括现金、期货和其他投资的股权；人力资源便是小米公司强大的管理及运营团队；知识产权包括品牌、商标、专利等。

小米的重要伙伴有英华达和富士康这两家小米手机代工厂、负责小米商城物流的物流商，以及帮助小米开发软件的金山软件等。

（4）成本多少？（画布中的成本结构）

作为一家拥有互联网基因的手机厂商，小米的成本结构主要包括手机硬件的购买、电商平台的维护、广告营销费用、MIUI 等软件服务的开发费用还有公司的其他人力成本。

（5）收入如何？（画布中的收入来源）

小米的业务看起来非常广泛，但其收入来源主要是手机及周边产品的硬件收益，其次还有网络广告、软件服务、知识产权等。

通过商业画布，我们能够快速理解为什么小米会选择“硬件＋新零售＋互联网服务”的战略。因为，传统的商业模式效率较低，中间环节太多，营销及渠道成本太高，因此很多厂商不得不为了把产品价钱做便宜而去降低材料和研发成本，降幅过大会不可避免地影响产品质量。而小米利用互联网把这些环节做了最大限度的压缩，自己做营销，自己做渠道，压缩完以后把节省的成本用来做产品研发，做产品本身。这也是小米为什么做硬件研发还要做零售的原因。硬件市场同质化越来越严重，好的商业模式也是可以复制的，而好的服务却要经历沉淀，为了公司的可持续发展，在降低毛利率的硬件产品基础上，又用互联网服务作为制胜的重要手段。

二、商业模式创新

每一个商业模式都是独特的，有着自己的挑战、障碍和关键性因素，商业模式的创新无非以下四种：

（1）满足未被响应的现实市场需求。

（2）将新的产品/技术/服务推向市场。

（3）用更好的商业模式来改进或颠覆现有市场。

（4）创造一个新的市场。

商业模式创新活动通常反映了当前商业模式、组织架构和迭代方向。在这里，有一个基础的模板可以适应任何组织的调整，这个模板主要有5个阶段：动员、理解、设计、实施、管理。

（1）动员。为组织成功的商业模式设计项目做准备，定制项目目标框架、验证最初的商业创意，做项目计划和组织团队，需要注意的事项有：项目合法性、管理既得利益、跨职能团队、引导决策者。

（2）理解。研究和分析商业模式设计活动所需的元素，需要对商业模式即将演进的背景环境有良好的理解，需要注意的事项有：绘制评估当前的模式、跳出现状看问题、不局限于向当前的客户群体展示进展。

（3）设计。根据市场的反馈调整和修改商业模式，这里的关键在于创造和坚持大胆的新商业模式，需要注意的事项有：避免对大胆想法的遏制、参与式设计、新旧模式之间的关系、避免聚焦短期利益。

（4）实施。实地实施商业模式，需要注意的事项有：获得项目赞助人持续的支持、管理好新旧项目之间的关系、多渠道的内部沟通活动。

（5）管理。根据市场的反应调整和修改商业模式，创造一个新的商业模式或者重新思考现有的模式不是一蹴而就的，需要延续到实施阶段的一系列活动，管理阶段包括不断地评估商业模式和扫描环境，以此来理解外部因素对商业模式的长期影响，需要注意的有：管理机制、协同和冲突、商业模式组合和空杯心态。

〖延伸阅读〗

李开复：相信迭代创新可改变世界而非颠覆式创新①

从明星职业经理人转型为天使投资人之后，李开复的勤奋变本加厉。光环已经褪去，他必须接上地气。李开复以一种绅士的姿态，走进一间十几平方米的办公室。从他的座位穿过逼仄的玻璃窗，可以看到不远处“新东方”几个大字。新东方的创业故事

① TECHWEB：http://people.techweb.com.cn/2013-07-15/1310034_1.shtml.

已被拍成电影供世人观赏，而李的创新工场才刚刚开了个头。

李开复选择的是“天使投资 + 项目孵化 + 导师指导”。他认为，创业者单打独斗，从零开始，进入A轮融资的概率为20%，但经过创新工场的孵化，这个概率可以提升为50%。

创业者如此评价李开复的投资风格：他是最难被忽悠的投资人，要看数据，要做背景调查，要做系统分析。4年中，李开复看了不下5000个项目，最后只投资了50个。但每当一个创业团队入驻创新工场，李开复都对他们说：“希望你们能榨干我们的所有经验和资源。”

对一个天使投资人来说，最重要的素质是在关键时刻引导被投资人做出正确的选择。

2010年年初，创新工场第一批投资项目——豌豆荚创业团队遭遇用户增长危机，并对选择安卓作为方向产生了动摇，欲重回塞班。但李开复想尽一切办法说服该团队坚持安卓方向。最后，豌豆荚坚持下来了。

2011年，创新工场渐入佳境，李开复一口气投了20多个项目。创新工场内部人士回忆，几个合伙人需要分成好几个组，分头接待创业者，一天要看几十个项目。

如今，李开复不再轻易相信颠覆式创新可以改变中国。他创造了一个新词——迭代创新：首先针对一小批用户，做出一个产品的雏形，然后慢慢地去滚动发展，增加或整合更多的产品功能。功能及用户越来越多，逐渐就形成了生态圈。

李开复称，Facebook、微信就是这种迭代式创新产品成功的最佳案例。李开复对创新工场设想了“三个幸运”：如果极端幸运，也许能够培养一个走向世界的国际品牌；如果非常幸运，也许创新工场能够创造一个领跑中国的高科技公司；就算是没有那么幸运，也要创造一些有价值的公司，做出一些对用户有一定意义的产品，培养一批有创业能力的青年。

他确实已拥有最底层的幸运——50多个孵化项目及创始人：

豌豆荚创始人王俊煜、友盟及CEO周利民、友盟及创始人蒋凡、应用汇及点心及CEO张磊、点点网及CEO许朝军、安全宝及CEO马杰，等等。他们均在移动互联网领域小有名气。

不过，时至今日，创新工场仍没有一款引领性产品出现。啪啪曾被视为希望，但相对于微信，其在移动社交领域的地位尚显不足。李开复承认，啪啪并不是一个颠覆式创新的社交应用，而是Path与点点网语音社区的综合体，但啪啪具备继续成长的元素。社交领域不会一家独大，还有空间留给啪啪。

李开复的逻辑是“先向市场推出极简的原型产品，以最小的成本和有效的方式验证产品是否符合用户需求,然后再结合需求，迅速添加组件”。这亦是基于迭代创新的思路。如果产品不符合市场需求，最好能“快速而廉价地失败”。

在整个创新工场内部，这种试错和快速改进的产品研发思路正在成为主流。李开复在SGI（硅谷图形公司）负责多媒体研发业务时，由于沉迷于酷炫的3D浏览器技术，忽视了用户需求，导致自己的部门被出售，100多名员工失业。他亦因此陷入抑郁情绪，最后不得不接受心理辅导。

从理论上说，迭代创新可以避免上述“技术主导”的错误，符合产品应根据用户需求和市场变化进行调整的需求。但在实际执行中，如何平衡投资人与创业团队之间的利益关系，殊为不易。

王肇辉称，在实际运营中，他们发现，创业者面对投资人，常常担心产品的方向和功能被投资人绑架，造成资金和产品的两败俱伤。因此，“创新工场把自主权和决定权留给创业者，更多是建议”。

但这种保护往往会造成两种极端：一类创业团队潇洒自由，不受干涉，另一类则依赖性过强。李开复讲了一个创业团队CEO的故事：“无论大事小事，都来找我批准，创始人变成了职业经理人。开会的时候，他更多是在扮演一个职业经理人的角色，让你听到一些好听的，而不是发生了多少错误，要怎么去改正。”

应该用什么样的机制去管理如此众多的草根创业团队？天使投资回报期长、失败率高，李开复初步把创新工场做成一个能赚钱的公司，已属难得，但如果他的目标锁定在更高层级时，其管理智慧、战略眼光则显得尤其重要。

从去年开始，创新工场开始布局移动游戏。“游戏会是移动应用里最赚钱的。”李开复很有自信，他透露，创新工场投资的一些还未对外公布的游戏项目，其实已经开始盈利。

最近，李开复和他的团队重点瞄准主流用户移动应用、娱乐移动应用、O2O和企业级移动应用类的项目。他说，这些领域很有可能产生明星应用。

至于是否会有“非常幸运”和“极端幸运”的事情发生，只有留给时间检验了。

第四节　精益创业方法论

精益创业的方法无关成本，而在于速度。

——埃里克·莱斯

〖他山之石〗

《赫芬顿邮报》读者变为记者[①]

《赫芬顿邮报》（*The Huffington Post*）号称“互联网第一大报”，2011年2月，美国在线以3.15亿美元收购该报。它是一家新闻与分析网站，创办于2005年。2011年1月，它的独立访问量是2800万，接近《纽约时报》《国际先驱论坛报》3000万的独立访问量，

① 腾讯科技，https://tech.qq.com/a/20141112/063584.htm.

这意味着它已经跻身主流媒体。2010 年它的营业额是 3000 万美元，在美国报业都在为广告跳水、发行量骤减，以及读者向网络免费新闻迁徙而苦苦挣扎之时,《赫芬顿邮报》却一枝独秀像特斯拉的开源专利、安卓开源性平台一样，把读者变成记者，这是赫芬顿成功的法宝。《赫芬顿邮报》有 1 万多名“公民记者”，类似于传统媒体的“通讯员”，每时每刻都在为它提供报道。2008 年美国大选,《赫芬顿邮报》将一个采访任务分给 50 到 100 名“公民记者”，每人每天用一个小时，就能完成一个记者两个月才能完成的工作量。赫芬顿称之为“分布式新闻”。这种特别的模式网罗了大量高质量的撰稿人，ugc 的能动性得到激发，媒体才能真正活起来。

《赫芬顿邮报》这种建立在社区基础上的内容生产的模式，值得从事内容生产的公司借鉴。它只有 150 名带薪工作人员，但依赖超过 3000 名投稿者为每一个可以想到的话题制造内容。它有另外 12 000 名“公民记者”，这是它的“眼睛和耳朵”。它的读者也生产了网站上的许多内容，每个月有多达 200 万条投稿。《赫芬顿邮报》的共同创建人乔纳·柏瑞蒂（Jonah Peretti）认为新闻模式再也不是一种新闻传递的消极关系，而是“一个在生产者和消费者之间共享的事业”。这种所谓“共享事业”是个同心圆模式：内核是网站最坚定的具有原创能力、质量非常高的博客作者；外面一环是公民记者，散布在美国各地；而最外的大环则是读者，在这个过程当中和网站博主发生互动。这种新的、更开放的新闻模式可以被视为一种“众包”模式，其中两个重要的贡献群体是博客作者与公民记者。

总之，开放式平台对于媒体固有的采编形式是一种颠覆，虽然现在一些媒体也在探索 ugc 信息源的建立，但还比较集中于非严肃新闻，像《赫芬顿邮报》这样从灵魂中跳脱还是不能企及的。它的开放思维我们该如何借鉴，还需要好好斟酌一番，但这种开放式的内容生产已经是趋势了。

在设计思维这一阶段，我们将开始将想法实体化，在真实情境下以实际的原型样本验证想法。不要过度复杂化，尽快设计出最小可行产品（MVP）。

一、用户反馈（User Feedback）

（一）什么是用户反馈

将用户反馈从用户反应中收集的信息，包括他们对产品、服务、流程或对某项任务的个人表现等反应作为改进设计的依据。在设计思维中，用户反馈是迭代过程和改进设计的中心部分，用于优化用户体验。

由于用户反馈的意见性信息直接或间接地反映和显示了其自身的接受动机、需求和心态，表明和体现了他们对产品及其所传信息的态度和评价，提出了应如何调节、修正当前与未来的产品行为的建议与意见，是具有一定的正面价值的。正如两人聊天，一人滔滔不绝，另一人沉默寡言，即便有再大的热情也会被这份冷淡浇灭，有来有往才会越聊越起劲，越聊越有兴致，才能顺利进行下去。用户反馈如同随时在线的聊天对象，可以确保用户知道自己所处的状态。

面对用户反馈来的五花八门、千差万别的意见，我们应该如何对其进行筛选，如何确定次序和节奏？张志东曾坦言："目前还没有完美的放之四海而皆准的标准，仍在探索之中。"[①] 了解用户的真正需求是一件困难复杂的事情，就像一千个读者心中就有一千个哈姆雷特一样，除非我们能走进用户的内心，否则就不能很好地地把握用户的真实想法。

在乔布斯眼里，最好的"用户体验设计"不仅仅是找准定位、产品自身的设计，他定下了几项基本原则：

（1）一定不要浪费用户的时间，例如，巨慢无比的启动程序，又如让用户一次次地在超过 50 个内容的下拉框里选择。减少用户的时间，减少用户鼠标移动的距离和点击次数，减少用户眼球转动满屏寻找的次数。

① 创业邦，https://tech.qq.com/a/20141112/063584.htm.

（2）一定不要想当然，不要打扰和强迫用户。

（3）一定不要提出“这些用户怎么会这样”的怀疑。

（4）一定不要以为给用户提供越多的东西就越好，相反，有时候需要做减法。

（5）一定要明白你的产品面对的是什么样的用户群。

（6）一定要尝试去接触你的用户，了解他们的特征和行为习惯。

风倍清是宝洁公司生产的一种家用空气清新剂，使用者可以将其喷到衣服和家具上，以祛除臭味。该产品的制造商最初想将该产品销售给吸烟者。制造商认为，吸烟者带着烟味，因此有动机去定期使用该产品，来让自己和周围环境更加怡人。而且，由于吸烟者通常都有烟瘾，因此他们会成为公司的常客。但是，该产品最初的销售成绩非常令人失望，因此公司对产品使用者进行了调研。调研人员拜访了使用该产品的实际客户并拍下视频，他们发现使用该产品的并不是吸烟者，而是家庭主妇。家庭主妇会在打扫完客厅、卧室、书房等地方后，将风倍清喷洒到这些地方，作为完成所有清洁工作后的自我奖赏。随后，公司设计了一个广告，将风倍清的使用和打扫完的房子以及自我奖励联系起来，销售额迅速增加。

企业之所以能够生存，唯一的原因就是顾客乐意购买你的产品。这正是应了那句话：“你让顾客满意，顾客才会让你满意；你满足了顾客的需求，顾客自然就满足了你的需求。”从这个意义上说，超一流的产品就是满足用户的需求。

当然，用户体验也不是一切，这句话对小型公司尤其有效。大公司一般有专门的设计部门，他们的追求是把产品做到极致，用户体验当然是重要的环节。而小型初创公司的关注重点应该在产品的核心功能上，将产品的核心功能做到极致，这才是首要的。

（二）为什么要做用户反馈

1. 用户角度

用户通过反馈向产品团队表达自己的愿望、需求、态度和意见，希望作出相应的调节和改变。而产品团队一旦通过反馈了解到自己的产品特点与用户的希望之间的距离，通常也会对此后的产品功能做出更有针对性和投合性的改变。

〖**案例**〗

在一次忙乱的枪弹伤模拟手术后，明尼苏达大学医院外伤科的一位护士意识到：手术要确保过程顺畅且准确，团队成员的精神状态往往会高度紧张，手术过程中一贯采用的言语沟通辨认团队成员职能的方式并不能满足手术中对高效的需求。

于是，她建议让手术中的主治医生穿上亮黄色马甲提升识别度。这样一来，团队成员即使在分外忙乱的状态下，也仍能迅速辨别出主治医生的位置给予支持，还能加强团队成员之间的沟通效率。

反馈能够激发和提高用户的传播热情。当用户获得的反馈信息具有赞扬、鼓励和期望的性质时，他就会以成功呼唤成功，进一步增强产品参与感与传播产品的信心。

2. 企业角度

反馈有助于我们检验和证实产品的价值。如果用户遇到困难，那么我们必须重新审视他们的潜在解决方案和策略列表，建立解决相同问题的新方法。

用户反馈是无价的。如果不了解用户执行特定活动和任务所需的内容，迭代过程就会失败。每个阶段都应该提供新的见解促进我们的理解，并帮助我们定义或重新定义用户可能面临的各种问题。因此，我们必须尽可能地寻求反馈，使用真人进行测试，并分析结果以确定产品的正确和错误之处。

某医护中心工作者迭代设计了一款每一面都画有模拟患者在不同疼痛级别下不同表情的、供儿童使用的四方体玩具，请他们以选择表情的方式评估自己的疼痛感。孩子们很喜欢这种趣味感的形式，选择的准确率也提升了不少。

用户反馈还可以帮助识别以前没有考虑到的问题。经过精心计划和组织的测试会议最有成果。用户的反馈是无价的，如果不了解用户执行其活动和任务所需的内容，迭代设计过程和解决方案就会失败。

二、精益创业（Lean Startup）

精益创业是一种基于快速产品周期而创建企业的方法，通过密集的假设驱动实验及适应性学习，进而实现以用户反馈为重点的可扩展商业模式。精益创业是一个不断变化和迭代的过程。在精益创业模式中，我们要重建“学习”的概念。它是一个实证的展示过程，让我们发现当下和未来商业前景的真相。它更加切实、精确，而且比市场预测或传统的商业计划更快速。

事实上，但凡伟大的公司都可以在它早期发迹时找到“精益创业”的痕迹。现代汽车标示性的开端便是内燃机汽车。而福特公司的创始人亨利·福特则是内燃机汽车核心技术——双向反馈循环驱动的发明人。这项发明严格遵循了“精益创业”的思想。亨利·福特曾花费 5 年的时间夜以继日地研究令引擎汽缸运转的精密机器。他从让气缸每次微小爆炸开始做起，每次爆炸都会带动下一次的爆炸点火，同时带来持续的推动力。

而与他同一时代的其他杰出汽车工程师，则耗费巨额资金做所谓高动力持续能源供应的原创性研究。当时，其他汽车公司巨头均寄希望于一次性做成一个浩大的工程，完成汽车革命。只有亨利·福特实现了从“最小可行性原型”逐步完善成现代汽车的基础体系结构的这一伟大工程。

我们正处在一个空前的全球创业兴盛时代,但无数创业公司黯然收场，以失败告终。精益创业代表了一种不断形成创新的新方法，它源于“精益生产”的理念，提倡企业进行“验证性学习”，先向市场推出极简的原型产品，然后在不断的试验和学习中，以最小的成本和有效的方式验证产品是否符合用户需求，灵活调整方向。如果产品不符合市场需求，就能“快速地失败、廉价地失败”，而不是“昂贵地失败”；如果产品被用户认可，也应该不断学习，挖掘用户需求，迭代优化产品。

（一）需求探索

找到痛点需求探索的第一步就是找到痛点。通常来讲，创业者找到的痛点都来自亲身体验，如果这个痛点是其他人告诉你的，那么意味着两种可能：一是这个痛点不够痛，二是这个人不是核心用户。

用常识判断找到一个潜在痛点后，我们要用常识判断一下这到底是不是痛点。大家要特别注意：创业过程中，常识永远都很重要。为什么？因为我们不可能把所有的风险都用“最小可行性产品”实际验证一遍。可能十个里面有九个，我们都能用常识判断真伪，只有一个需要用“最小可行性产品”验证。哪些是常识？举个例子，你想在网上卖东西，可以随时接入移动支付和快递服务，这就是常识，不需要验证。

创业是在充满不确定性的情况下进行产品或服务创新。初创企业还不知道他们的产品应该是什么样的，他们的顾客在哪里。

精益创业也被分为定义想做的产品和目标客户、明确要验证的目标并打造最小化可行产品、收集数据和反馈更新产品需求这三个步骤。最小可行性产品（Minimum Viable Product，简称 MVP）是指将创业者或者新产品的创意用最简洁的方式开发出来，可能是产品界面，也可以是能够交互操作的胚胎原型。它的好处是能够直观地被客户感知到，有助于激发客户的意见。通常最小可行性产品有四个特点：体现了项目创意、能够测试和演示、功能极简、开发成本最低甚至是零成本。

很多人喜欢将“精益创业”称为“丰田模式”。丰田公司能够常年雄踞世界财富 500 强企业的前十名，正是因为以“精益创业”的思维来设计和研发每一款新型汽车。其中，最具代表性的就是丰田 2004 年款塞纳小型箱式车。塞纳的首席工程师是日本著名的汽车设计师横谷雄司。当时，丰田的全球战略中，塞纳是抢占北美市场的杀手锏，然而横谷对北美的了解却非常有限。为此，横谷做出了一个非常有魄力的决定，他自己开着第一款塞纳原型车走遍了全美的 50 个州以及加拿大和墨西哥的重要地区。每到一个地区，就会与当地人交流请教对家庭用车的理解，并及时反馈对当前塞纳车型的评估。

横谷通过一年的深入调研，发现北美的居民很喜欢家庭周末自驾游，带着孩子和老人去郊外野游，因此对于车厢后 2/3 的空间要求很高。买车的决定看似只由家长决定，但实际上孩子的影响因素很大，孩子们会在车厢后的座位上玩耍吃东西。因此，横谷做出了当时很重要的改进：大幅扩容车厢后的空间，完善座椅材料，营造汽车内饰的家庭感和舒适度。这一改进大获成功，塞纳 2004 款较之 2003 款销量高出 60%，成为北美区最为畅销的家庭用车。很多企业喜欢依靠高深的技术、酷炫的外形试图感染用户，但实际上对于不同的细分用户群，仅靠宏观的把控不足以赢得市场，只有“最小可行性原型”级别的改进才是真正能够快速试错、检验市场的方法。

精益创业的思维方式把价值定义为“向用户提供利益”，除此之外的任何东西都是浪费。在初创企业中，谁是用户、用户认为什么东西有价值都是未知数。如果我们花时间去完善了一个没用的功能，那就是浪费，所以要以最小的成本验证“概念”是否对用户有价值，如果没有价值，就没有进一步完善的必要，也就有效避免了浪费。

用户验证需要做最小可行性产品，但即使再小的最小可行性产品都有成本，而需求探索依赖的更多是常识和一些简单轻量的方法，是更加经济的方式。

（二）精益创业中的客户反馈

客户反馈是指通过直接或间接的方式，从最终用户那里获取针对该产品的意见。通过客户反馈渠道了解关键信息，包括：客户对产品的整体感觉、客户并不喜欢/并不需要的功能点、客户认为需要添加的新功能点、客户认为某些功能点应该改变的实现方式等；获得客户反馈的方式主要是现场使用、实地观察。对于精益创业者而言，一切活动都是围绕客户而进行，产品开发中的所有决策权都交给用户，因此，如果没有足够多的客户反馈，就不能称为精益创业。

客户反馈验证是“精益创业三步走”的第二步，也是非常重要的最小可行性产品环节。正确实施最小可行性产品需要四个关键步骤。

（1）找出最需要验证的问题；

（2）针对这个问题设计最小可行性产品，推给核心用户体验；

（3）收集数据、亲自体验、再次访谈；

（4）验证假设。

最后，我们要下一个结论，也就是这事到底有没有得到验证。如果验证成功，可以大刀阔斧开始；如果验证不成功，可以快速从错误的航道中抽身而出。

大多数初创企业很可能在接触客户时就已经失败了。好的想法在被推出市场的一刹那可能就是失败的，原因可能是推出的时机不当，也可能是推出的环境不符。因此，敏捷、速度以及找到产品和市场匹配度（product-market fit）的能力是重要的。

1. 在产品开发模式中，客户体现在哪里？

初创公司面临的最大的风险（这也是其遭遇失败的首要原因）并不是产品开发的技术风险，而是客户和市场拓展所面临的风险。初创公司不会因为缺乏产品而遭遇失败，他们的失败是由于缺乏客户和可盈利的商业模式。光凭这一点就很好地证明了，使用产品开发模型作为创业者的唯一指导是大错特错的。观察“产品开发模型”，你可能会想：“在该模型中，用户、客户到底体现在哪里？”

当今，大多数初创公司所需面对的现实是，在制定产品开发模型时，他们会将全部的注意力都集中在公司的内部。就算客户需求可以作为开发流程中的一个检查点，这些需求也不会用于引导开发流程。

2. 关注首个交付日期

大多数初创公司都会注意“首个交付日期”，看看墙上的日历，推算时间，合理分配，按时完成工作，以保证在产品发布的当天取得成功。

这种思维的缺陷是，“首个交付日期”只是工程师认为他们“完成”第一版产品的日期，但并不意味着公司已经了解客户（需求）、如何营销或向客户进行推销，以及如何建立一个可盈利的商业模式。

产品开发模型过分关注产品的构建和发布，而忽略了发布前对商业模式假设的检验（如客户、渠道、定价等）。未在发布前期检验上述假设，是大多数初创企业的致命错误。

为什么？因为直到首个交付日当天，他们才会发现最初的假设是完全错误的（如客户并不买账，或分销成本太高等）。这导致初创公司不得不背负着一个成本高昂且已形成一定规模的销售组织，努力执行着一个注定失败的销售战略，拼命地创造需求，却没有真正理解客户的需求到底是什么。

3. 重点是执行还是学习和探索

产品开发模型假定客户需求是已知的，产品功能是已知的，商业模式是已知的。如果这些都是确定的，那么初创公司雇佣一个销售和营销团队，执行已经制定的商业计划就是合乎逻辑的。因而你会去面试那些具有相关经验以及人脉关系的高管，并希望他们在你的企业中延续他们在之前公司的战略。

4. 缺少销售、营销和业务发展方面的重要时间表

这要求在设计者完成产品开发后就能批量销售。最初的商业计划以一系列的假设为基础，并以产品开发模型作为项目执行的时间表。这种方法的重点不在于发现正确的市场，或了解是否有客户会购买该产品。相反，是利用产品开发的时间表来确定商品是否适合销售。

初创企业利用“走出办公室”的方法也就是所谓的“客户开发”来检验假设，收集判断假设正确与否的证据。他们会走出办公室并向使用者、购买者和商业伙伴进行询问，调查他们对于商业模式的各方面，如产品特色、定价、分销渠道和获客策略的反馈。

客户开发模型将早期创业公司所有与客户有关的活动分解为以下四个步骤。

（1）客户探索，首先将创始人的愿景变为一系列商业模式假设。然后制定检验其假设的客户反馈计划，并将这些假设变成可执行的事实。

（2）客户检验，可测试出商业模型是否具有可重复性和可扩展性。如果测试结果是否定的，那么团队应返回客户探索这一环节。

（3）客户培养，是计划执行的开端。引导终端用户的需求，并推动其进入销售渠道，达到商业规模化。

（4）组建公司，从初创过渡到专注执行已被验证的模式的企业。

初创公司的客户发展模型基于一个简单的前提：学习和探索出公司的原始客户，以及他们所处的市场。这是与产品开发完全不同的过程。这些活动总称为客户开发。客户开发模型与产品开发模型完全不同。产品开发的重点放在首个交付日期上，而客户开发模型的重点是在开发过程中尽早地了解客户及他们的问题。此外，该模型的理念是，每一个初创企业都应有一套明确的项目时间表，资金并不能加速项目进度。在往后的阶段，资金会有更大的作用，但不是这个阶段。

精益创业方法论重新构建了初创企业的工作，它用实验测试战略，观察哪些方面是准确的，哪些方面是疯狂的。

一项真正的实验运用的是科学的方法：在一个清晰的假设前提下，预测将要发生的事件，接着再用实证的方法进行验证。正如科学实验以理论为基础，新创企业的实验则由其愿景为指引，每个实验的目标都是要建立一项围绕愿景的可持续服务。

5. 化整为零

第一步要做的就是把大的愿景分解成一个个独立的部分。我们把创业者最重要的两个假设称为价值假设和增长假设。

（1）价值假设

价值假设衡量的是当顾客使用某种产品或服务时，它是不是真的实现了其价值。就是你所提供的这个东西，到底对于消费者有没有价值，大家会不会为此而买单。只有通过这个假设，你才能做这件事情。

（2）增长假设

增长假设是用来测试新顾客如何发现一种产品或服务的。就是你这个业务有价值，但是能不能够传播得开，能不能够有很多人用。你的亲戚朋友觉得好用还不行，必须是很多陌生人也容易知道，进入门槛不会太高，也愿意去尝试才行。

6. 实验也是产品

顶级企业获得成功是因为认真听取了客户的建议，并积极投资于能满足客户需求的技术、产品和生产能力。但后来遭遇失败，也正是这个原因。盲目遵循“好的管理者应与客户保持密切联系”，有时可能是致命的错误。

在精益创业模式中，实验不仅仅是理论上的探寻，也是第一项产品。

如果实验是成功的，经理人就可以开展它们的活动：招聘早期使用者、增加员工从事深入或重复的实验，最终着手开发产品。为了保证实验的准确性，我们在做实验时需要解决以下问题：

（1）用户认同你正在解决的问题就是他们面对的问题吗？

（2）如果有解决问题的方法，用户会为之买单吗？

（3）他们会向我们购买吗？

（4）我们能够开发出解决问题的方法吗？

成功不是实现一项产品功能，成功是学会如何解决用户的问题。

在印度只有 7% 的家庭拥有洗衣机，很多人会将衣服送去给洗衣工洗。但是衣服在 10 天左右送还，而且洗得也不怎么干净。阿克沙·米拉嗅到商机，他做了个实验，将货车改装成大型洗衣机房，停在街角，目的就是证明人们会把衣服拿来，并支付洗衣费用。他的团队成员发现，顾客很乐意把衣服交给他们洗。但是，顾客对货车型的洗衣机心存疑虑，担心他们会带着顾客的衣服跑路。为了打消顾客的疑虑，团队将货车改造了一下，使它看上去更像个流动摊点，他们发现，顾客常常要求烫好衣服，也愿意支付双倍的价钱在 4 小时内拿回衣服，而不是 24 个小时。在一星期的试验中，他的团队尽可能发掘潜在顾客的所有相关信息。他们想知道如何鼓励人们来到车旁，这和清洗速度有关吗？洁净程度是否在考量内范围内？而更多重复试验帮助团队弄清楚哪种服务是人们最感兴趣的，以及愿意支付多少钱。这些早期实验促使团队确定了最终产品，他们业务增长迅速。

（三）快速迭代

快速迭代是针对客户反馈意见以最快的速度进行调整，融合到新的版本中。对于互联网时代而言，速度比质量更重要，客户需求快速变化，不追求一次性满足客户的需求，而应通过一次又一次的迭代不断让产品的功能丰满。正因如此，微信才会在面世第一年发布了 15 个版本，创造 QQ 保镖 3 周上线的记录。

慢速迭代的最大化可行产品是传统的创新方式，成本高、浪费多、速度慢、风险高、成功率低。因为创新本来也是创造以前没有的产品，在没有接触到产品之前，客户并不知道自己想要的是什么，直到你把它摆在他们面前。而最大化产品的诸多价值假设都是未经证实的认知，即是否对客户有价值是不确定的。如果去完善这么多不确定客户是否需要的功能，最后发现客户不需要，那么这些努力就是浪费，既浪费了人力和金钱，也浪费了时间和机会。

快速迭代的最大化可行产品成本高、浪费多、速度较快、风险一般、成功率一般。最大化可行产品投入巨大，而如果是快速迭代的话，那么就需要投入更多。一般新创业企业负担不起这样的投入，而最大化可行产品也不容易验证哪一项功能对客户有用，哪一项对客户无用，这种大批量的投放方式就好像生产线上有巨大的库存，造成开发的混乱，从而导致效率降低。

慢速迭代的最小化可行产品的特点是成本低、浪费少、速度慢、风险高、成功率低、易被淘汰。慢速迭代并且还是最小化产品，那么什么时候可以完成一个完整产品的开发呢，这种方式就像工业时代的手工生产一样，效率低下，太容易被淘汰。

快速迭代的最小化可行产品的特点是成本低、浪费少、速度快、风险最低、成功率高，也就是精益创业。

Facebook 是精益创业的典型代表。实际上，2003 年，当这个企业最初创办的时候，全球市场已有多家类似的网站。然而 Facebook 最为成功之处在于它能够在上线的第一个月，哈佛大学就有超过半数的学生注册成为其用户。三个月内 Facebook 就拓展到美国所有常春藤盟校。这让众多慧眼识珠的顶级投资人看到，这家小公司早已成功地完成了精益创业的实验，赢得了市场的充分认可。随后的一年，Facebook 快速渗透到全美 3000 多所高校，并在当年年底进军欧洲。

要把科学的方法论运用到初创企业中，我们必须找出哪些假设是需要测试的。其中最重要的两个假设是“价值假设”和“增长假设”。无论每一次的产品是成功还是失败，都能够让我们在认知上产生一个飞跃。

三、创新构思的评价

创新构思评价的目的在于权衡创新项目的费用、潜在效益与风险。对不同的创新构思进行筛选及组合，发现创新构思中存在的问题，对完善创新构思提出建议。

产品创新构思评价的内容主要包括：市场潜力，市场变化趋势，市场稳定性，市场定位，创新产品的市场竞争能力，技术可行性，资源可支持性，迅速实现商品化的可能性，创新产品与现有产品的关系，创新产品对现有产品的影响，开发该创新产品的成本、预期效益和风险，开发该创新产品对企业目标的贡献等。围绕评价内容，不同的企业应根据本企业战略目标和各方面的条件，针对新项目的特点，选择适当的数据采集方式、评价指标体系、评价尺度、指标权重和综合评价方法。为了保证创新沿着正确的方向和途径顺利实施，尽量避免失误造成的损失，评价活动应贯穿创新的全过程。除了要对创新构思进行评价之外，在随后的实验原型开发、试生产、商业化生产等创新过程中的各个阶段，都要适时进行评价，评价方式包括设计方审核、实验室测试、现场试验、用户使用测试、市场测试、追踪反馈等。

Groupon 作为团购的鼻祖，是目前全球自成立之日到估值 10 亿美金用时最短的公司。当时创始人安德鲁·梅森（Andrew Mason）原本打算让公司成为一个“集体行动平台”，把人们聚集在一起，解决一些独自无法解决的问题，结果大失所望。直到 2008 年年末，公司决定开始一些新的玩意儿，就是大家一起团购商品。最初团队缺钱，他们就自己在网上发帖子。安德鲁·梅森将 WordPress 开的博客作为最早的 Groupon 网站。每天开放的披萨饼、T 恤的团购项目都是通过发帖子的形式开展的。比如“进货的 T 恤衫是红色，大号。如果你想要其他颜色或尺寸，请发电邮给我们”。这种形式很受欢迎，后来他们又开始以 PDF 文件的方式呈现它们的商品。手动生成 PDF 文件、简单的博客，已经足够把 Groupon 推向破纪录的成功并成为史上最快实现 10 亿美元销售收入的企业。

这种快速迭代的最小可行性原型形式让他们快速抓住了市场真正的需求，也证实了用户并没有广泛的需求。

初创企业成长之际，创业者可以建立一个组织，学习如何在满足现有顾客要求与寻找新顾客之间寻求平衡，管理现有产品线，开发新的业务模式，并同时执行所有这些任务。

〖训练活动〗

1. 用什么实验来证实你的创意想法是有客户需求的？

2. 你怎样才能确保产品的成功实施？成功的标准是什么？你怎样才能进行快速的检验？如果你未获成功，那么你将如何进行迭代循环？

〖延伸阅读〗

案例：吃牛肉大叫大会[①]

大分县的“丰后牛”是日本有名的食用肉牛品种之一，据称其肥嫩的口感堪称世界一流、价格很贵、产量很少。而汤布院是日本闻名的温泉胜地，几十年以前周边也有很多农家饲养耕

① 搜狐网，https://www.sohu.com/a/234295414_266939.

牛，但随着农业机械化的普及，耕牛已经越来越少。到了20世纪70年代初，为了有效利用原来饲养耕牛留下来的大片草地，当地人自发开展了“一头牛牧场”运动。他们以20万日元为一个认养单位，以居住在大都市的居民为对象，开展了认养肉牛的活动，他们以当地的特色产品作为利息每年寄给认养肉牛的主人。

从1976年开始，这种认养活动发展为每年一度举办“吃牛肉大叫大会”，即每年秋天，饲养肉牛的农家邀请认养肉牛的主人（可以带小孩，别的人也可以参加，全部实行人数限定收费制）到牧场来欢聚，现场烧烤品尝肉牛，酒足饭饱之后，再根据抽签选出100人依次向着蓝天在噪音测定器跟前大喊大叫，把自己平常不敢、不愿说的一些心愿、牢骚、不满等喊出来，根据噪音大小、喊叫的内容是否独特有趣等评选优胜者，发给奖品。凡聚会参与者都可以通过抽奖获得奖品，奖品都是大家喜欢的当地产葡萄酒、调味品、大米、烧酒以及当地的酒店住宿打折券等实用的东西，活动持续一周左右。这样的活动受到了城乡居民的欢迎。这样的活动，不仅振兴了当地的畜产业，使闲置的草地得到了再利用，同时也促进了旅游业，使都市居民能够有机会与乡村居民进行面对面的交流、亲近自然，还给了都市居民们一个宣泄紧张情绪的机会。

08 第八章

万众创新，我在哪里？

创新是一个民族进步的灵魂，人类社会的发展实际上就是一个不断创新的过程。创新不仅关系到科技的发展，也关系到一个国家、一个民族的兴衰成败。2014 年夏季达沃斯论坛上，李克强总理提出要推动“大众创业、万众创新”。2015 年李克强总理在中国科学院和北京中关村创业大街考察时强调推动大众创业、万众创新是激发亿万群众智慧和创造力的重大改革举措，是实现国家强盛、人民富裕的重要途径。

创新是每个人都有的一种潜能，我们每个人都可以有好点子、好想法，我们每个人都有无尽的创意潜能等待开发，但是创意的产生是需要土壤的，设计思维可以提供这样的土壤，让你的创意生根发芽开花结果。

第一节　用设计思维管理创新组合

掌握新技术，要善于学习，更要善于创新。

——邓小平

〖他山之石〗

数字技术终结胶卷 百年“柯达”破产落幕①

柯达，全称为伊士曼柯达公司，创立于1880年，但是“柯达”这个商标，却是在1888年创立的。柯达是一家专业从事影像产品以及相关服务的生产和供应商，最为大众所熟知的就是其摄影胶片产品。在20世纪的大部分时间里，柯达一直以行业领导者的姿态进行不断创新，给影像世界带来了无穷的活力。

柯达在当时的地位相当于现在的苹果公司和谷歌公司。

但是，数码摄影开始发展之后，柯达还是坚守自家的传统胶片业务，没能及时跟上时代发展的步伐，最终导致在20世纪末期柯达开始显现出没落的姿态。虽然，柯达后知后觉地开始追赶潮流，却还是难逃被市场淘汰的命运。随着海外竞争对手开始攫取胶卷业市场份额，20世纪80年代柯达开始走下坡路。后来，柯达面对数码相机和智能手机的崛起，于2003年宣布停止投资胶卷业务。

那么，是谁毁了百年柯达？

实际上，世界上第一台数码相机是由柯达1975年发明的，没想到使自己成了自己的掘墓人。虽然掌握了最先进的技术，但作为传统胶卷领域的霸主，柯达却不敢贸然迈入当时尚不明朗的数码市场，只谨慎地观望着来自数字成像技术对传统成像技术造

① 《柯达，从胶片巨头到破产》，搜狐网，2017年4月24日，http://www.sbhu.com/a/136116904-629135.

成的冲击。高昂的成本、笨重的设备、严重的污染是底片与相纸生产和冲印过程中难以解决的问题，体积大、不能永久保存、查找困难是使用底片和相纸给人们带来的不便。

我们知道，苹果手机的出现，使得当年火爆全球的诺基亚几乎从人们的眼前消失了。虽然柯达发明了数码相机，然而管理层深信“没有人会喜欢在电视上看照片”，担心数码相机会威胁他们如日中天的胶卷业务的柯达管理处决定“准许 Steven Sasson 继续研究数码相机、影像压缩及记忆卡技术，并在 1978 年把数码相机技术注册专利，但不准他公开谈论此发明，或向其他人展示产品原型”。2007 年，数码相机的专利期限结束，而结束之前，它已为柯达带来数以十亿美元计的收入，但柯达始终没有全力投入数码革命。到他们要发力的时候，一切已经太迟。

电子商务的出现，同样使得很多零售实体店受到了非常大的冲击。2020 年 4 月，湖南长沙率先推出无人驾驶出租车，随着无人驾驶、新能源汽车的普及，位列世界 500 强的中石油、中石化将会走向何方？代驾、驾校、协警……他们的路又将在何方？随着人工智能的普及，很多一线工人将会做什么？这些都会给社会、企业和个人带来极大的挑战，所以国家需要改革，企业需要转型，个人需要转变。如何运用设计思维管理创新呢？

设计思维（Design Thinking，简称 DT）是一套高效的创新方式。设计思维通过分析问题、观察用户，发现用户未被满足的需求，并挖掘背后的洞察。根据洞察，提出解决问题的多种创意方案，用创意做成产品原型，通过多次测试，不断验证、思考、改善、迭代……寻求商业、技术、用户需求之间平衡的创新解决方案。

一、组织如何运用设计思维管理创新

创新是需要环境的，《呆伯特漫画》中曾形容说：“办公隔间像牢笼，掐死人的创意。”我们常见的办公空间就是无数办公人员用隔断隔开并排在一起办公，所谓的管理就是控制和监管，工厂就是这种模式的代表，新奇的想法和团队工作被排除在外。创新的环境除空间环境外，还包括企业的文化、创新人才的培养等。

（一）给创新一个宽松的物理空间

谷歌公司有滑梯；皮克斯有海滩小屋；在 IDEO，大家可以用自己制作的模型、艺术品以及灵巧的机械玩具来装点自己的空间；爱立信公司把机动交流的构想应用于它们新设在伦敦的总部，一道抽象的、曲线优美的楼梯将各楼层连接在一起，为总是手持听筒的员工提供了许多驻足和见面的空间，事实上，公司说这个建筑的主要理念就是“增强大家相互见面的自然基础”。

建立一个宽松的创新空间，更有利于人们参与讨论和头脑风暴。

（二）营造创新的企业文化

重庆力帆集团董事长尹明善建立了“奖励成功，宽容失败”的机制，让技术人员和生产人员尽最大的可能去创新。正是这一系列的奖励制度，使力帆成功开发了许多我国乃至世界没有的新产品。截至 2018 年 12 月 31 日，公司拥有有效专利权 3063 项，由于力帆在创新上取得的丰硕成果和宝贵经验，其被授予国家级科技企业称号。

创新的过程中，风险是不可避免的，组织需要建立创新机制，出台相关奖励制度，包容创新团队的失败，给创造性团队时间、空间和预算去创新、实验。

〖**案例**〗

惠普第一台电脑图形显示器[①]

惠普第一台电脑图形显示器设计背后的故事要回溯到 20

① 蒂姆·布朗：《IDEO，设计改变一切》，北方联合出版传媒（集团）股份有限公司，万卷出版公司 2011 年版，第 66 页。

世纪 60 年代。那时硅谷还处在形成时期，惠普公司一位野心勃勃的年轻工程师查克·豪斯（Chuck House）险些丢了工作。凭着预感，他不顾一项明确的公司指令，在公司管理层的监控范围之外设立了一个秘密项目，用以开发一种大屏幕阴极射线管。这一“非法”项目持续进行，成功研制出了第一台商用电脑图形显示器，并被用于直播阿姆斯特朗登月的空间图像传输设备、迈克尔·德贝基医生（Dr. Michael De Bakey）的第一例人工心脏移植手术显示器和数不清的其他应用。查克最终成了惠普公司的工程总监，他的办公室就在戴维·帕卡德办公室的隔壁，而当初正是帕卡德本人下达了终止该项目继续进行的命令。后来查克办公室的墙上一直挂着“蔑视权威”奖牌。情况已经发生了改变。查克目前在斯坦福大学主持“媒介 X（Media X）”项目，这是一个工业界与学术界的合作项目，旨在将互动技术研究人员和致力于技术推进与创新的公司联结在一起。

今天，像谷歌和 3M 这样的公司，鼓励科学家和工程师将高达 20% 的时间用于个人实验，并因此而闻名。对冒险的宽容同一个组织的文化及商业策略都很有关系。在一个鼓励实验的组织中，总有一些项目会因毫无成果而告终，而另一些项目是公司的大人物们宁愿大家忘记的（还记得苹果牛顿掌上电脑吗？）。但是，将这样的创新项目看作是“浪费的”“低效率的”或“多余的”，或许是注重效率、不注重创新文化的企业的通病，这些企业可能会陷入渐进式增长的陷阱。

（三）创新人才培养

在社会日新月异发展变化的今天，具有创新思维能力的员工是必不可少的。激发员工的创造力，形成激情四射创意无穷的团队，是创新制胜的利器。整个创新过程中，人是最大的资产，紧接着是洞察力和数据。创新团队必须由极强的求知欲、志同道合、坚定、充满热情并且以身作则的人组成，总的来说，需要同时身兼这些角色：员工、客户、分析员、合作伙伴、专业学者、产业专家等。他们应掌握设计思维的流程，具备设计思维的思想。

组织可以通过内部培训、交流学习等活动，培养团队成员的创新方法流程、创新思维，将某一些人员培养成企业所需的创新型人才。

〖**案例**〗

IBM公司与设计思维①

作为分支机构遍布全球的百年科技企业，IBM公司积极探索，力求将自己重塑为一个“设计思维”的公司。IBM公司在招聘1000多名专业设计师的同时，也对其管理层进行了大量的关于设计思维的培训。

IBM设计总经理Phil Gilbert说：“IBM设计是我们采取的一种新的工作模式，把用户放在第一位，把技术放在第二位，如今我们讲的设计思维，就是一种以人为中心的新的商业模式和思维方式。”IBM公司希望通过打造自己的设计文化，从而在自身工作的方方面面都嵌入设计的元素。IBM公司设计人员主要分为5个方向：图形设计、用户体验设计、前端开发、工业设计和设计研究人员，其中一些人员的背景更加多元化，甚至包括人类学、心理学及社交专家、媒体专家，跨学科人才与设计师一起密切协作，共同开发。

IBM公司针对用户进行深入了解，快速生成一些想法，并在消费者中进行测试，寻求用户的反馈，然后基于这个反馈不断优化最终的用户体验。同时，设计思维与IBM公司在大数据、云计算、移动和社交等方面的专长集成在一起。例如，一个航空公司有很多关于乘客的数据，包括乘客飞行的频率、经常的目的地，

① 《07思维模型：设计思维——斯坦福的创新课》，搜狐网，2018年2月24日，https://m.sohu.com/a/223766234_100097917/.

甚至旅行途中的购物清单、是不是带着家人一起出行等，基于这些数据和IBM公司的分析技术就可以为乘客设计一款定制的应用。而在这个过程中，设计思维就扮演了集成的角色。

设计思维是一套高效的创新方式。设计思维通过分析问题、观察用户，发现用户未被满足的需求，并挖掘背后的洞察。根据洞察，提出解决问题的多种创意方案，用创意做成产品原型，通过多次测试，不断验证、思考、改善、迭代……寻求商业、技术、用户需求之间平衡的创新解决方案。

华硕集团董事长施崇棠在接受《商业周刊》的采访时说："设计思维不仅针对产品也包含了管理与技术。过度依赖英特尔并非好事，我们应该不断创新，去试图影响英特尔的内部设计。"

二、建立设计思维工作坊

设计思维是一种创新的方法论，是一种思维模式，如何让设计思维落地，其中一种方式就是创建设计思维工作坊，即通过设计思维导师带领参与者完成一个主题的设计，快速体验设计思维的五个流程，最终获得创新解决方案、原型。

荀子曾说："不闻不若闻之，闻之不若见之，见之不若知之，知之不若行之。"很显然，与单调的讲授、听课这样的传统教学模式相比，参与者通过分组讨论和实际动手设计制作的过程会更有趣、更有效。

（一）设计思维工作坊的准备

1. 教练与引导师的准备

教练资质：教练应该是讨论的主题和子主题方面的专家，必须对讨论的子主题比较了解。教练的职责主要是引导内容、记录过程完成总结。教练应熟悉项目的每一个步骤，传达每个环节、每个步骤的要求，讲授要点，并承担反复多次举办的工作坊中不断改善学习体验的责任。

引导师的资质：引导师需要有较强的组织能力，熟知工作坊使用的工具以及工具的含义，了解每一步如何执行、执行多长时间等。引导师的职责是控制时间、指导活动、协助教练完成工作坊。

2. 工作坊场地环境布置

工作坊组织者应预先对环境做一些安排布置，以激励参与者积极投入。教室环境应尽量让参与者处于主动的、活跃的状态，能保证每组可在墙上贴 3～5 张大白纸；桌子最好便于小组讨论、记笔记、画草图、制作原型。

培训教室要求：① 前台：电脑、投影屏幕、投影仪、翻页笔、白板、白纸、彩笔。② 中间布置：按实际人数分组，每组 6～8 人。③ 后台布置：桌子 + 椅子，供成员签到、工作人员以及助教就座、工具材料摆放。

3. 资料和材料的准备

工作坊需要为每一位参与者准备一份学习手册。在工作坊实施过程中，要保证每组参与者都能获得足够的制作原型的材料，建议准备：大白纸、彩笔、剪刀、双面胶、胶水、美工刀、便利贴、签字笔、超轻黏土、彩色扭扭棒、乐高等。

（二）设计思维工作坊流程

1. 事先沟通

教练和引导师应事先与客户主管领导等进行沟通，了解他们现在最大的挑战和希望解决的问题是什么，并事先了解参与者基本情况。

2. 主题设定

主题来源可能是与客户讨论需要聚焦讨论的主题，公司负责人或其他同事提出的可能是客户反馈，也可能是借由观察获得或资料分析、产品分析获得的，如“酒店如何为旅客提供家一般温馨随意的环境”等。

3. 分组及组长选定

为参与者分组，按实际人数 6 ~ 8 人一组，并尽可能使小组成员跨部门、跨专业组合。每组自由讨论选出 1 个组长，组长的职责是在整个工作坊过程中带领团队完成主题的讨论以及找到创新的解决方案。

4. 体验设计思维

教练首先给大家介绍什么是设计思维、要讨论的主题、希望达到的目标。通过热身游戏使参与者相互熟悉，并敢于发言、大胆想象。

小组讨论主题，完成用户调查规划表，此阶段一般为 40 ~ 60 分钟。开始 8 分钟的观察与访谈，访谈前教练应提醒参与者做好记录，记录他们看到的或听到的，可以使用手机录音或拍照。此步骤可分为两段，小组成员两两组合，一人担任采访者，一人充当被采访者，4 分钟后引导师提醒所有人交换角色。教练观察访谈过程提出注意事项。此步骤结束后总结并继续挖掘访谈中应注意的事项。如时间允许，第二轮访谈参与者可 2 ~ 3 人一组外出选择恰当的场景观察并访谈。此阶段一般为 60 ~ 90 分钟。

图 8-1　成都职业技术学院设计思维工作坊学生校园里访谈

每组成员，用 3 分钟时间整理访谈内容，并进行访谈分享交流。

引导师引导小组成员间根据访谈，用一句话描述需求和洞察。在构思这句话时，每个人都应站在被采访者的立场去思考。在设计思维活动中，这一工作被称为定义问题描述，也被称作用户聚焦（Point of View，简称

POV)，用来阐述用户的需求，界定需要解决的问题。用户聚集叙述包含三个元素：特定的使用者、需求以及洞见。

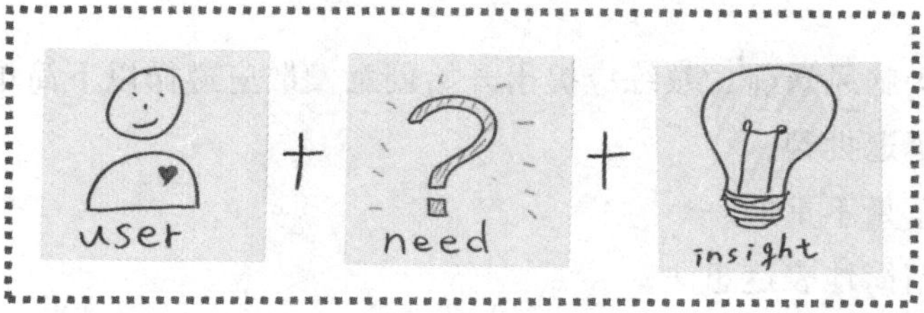

图 8-2 用户聚焦（POV）

（1）用户可以用被采访者名字或昵称，可加上能够描述用户特征的定语，如旅行中的单亲妈妈小乐。

（2）需求是一个动词，是被采访者的目标或期望，或者你认为的应满足的需求。

（3）洞见通常不只是一个单纯造成需求的原因，而是一个归纳过后的叙述，是经过深刻理解用户以及他周围的脉络后，我们发掘出的令用户信服且心有戚戚焉的点，一直潜伏在人心里头没被发现的点，会让用户大叹“你懂我”。洞见往往能激发创意，如旅行中的单亲妈妈小乐需要一个方法来兼顾大包小包的行李和她调皮好动的孩子，因为外边太多新奇的人和事物容易分散小孩的注意力。

这个环节是设计思维中难度较大的部分。

通过用户聚集可以明确问题到底出在哪里，并用一句很精简的话告诉别人，“你想如何解决什么问题”。有一个常用句式——“我们该如何……”

图 8-3 成都职业技术学院设计思维工作坊的学生用头脑风暴思考解决办法

创意环节是让每个人进入思维发散、天马行空想象的状态，也称为头脑风暴。参与者可以聚焦问题，画出大量创意草图，尽可能多地获得不同的点子。

开始头脑风暴前，教练应提出开始创意发散应遵循以下简单规则：

（1）延迟批判；

（2）重量不重质；

（3）精简地表达想法；

（4）可利用图像；

（5）延续他人想法；

（6）疯狂想象。

在创意环节结束后，根据票选点子，每个小组成员选出最佳方案。

接下来，将想法用故事画板或原型设计的形式设计出来，帮助你将你的想法从创意变成创新，并落实到真实场合。这是从具体到抽象再回到具体的历程，是我们释放想象力并向新的可能性敞开心扉的一个最根本的过程。

原型可以是任何样式的实体物品：一整面贴满便利贴的墙、一场角色扮演的活动、一个物品、一面故事墙，等等。

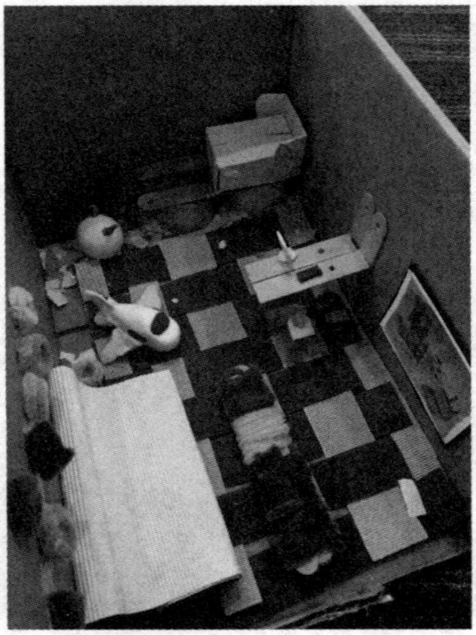

图 8-4　成都职业技术学院设计思维工作坊原型

原型制作完后，进行小组展示分享，可以以讲故事、表演等形式直观形象地将创意表现出来，其他组参与者进行评价建议。

图 8-5　成都职业技术学院设计思维工作坊学员进行原型测试

作为收尾，教练可以结合自己的经验作总结陈述，为了帮助参与者归纳整理整个工作坊活动的收获，需要在此强调设计思维的一些核心观念：

（1）以人为中心的设计。同理心应贯穿整个创新过程。

（2）实践和原型。原型不仅是可以用来验证你的创意的方法，也是你创新的过程中将思维外化、将收获内化的一部分。我们通过动手制作、构筑原型来思考和学习。设计思维更倾向于鼓励设计者动手做出来。在思考、访谈和讨论的同时要不断地去做东西展示给人看，而不是仅仅说出来。为用户打造一种体验氛围，尽可能运用可视化的方法传达你的想法。

（3）重复与迭代。设计思维进行创新是一个不断重复与迭代的过程。

〖训练活动〗

访谈周围的企业，感受企业文化。

〖延伸阅读〗

把创新文化引入宝洁公司[①]

2000年的春天，宝洁公司遭遇到了成立165年以来最严重的经济危机，并购活动进展不顺，核心业务绩效下滑，股价重挫30%。

为此，宝洁第一位设计战略和创新副总裁Claudia Kotchka邀请了David Kelly、Patrick Whitney和Roger Martin到宝洁，希望将设计思维整合到自己的企业DNA中，促进创新创意的产生。2005年，三人组经过半年的努力，终于设计出了一个方案，这就是设计思维工作坊。如今的宝洁，无须外界帮助，员工们自己就能独立设计和执行工作坊，每天都有数不胜数的工作坊在宝洁公司的某处进行，解决宝洁的各种挑战。

以下就是宝洁公司在转型过程中的经验分享：

1. 令人信服的不仅是业绩指标和成果，还有口碑

欲说服别人相信新的创新方法之价值，关键在于来自亲身体验者的故事与信任票。“人们必须相信研讨班值得他们去花时间，否则他们不会参加。”Claudia说。

2. 原型法既是强大的创新工具，同时也具有重大的文化价值

“一切事物都是原型，”Claudia说，“所以，我们要做企业转型，我就会对每个人说：‘它是个原型。’意思是：第一，我得到许可允许出错；第二，如果它行不通，我希望得到你的反馈，而不是想法不容置喙，如果你的想法被否决，你不会觉得难受或者觉得自己的灵感被扼杀了。这真的很神奇，它的功效巨大，因为当人们拘泥于某种东西时，把他们拉出来会很困难，而且会伤害他们的感情。”Claudia说。

3. 培训所有部门的员工，有助于推广文化转型

培训来自所有部门的人，有助于把创意自信的理念灌输到整

① 《把创新文化引入宝洁公司》，众学习，2015年10月7日，http://mp.weixin.qq.com/s/44BOlmQjh6t_uh4B_8pw.

个企业范围：采购、供应链、市场研究、市场营销、研发，甚至财务部门。“财会人员有着惊人的创造力，”Claudia 说，“他们在研讨班上第一次与消费者交流，他们喜欢这种交流。你知道他们说什么吗？他们说：‘我正在把完整的自我带到工作中。’”结果是，整个企业处处有辅导员。Claudia 说：“人力资源部的人会闲坐着说：‘我们怎样留住女性员工呢？’而辅导员会说：‘我能帮公司解决这件事。’”

第二节　用设计思维解决身边问题

提出正确问题是实现正确的解决方案的唯一途径。

——蒂姆·布朗

〖他山之石〗

海底捞：极致的个性化服务是这样炼成的①

网上流传着很多关于海底捞为顾客服务的故事，甚至有人用“地球人无法阻止海底捞了”“人类不可战胜的海底捞”造句，创造各种夸张的“海底捞体”。

他们发现客人在吃火锅时，经常会将红油溅到身上，于是设想用什么办法来解决这个问题，最后他们通过给每个客人提供围裙的方法，解决了上述问题，提高了客户的满意度。当海底捞发现冬天戴眼镜进餐的客人，一进门眼镜片上会出现水汽时，他们就给每个客人送上一块带有海底捞商标的眼镜布，不但解决了问题，而且还做了品牌推广。为了避免客人由于等待时间过长而离开餐馆。他们采取了其他餐馆没有的创新方案，为女客人美甲，

① 《海底捞：极致的个性化服务是这样炼成的！》，搜狐网，2017 年 8 月 23 日，http://www.sohu.com/a/166841362-187697.

为男客人擦皮鞋，并且免费提供小吃和饮料，还提供诸如扑克、跳棋等供大家娱乐消遣。

海底捞的特色服务贯穿于顾客进店到离店的整个过程中：除上述顾客等候过程中的特色服务外，就餐过程中还有服务员发自内心的微笑、为顾客擦拭油滴、下菜捞菜、递发圈、15 分钟一次的热毛巾、续饮料、帮助看管孩子、喂孩子吃饭、拉面师傅现场表演。店里还设有供小孩玩耍的游乐园，洗手间增设了美发、护肤等用品，还有免费的牙膏牙刷。甚至顾客打个喷嚏，就有服务员送来一碗姜汤。

每时每刻，社会上都有各种问题亟待处理、解决，有各种情况等待我们去改善。从宏观上看，人类文明、现代科技在造福人类的同时，也给我们带来各种各样的问题，如环境污染、生物多样性降低等。也许你也有过这样的经历，中午放学后大家一起涌进食堂排队打饭；购物之后不是面对收快递的欣喜，而是在校门外挨着找快递的麻烦。有人觉得存在就是合理，有人认为问题就是机遇。实际上，我们遇到的每一个问题、每一次挑战都蕴藏着商机，能否抓住取决于我们的创新思维。

哈佛、斯坦福、MIT 商学院的研究指出，不管是社会问题、企业管理问题、科学研究问题还是工程问题，都可以把寻找解决方案的过程看作是一个“设计”的过程，利用设计思维的原理、设计思维工具和设计思维过程，人们能够在各种不同的领域找出适宜的解决方案。

一、同理心发现问题

设计思维是站在用户的角度，让自己化身为用户，以用户为中心来考虑问题。从用户日常的活动、行为、习惯、想法、情感、碰到的难点问题以及周边环境等出发，进行探索，发现用户的需求。从用户偶然的一个行为或者痛点进行探索发现，利用设计思维流程，实现创新。

（一）观　察

蒂姆·布朗在《设计改变一切》一书中说："设计思维的任务，是将观察结果转化成洞察，再将洞察转化成能改善人们生活的产品和服务。"在设计思维流程中，同理心观察是解决问题的起点，也是发现用户痛点、难点、需求，深入了解设计挑战的关键一步。

当你要开展新项目想获取用户的见解时，应该是要去观察他们。如果你只是询问用户想要什么，你得到的答案只是他们认为自己所想要的。

比如我们想设计一个椅子，我们应该首先去观察非常多的椅子设计，去发现合理的、不合理的地方，寻找灵感，还要观察人们如何使用这把椅子，这把椅子将会放在什么地方。

你认为电视遥控器是好的设计吗？现在电视的使用者一般是谁？对他们而言如何改进？

〖**案例**〗

Stanford，如何用 1 块钱赚到 1000 块？[①]

在斯坦福大学的课堂上，Tina Seelig 教授做了这样一个小测试。她给了班上 14 个小组各 5 美元，作为启动基金。学生们有 4 天的时间去思考如何完成任务，当他们打开信封，就代表任务启动。

每个队伍需要在 2 个小时之内，运用这 5 美元赚到尽量多的钱。然后在周日晚上将他们的成果整理成文档发给教授，并在周一早上用 3 分钟在全班同学面前展示。

当教授在课堂上第一次向同学们提出这个问题的时候，底下传来了这样的回答："拿这 5 美元去拉斯维加斯赌一把！""拿这 5 美元去买彩票！"这样的答案无疑引来了哄堂大笑。

这样做并不是不可行的，但是他们必须承担极大的风险。另

① 《怎么利用 1 块钱赚到 1000 块钱？》，搜狐网，2016 年 11 月 24 日，http://www.sohu.com/a/119820142_479634.

外几个比较普遍的答案是先用初始基金5美元去买材料，然后帮别人洗车或者开个果汁店。这些点子确实不错，赚点小钱是没问题的。不过有几组想到了打破常规的更好的办法，他们认真地对待这个挑战，考虑不同的可能性，创造尽可能多的价值。

他们是怎么做到的呢？

他们努力观察身边有哪些人们还没有被满足的需求。通过发现这些需求，尝试去解决，前几名的队伍在2个小时之内赚到了超过600美金，5美元的平均回报率竟然达到了4000%！

好多队伍甚至都没有用到他们的启动基金，这么看来，他们的投资回报率竟然是无限的！他们是怎么创造这些奇迹的呢？

有一个队伍发现了大学城里的一个常见问题——周六晚上某些热门的餐馆总是大排长队。这个队伍发现了一个商机，他们向餐馆预订了座位，然后在周六临近的时候将每个座位以最高20美元的价格出售给那些不想等待的顾客。

在那一晚，他们观察到了一些有趣的现象：

（1）团队里的女学生比起男学生卖出了更多的座位，可能是女性更具有亲和力的原因。所以他们调整了方案，男学生负责联系餐馆预订座位，女学生负责去找客人卖出这些座位的使用权。

（2）他们还发现了当餐馆使用号码牌排队的时候，他们更容易卖出这家餐馆的座位，因为实物的交换让顾客花钱之后得到了有形的回报，让顾客感觉自己所花的钱物有所值。

（二）访　谈

设计思维的一个最主要的原则就是以人为本。它从和一个真实的人产生共情开始，这个人可能是你的潜在客户、你的顾客、你的伴侣或任何一个你为之设计的人。你要能感受到他们的痛苦，能够换位思考，真正理解他们正在经历着什么。要理解他们的所思、所想、所感，你必须跟他们进行真实的对话，运用访谈技术深挖他们的痛点、难点。在提问过程中，多问为什么尤其重要，因为它能为我们解决问题打开全新的思路。

（三）体　验

有的时候无法直接进行观察、访谈，或者直接观察可能涉及道德问题，比如调查个人敏感问题，或者很难找到实际用户，这时候使用角色扮演模拟活动就显得尤其有效。

腾讯天美工作室发行了一款高评分公益游戏《见》，它以盲人的生活为题材，让更多人了解盲人生活中的烦恼。在游戏里，把盲人出行难的现实拆分成一个个从易到难的关卡，让用户能更好地代入自己，得到更真实的感受。比如你等公交的场景，每来一辆都需要问一下这是几路车，但有的时候不会有人回答你。当玩家看到一片黑屏没有人回应的时候，就会亲身感受到那种迷失和无助。

〖**训练活动**〗

中国有上千万的盲人。这么多的盲人可能因为行动不便一直在家中，所以我们平时很少看到他们的行踪。一起思考针对盲人的创新。

同理心发现问题包括以上三个层次，同理心是贯穿整个过程的核心思想。首先，我们可以从观察层面对用户的行为进行了解，思考用户之前做了什么，现在做了什么，以后会怎么做，为什么这么做，何时会这么做，何地会这么做，即用户调研中的5W原则。通过观察，我们能了解用户的行为和生活脉络。其次是交涉：通过与受访者各种形式的访谈与互动捕捉重要信息。我们可以对用户进行分类，针对每类用户开展访谈，一对一访谈或者是专家访谈，访谈需要注意开放式提问。最后是沉浸：尝试经历受访者经历的事物，我们需要深入体验情境，需要考虑用户身份、用户心理和用户行为，来理解用户的所思、所感、所想。

二、有温度地解决问题

1. 信息分类

当我们完整地将用户访谈原话记录整理下来后，应对信息进行分类整理，为用户画像。设计思维提供了强大的信息分类工具。

（1）用户画像

用户画像可以帮助我们以最为浅显和贴近生活的话语将用户的属性、行为与期待的数据转化联结起来，作为某一类用户的虚拟代表。

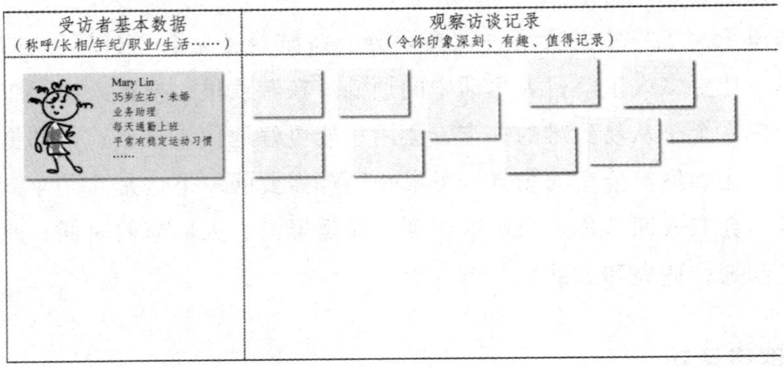

图 8-6　用户画像

（2）同理心地图

同理心地图可以帮助我们讨论、提升对用户的真正理解，充分理解他们的需求、痛点及需要解决的问题。

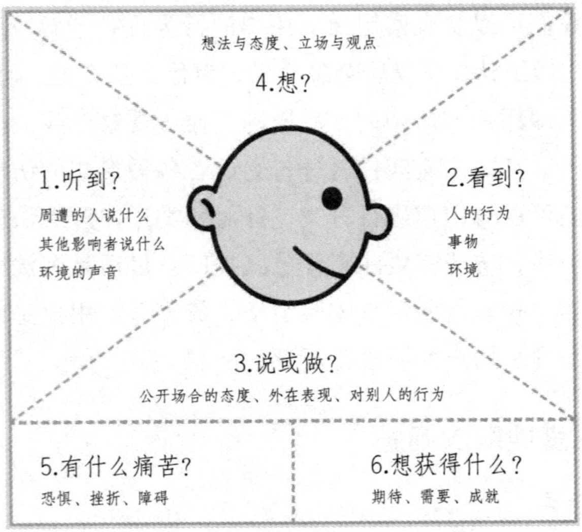

图 8-7　同理心地图

2. 创　意

通过用户洞察提出需要解决的问题后，运用头脑风暴、TRIZ 创新方法论等创新方法，团队合作产生创意并制作原型。创新是艺术，更是科学，进行成功的产品创新光有“创意、点子”还远远不够，还需要不断测试迭代，满足用户需求，解决用户痛点。

〖训练活动〗

通过观察、分析发现问题，并组建团队，运用设计思维解决问题。

〖延伸阅读〗

大家都在谈同理心，究竟如何利用它为用户设计一个走心的产品①

不论你是 UI 设计师还是平面设计师，也不管你的工作是专注用户体验还是关于产品设计，其实你一直都在借助共情/同理心来理解、洞悉用户和这个世界，让你所设计的对象更加富有生命力、更有用。

共情（Empathy），我们通常会称之为同理心、换位思考，是一种站在对方立场设身处地思考、认识到别人正在经历的情绪的能力。它是一种给予、获取他人情感，产生共鸣和理解的重要工具。对于设计师而言，借助共情，能够感受和发现人们的实际需求（包括显性的和隐性的），而这是帮助用户解决问题的基础。

想要创建有意义的产品，你需要了解目标用户的生活，而这也是以人为中心（Human-Centered Design，简称 HCD）的设计流

① Nick Babich：《大家都在谈同理心，究竟如何利用它为用户设计一个走心的产品》，搜狐网，陈子木译，2017 年 6 月，http://www.sohu. com/a/152154726_610719.

程的基础。这种 HCD 的设计流程最终的目的，是让产品通过定制，匹配用户的这些显性或者隐性的需求，最终达到改善体验的目的。

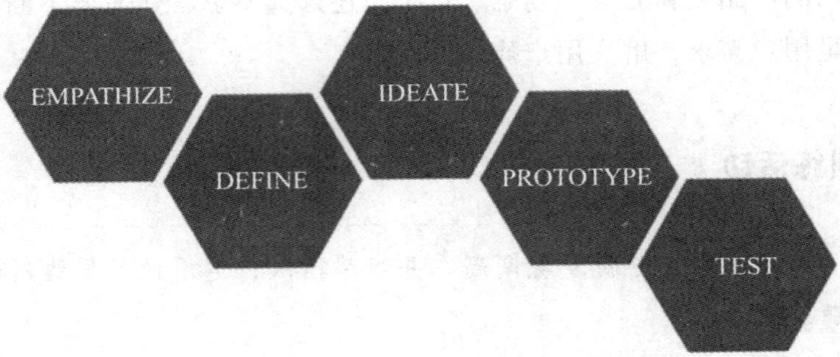

图 8-8　HCD 设计流程

共情其实可以被评估，这种素质也是可以被培养的。而想要在设计中使用共情这一心灵工具，常常会遭遇下面的障碍：

1. 认知偏差

我们其实是很容易遭遇认知偏差的。人总是会注意自己想看到的事情，这句话的另外一种说法就是，人总会有意识地过滤自己不想看到的信息。当人有认知偏差的时候，常常会力图寻找能够支持自己想法和信念的证据，同时忽略甚至抹杀与自己想法相悖的论据和信息。

想要减轻认知偏差，下面的几种方法可以作为参考：

（1）认知偏差源自自我、我执。想要真正和你的用户产生共情，你就应该放下先入为主的想法，真正听取并理解他们所说的事情。然后，听取并记录他们所说的内容。

（2）尽量获取反馈，不要犹豫。尽量听取你周围所有人的意见，而不仅仅是设计师和开发者，并且不要害怕听到不同的意见和建议。

（3）提出更好的问题。问题本身在消解认知偏差这件事情上扮演着极其重要的角色。举个例子，当你在同用户沟通的时候，问他们“我们的产品做得怎么样？”时，很少能够得到建设性的意见。如果你稍微调整一下问法：“我们怎么调整才能让产品更好？”这个时候，你会惊讶于用户能给你提供的建议是多么有用。

2. 学会观察你的目标用户

很多时候，在用户访谈的时候，用户所阐述的内容仅仅只是实际情况的一部分。这个时候，你可以通过观察获得的经验数据加上直觉分析来补充缺失的部分。观察日常生活中的真实人物是非常有用的手段，了解你的用户在自然环境下（工作环境下、家里或者其他地方）使用你的产品的时候，他们如何交互，怎么操作，以及这么做的原因。尝试了解用户的困惑、喜好、憎恶，以及当前的产品和服务无法解决的问题。

3. 在访谈沟通时与用户共鸣

同你的目标用户直接沟通是了解真实需求、期望的最佳方式。在同用户面对面沟通的时候，有几个颇为有用的小技巧：

（1）与受访者建立情感联系。

（2）让谈话保持自然。

（3）挖掘故事，探索情感。引导用户讲述故事，了解受访者的做法，更重要的是理解受访者如何思考以及真实的感受。你可以试着这样去提问：“能说说你第一次体验我们的 App 时候的感受吗？”“还记得那一刻吗？”“使用咱们的 App 的时候，你最好的/最糟糕的/最难忘的体验是什么？”接下来，可以补充“为什么”来试图挖掘其中原因。

（4）学会观察用户的肢体语言。你应该懂得观察用户的情绪、肢体语言是高兴还是沮丧，是抵触、防备，还是有表达欲望，这些都能够从中看到端倪。

4. 不断验证你的想法

共情驱动下的设计是不断进化、调整的，这也意味着你需要将不同的想法提供给用户，获取反馈，保持开放的心态，让你的解决方案始终保持最佳的状态。

5. 创建共情地图

通过用户访谈，你可以捕捉到可见的产品体验反馈。完成面谈之后，团队应该创建一个直观的单页模板，将访谈中的关键点总结下来写在上面，这就是共情地图。共情地图基本上包含下面的几个部分：

（1）关键词。受访者所说的重要事项，通常3~5个点。

（2）行为和操作。无论是在一般状况下还是特殊状况下的行为，比如“当他不知道要做什么的时候，会点击回到首页”。

（3）想法。用户的思考和想法，比如“我希望这个过程不要太长”。

（4）感受和情绪。比如“用户对这个导航感到困惑，甚至责备自己”。

共情地图允许设计师对用户无意义的行为进行推断分析。

6. 让你的设计保持人性

在设计的时候，我们习惯于让我们的设计工具化，而常常忘记了背后的开发者和前面的使用者都是真实的人。创建一个用户形象，并且将它的特质都描述出来，让你的团队成员都能看到。其中的内容甚至可以根据一些用户的访谈引用而来，总结用户的感受和想法。

7. 使用故事板了解用户如何使用产品

故事板是用来探索和预测产品用户体验的一种实用工具。它涉及产品的思考，将用户的流程像电影一样展现出来，设计师和开发者了解用户随着时间的流逝会如何同产品进行交互。

8. 人体风暴

这可能是最有效的一种沉浸式共情研究方法，让设计团队直接体验用户周遭的环境。这种研究方法很有意思，让团队成员扮演用户、原型中的元素和用户周围的实体，随着用户的交互，团队成员之间发生互动，让他们和用户产生共情，帮助用户找到更合适的解决方案。举个例子，如果你正在设计汽车的交互界面，那么可以模拟用户驾驶时候的场景，在角色扮演中推演交互。

共情是用户体验设计的灵魂。理解用户才能更好地为用户设计，创造真正有效的解决方案。

第三节　用设计思维驱动强国制造

开创则更定百度。尽涤旧习而气象维新：守成则安静无为，故丛脞废萎而百事攘坏。

——康有为

〖他山之石〗

宁波方太厨具有限公司与设计思维[①]

宁波方太厨具有限公司成立于1996年，致力为人们提供更新更好的厨房和生活方式。2009年，方太确立了“高端、专业、多品牌”的发展战略，目前拥有“方太”“米博”“方太柏厨”三大品牌，分别专注于嵌入式厨房电器、热水器和集成厨房业务。

随着全球和本地市场竞争的加剧，方太认识到，要保持厨具制造商领军者的地位，需要付出更多的努力。为此，方太找到IDEO，希望IDEO为其高端厨具开发独特的设计语言及产品系列，提升方太的品牌地位。

IDEO和方太一同对中国消费者的烹饪需求进行了深入了解。项目团队走访了中国较具代表性的四个城市，团队成员和消费者进行了交谈、一起做饭，并共同清理厨房，还陪同目前家里

① 《为方太厨具开发设计语言和系列产品》，IDEO官网，https://ideochina.cn/case-study/fotile.

正在装修的人们购买厨具。这些消费者中包括“单身贵族”、新婚不久的小夫妻和帮忙照看孙儿的老夫妇，通过和他们的互动，团队成员获得很多有意义的发现。

对热爱烹调的人来说，烹饪是一种艺术，也是表达情感的一种方式。有些人觉得烧菜需要创意，在时间充裕的情况下会烧菜给自己和朋友品尝；有些人通过烧菜表达对家人的关爱，为儿女准备午餐带到单位吃；还有些人会在逢年过节在亲戚朋友聚会时露一手，让宾客尽兴而归。但是，并非每个人都热爱烹调，有些人做饭只是因为他们自己也要吃饭，而且在为全家人做完饭之后，会累得什么也不想吃，只想好好休息一下。而有意思的是，无论是哪类人群都对“高科技厨房”有着深深的质疑。他们认为，中国人几千年来都是在火上炒菜的，手艺好才能做出可口的饭菜。此外，出于对中国传统的珍视，家中的“大厨”们希望尽可能地在厨房中使用本土品牌的厨具，还展示了中式烹饪的一些特殊需求，需要厨房设备满足这些需求。

根据这些深刻的洞察，设计团队开发了设计的指导原则：厨具产品需要尊重用户对烹饪手艺的展示、提升用户在烹饪中的愉悦感并强化方太的中国优势，所设计的产品系列包含油烟机、灶具、消毒柜、微波炉和烤箱，不仅传达了高品质的理念，还体现了特别针对中国市场所开发的独特特征。油烟机的设计帮助解决了中式烹饪过程中的油烟问题；锅支架的设计特别配合中国的圆底锅，其简洁的外观设计强调了炉火的重要性并彰显了方太先进的燃烧器科技；不锈钢材质的运用赋予方太产品与众不同的风格，并给人专业和可靠的感受——这恰是方太品牌的两个核心属性。更值得一提的是，所有的设计弱化了科技的痕迹，令产品使用起来相当方便且富有趣味。

方太采纳了IDEO开发设计概念，并由此研制了嵌入式厨电六件套“O-Touch光影六系”和“总厨六系”。光影六系不仅首次把嵌入式蒸箱引入中国厨房，更是将时尚的触摸科技带进了厨电行业。其中的两款产品——灶具和消毒柜荣获 2010 年度德国红点设计大奖。总厨六系荣获 2011 年度德国红点设计大奖，独特的双烹饪中心，兼得中西厨房之道。

一、设计思维与创新时代

中国企业从改革开放初期的代工厂，到学习模仿，再到现在创造自己的创新品牌，这是历史的必然。在政策科学化、技术现代化、社会信息化、经济常态化的今天，创新变得尤其重要。

从政策方面分析，国家将创新作为国家的发展战略，强调“大众创业、万众创新”，国家鼓励企业走出国门，响应“一带一路”倡议，实现企业国际化，鼓励第三产业。服务业也将成为中国一个新的战略行业。“中国制造 2025”加大了国家对智能制造、智能生产、智能产品、智能工厂的重视，这是创新发展的一个时机。2014 年 6 月，习近平总书记在中国科学院第十七次院士大会、中国工程院第十二次院士大会上强调：“我国科技发展的方向就是创新、创新、再创新。”

从经济方面分析，中国经济发展步入新常态，经济增长调速，经济结构调整，驱动要素转变，人工成本、原材料成本加大，市场竞争加剧，利润变小，企业开始了上市、收购、并购的阶段。

从社会方面分析，社会人口分布发生着巨大的变化，老龄人群越来越多。互联网普及，人们开始走出国门，通过旅游、学习、工作加速了解全球，了解世界，获得信息。人们的思维模式也发生了巨大的变化，“互联网 + ”成为新兴经济形态，数据成为新生产要素，推动传统企业转型升级。

从技术方面分析，出现了很多新技术，人工智能、大数据、物联网、互联网、云计算、机器人、3D 区块链等新技术广泛应用至各行各业，驱动着社会企业进行颠覆性创新。

从新中国“一穷二白”到迈向中华民族伟大复兴，科技创新进步撬动兴国强国杠杆，托起民族希望。

二、科技创新成果

几百年来，世界经济中心几度迁移，科技创新在哪里兴起，发展制高点和经济竞争力就转向哪里。21 世纪以来，新一轮科技革命和产业变革孕育兴起，世界主要国家争相寻找科技创新的突破口，就为了抢占发展先机。科技创新从未像今天这样深刻地影响着中国社会。

我们的周围正在以令人目眩的速度改变着，能源、科技、娱乐、通讯、金融、体育、制造等行业领域都出现了大规模的变化。

“扎针神器”——投影式红外血管显像仪，识别血管位置和深度，轻松解决婴幼儿、肥胖患者扎针找血管的难题；屠呦呦站上了诺贝尔奖的领奖台，青蒿素拯救了千百万人的生命；裴端卿团队发现细胞在结构上“返老还童”的关键机制……

神舟飞天创造了“中国高度”，蛟龙潜海成就了“中国深度”，高铁奔腾刷新了“中国速度”，大望远镜拓宽了“中国维度”……

图 8-9　2016 年 5 月 20 日“蛟龙”号载人潜水器在完成大深度下潜作业后上浮至水面[①]

基础科学突破。多复变函数论、陆相成油理论、人工合成牛胰岛素、高温超导、纳米科技、人类基因组测序、干细胞研究、中微子震荡、量子

① 《“蛟龙”号在雅浦海沟深渊区大深度下潜》，央广网，2016 年 5 月 2 日，http://m.cnr.cn/ news/yctt/20160521/t20160521_522200438.html.

反常霍尔效应……

工程技术成果。正负电子对撞机、汉字激光照排、高性能计算机、移动通信、量子通讯、北斗导航、“海洋石油 981”平台、C919 大型客机……

1994 年 4 月 20 日，一条 64K 的国际专线从中科院计算机网络中心连入 Internet，标志中国互联网起步。如今中国，网民超过 6.8 亿，成为世界第一大网络零售市场。“互联网 + 汽车”“互联网 + 装备制造”……抓住新一轮产业革命机遇，“互联网 + ”让传统制造业，向着价值链高端努力攀登。

2016 年，中国建成目前世界上口径最大的射电望远镜（FAST）；中国运载能力最强的“长征五号”火箭首飞成功；京沪干线大尺度光纤量子通信骨干网建成……

2020 年 5 月 5 日，我国载人空间站工程研制的长征五号 B 运载火箭，搭载新一代载人飞船试验船和柔性充气式货物返回舱试验舱，首飞成功，实现空间站阶段飞行任务首战告捷，拉开我国载人航天工程“第三步”任务序幕。

习近平总书记指出：“时不待我，新的全球科技竞争要求我们必须增强紧迫感，紧紧抓住机遇，及时确立发展战略，全面增强自主创新能力，掌握新一轮全球科技竞争的战略主动。”

这是中国科技创新走向未来的“三步走”战略——2020 年中国将全面建成小康社会，进入创新型国家行列，2030 年跻身创新型国家前列，2050 年建成世界科技创新强国。

三、设计思维助力强国制造

2015 年《政府工作报告》中首次提出要实施“中国制造 2025”，坚持创新驱动、智能转型、强化基础、绿色发展，加快从制造大国转向制造强国。“中国制造 2025”的提出，是立足于我国转变经济发展方式实际需要，应对新形势、新任务、新问题，加快制造业转型升级的重大战略举措。

当前，我国制造业正处于从生产型向服务型、从价值链的低端向价值链的高端、从制造大国向制造强国、从中国制造向中国创造转变的关键时期，设计思维对“中国制造2025”的重要作用在于：

（1）一个国家要成为制造强国，首先要成为创新大国。伴随移动互联网对大众生活的迅速改变，用户的需求已经开始逆向影响到每一个产业链条环节，在各行各业都强调用户画像、千人千面时，从用户出发进行创新，提升用户体验已成为必然趋势。而设计思维是从用户出发，关注用户视角，关注用户参与创造，通过洞察用户需求，而进行的创新。

（2）建设制造强国，需要培养大批具有创新素养的建设者。设计思维是创新的方法论，是创新的流程，人人都可以遵循这套规则，以人为本进行创新。

（3）提升中国工业产品的品质及附加值。近几年，国内产品安全和质量问题层出不穷。设计思维背后是以人为本，以用户为中心，加强设计和融入人文气息可以直接提升产品的质量及附加值，而社会风气、精神、价值观和行为准则等同样会影响产品的品质。

〖训练活动〗

讨论：万众创新，我在哪里？我能为中国制造做哪些贡献？

〖延伸阅读〗

从硬件厂商到科技品牌：打造专属vivo的“乐享非凡”①

vivo手机在过去几年的时间内凭借其卓越的游戏和拍照体验、成熟的营销和渠道体系，迅速成长为全球最大的智能手机制造商之一。

然而全球手机出货量已经开始呈现下滑趋势，市场逐渐饱和，国内市场尤其如此。经历了漫长的同质化竞争和价格战之

① 《从硬件厂商到科技品牌：打造专属Vivo的“乐享非凡”》，IDEO官网，https://ideochina.cn/case-study/vivo-transformation.

后，国产手机主流厂商正在摈弃低端战略，从价格战走向价值与品牌战。

vivo 意识到它必须在不断投入技术创新的同时，寻找并准确传达其品牌溢价能力，完成由硬件厂商向科技品牌的转型。

为实现这一转型，vivo 在硬件产品、线下体验、零售渠道、组织架构等各个方面都做出了重要部署。在产品方面，vivo 在近几年不断寻求突破，相继实现屏幕指纹识别、全屏幕发声、双屏手机等创新概念的量产，成为国产手机技术派的代表。然而科技品牌的成功，除了技术创新之外，更需要与消费者建立独特的感情联结，只有这样消费者才会愿意为技术创新买单，并为品牌提供持续的创新动力，最终为消费者的生活创造价值。

为了更生动地演绎 vivo 的核心品牌精神“乐享非凡”，建立与年轻消费者互动的全新方式，vivo 希望在深圳打造它在全国的第一家概念店 vivo Lab，除了为消费者提供全新的零售和品牌体验之外，它还是 vivo 品牌运营体系的重要一环，与专卖店和旗舰店共同构成 vivo 品牌系统化运营的标杆。

概念店是否成功的关键则在于它所传达和倡导的“乐享非凡”是否能与中国一线城市的年轻消费者产生共鸣。它对于中国一线城市的年轻消费者究竟意味着什么？什么样的设计原则才能让这些共鸣被传递和分享？vivo 带着这些问题找到了 IDEO，IDEO 认为这些问题的答案不但会影响概念店的空间设计，更重要的是它会为 vivo 在与消费者的联结中如何演化提供新的机会点。

在这样的背景下，IDEO 开启了一个针对中国当代年轻人生活态度的项目，挖掘令人难忘的“乐趣”在年轻人生活中内涵与意义，从而帮助 vivo 重新定义“乐享非凡”的品牌内涵以及概念店的设计原则，加速 vivo 从产品驱动向品牌驱动的转型。

项目初期，IDEO 采访了生活背景各不相同的年轻消费者，与他们一起去体验他们生活中的乐趣和想要拍照的场景，描绘出各式各样的“乐趣”的热力图。通过以人为本的调研方式，团队看到对年轻人而言，有意义的乐趣既不是感官刺激，也不是一场改变人生的惊天冒险，而是一个个开启个人转变和成长的生活瞬间：看到了更大的世界（Exposure）、学到更多知识（Knowledge）、结识了新的朋友（Connection）、发挥了自己的创意（Creativity）。年轻人所向往的形象，是一种不断演化的自我更新；年轻人所向往的乐趣，是一系列从个人出发的、载体丰富的、可再现的生活体验。

从概念店的角度，vivo 有机会用产品和体验再现这些对个体而言意义非凡的转变，延长和放大那一刻所带来的乐趣，并且分享出去。以此洞察为基础，IDEO 团队为 vivo 概念店设计所推荐了一个价值主张：打造带来个人转变的乐趣体验，创造有意义的蜕变时刻。在这样的设计原则之下，vivo 团队设计和落成了其概念店的最终体验。

作为 vivo 全球首家概念店的 vivo Lab 于 2019 年 3 月正式开幕，这是 vivo 在真正理解年轻消费者的基础上开发的全新零售概念，是在忠于品牌源头的基础上对品牌精神的进化和全新演绎，也是 vivo 打造的终端线下门店的标杆，未来将向区域乃至全国的零售店渠道辐射影响力。

“互联科技催生了众多之前无法实现的新产品、新服务，甚至是新的消费模式。中国电商的巨大成功所带来的零售业变革就是一个很好的例子。在这样的环境下，企业的竞争力很大程度上取决于它是否能聚焦于人们的需求，并围绕需求提供相关的科技。vivo 作为一家科技公司，能打造这样一家以客户体验为中心并持续传递品牌核心价值的概念店，就是品牌保持竞争力的优秀案例。”IDEO 中国区的执行总裁黄智恒如此说道。

主要参考文献

[1] 蒂姆·布朗. IDEO，设计改变一切[M]. 侯婷，译. 沈阳：万卷出版公司，2011.
[2] 鲁百年. 创新设计思维[M]. 北京：清华大学出版社，2018.
[3] 西奥多·齐尼. 迪士尼体验：米奇王国的魔法服务之道[M]. 黄昌勇，周晓健，译. 北京：北京大学出版社，2016.
[4] 蒂娜·齐莉格. 斯坦福大学创意课[M]. 秦许可，译. 南昌：江西人民出版社，2018.
[5] 哈索·普拉特纳，哈里斯托夫·迈内尔，拉里·莱费尔. 斯坦福设计思维课 1·认识设计思维[M]. 姜浩，译. 北京：人民邮电出版社，2019.
[6] 大泽幸生，西原洋子. 斯坦福设计思维课 2·用游戏激活和培训创新者[M]. 税琳琳，崔超，译. 北京：人民邮电出版社，2019.
[7] 王可越，税琳琳，姜浩. 设计思维创新导引[M]. 北京：清华大学出版社，2017.
[8] 罗伯托·维甘提. 意义创新[M]. 吴振阳，译. 北京：人民邮电出版社，2018.
[9] 网易用户体验设计中心. 以匠心，致设计：网易 UEDC 用户体验设计[M]. 北京：电子工业出版社，2018.
[10] 根里奇·阿奇舒勒. 创新 40 法——TRIZ 创造性解决技术问题的诀窍[M]. 黄雨霖，范怡红，译. 成都：西南交通大学出版社，2015.
[11] 艾美·赫曼. 洞察：精确观察和有效沟通的艺术[M]. 朱静雯，译. 北京：中信出版社，2018.

[12] 古典. 拆掉思维里的墙[M]. 北京：北京联合出版公司，2016.

[13] 杰夫·戴尔、赫尔·葛瑞格森、克莱顿·克里斯坦森. 创新者的基因[M]. 曾佳宁，译. 北京：中信出版社，2013.

[14] B. 约瑟夫·派恩，詹姆斯 H. 吉尔摩. 体验经济[M]. 毕崇毅，译. 北京：机械工业出版社，2016.

[15] 尼尔·伦纳德，加文·安布罗斯. 创新设计思维[M]. 王玥然，译. 北京：中国青年出版社，2014.

[16] 托马斯·洛克伍德. 设计思维：整合创新、用户体验与品牌价值[M]. 李翠荣，等，译. 北京：电子工业出版社，2012.

[17] 马丁·林斯特龙. 痛点[M]. 陈亚萍，译. 北京：中信出版社，2019.

[18] 汤姆·凯利，戴维·凯利. 创新自信力[M]. 赖丽薇，译. 北京：中信出版社，2014.

[19] 汤姆·凯利，乔纳森·利特曼. 创新的艺术[M]. 李煜萍，谢荣华，译. 北京：中信出版社，2013.

[20] 赵英，张双霞. 自驱动团队[M]. 北京：机械工业出版社，2018.

[21] 伊恩·莱斯利. 好奇心：保持对未知世界永不停息的热情[M]. 马捷，译. 北京：中国人民大学出版社，2017.